Parametrisierte uniforme Berechnungskomplexität in Geometrie und Numerik

Carsten Rösnick

Parametrisierte uniforme Berechnungskomplexität in Geometrie und Numerik

Carsten Rösnick
Technische Universität Darmstadt
Deutschland

Vom Fachbereich Mathematik der Technischen Universität Darmstadt zur Erlangung des Grades eines Doktors der Naturwissenschaften (Dr. rer. nat.) genehmigte Dissertation, u.d.T. Parametrisierte uniforme Komplexität geometrischer, topologischer und numerischer Operatoren im normierten Raum $\mathbb{R}^d$.

Referent: Prof. Dr. Martin Ziegler
Korreferent: Prof. Dr. Ulrich Kohlenbach
Externer Korreferent: apl. Prof. Dr. Norbert Müller (Universität Trier)
Tag der mündlichen Prüfung: 7. Oktober 2014

D 17

ISBN 978-3-658-09658-8 ISBN 978-3-658-09659-5 (eBook)
DOI 10.1007/978-3-658-09659-5

Die Deutsche Nationalbibliothek verzeichnet diese Publikation in der Deutschen Nationalbibliografie; detaillierte bibliografische Daten sind im Internet über http://dnb.d-nb.de abrufbar.

Springer Spektrum
© Springer Fachmedien Wiesbaden 2015
Das Werk einschließlich aller seiner Teile ist urheberrechtlich geschützt. Jede Verwertung, die nicht ausdrücklich vom Urheberrechtsgesetz zugelassen ist, bedarf der vorherigen Zustimmung des Verlags. Das gilt insbesondere für Vervielfältigungen, Bearbeitungen, Übersetzungen, Mikroverfilmungen und die Einspeicherung und Verarbeitung in elektronischen Systemen.
Die Wiedergabe von Gebrauchsnamen, Handelsnamen, Warenbezeichnungen usw. in diesem Werk berechtigt auch ohne besondere Kennzeichnung nicht zu der Annahme, dass solche Namen im Sinne der Warenzeichen- und Markenschutz-Gesetzgebung als frei zu betrachten wären und daher von jedermann benutzt werden dürften.
Der Verlag, die Autoren und die Herausgeber gehen davon aus, dass die Angaben und Informationen in diesem Werk zum Zeitpunkt der Veröffentlichung vollständig und korrekt sind. Weder der Verlag noch die Autoren oder die Herausgeber übernehmen, ausdrücklich oder implizit, Gewähr für den Inhalt des Werkes, etwaige Fehler oder Äußerungen.

Gedruckt auf säurefreiem und chlorfrei gebleichtem Papier

Springer Fachmedien Wiesbaden ist Teil der Fachverlagsgruppe Springer Science+Business Media
(www.springer.com)

Abstract

Dieser Arbeit liegt die Frage nach der algorithmischen Komplexität der approximativen Berechnung von Operatoren aus Geometrie, Topologie und Analysis zugrunde; Operatoren wie Mengendurchschnitt, Projektion, Maximierung, Integration und Funktionsinversion. Der Begriff der Komplexität ist hier im rigorosen Sinne von garantierten Laufzeitschranken und asymptotischen Optimalitätsbeweisen zu verstehen. Ein Turingmaschinenmodell zugrundelegend, liefert die *Berechenbare Analysis* Berechenbarkeitsergebnisse für derartige Operatoren in Abhängigkeit der gewählten Kodierungen ihrer Argumente und Werte. Die komplexitätstheoretische Verfeinerung dieser Ergebnisse gewinnt in letzter Zeit besonders an Interesse als quantitative Grundlage numerischer Praxis.

Gegenüber der klassischen (d. h. diskreten) Komplexitätstheorie entstehen hier zwei zusätzliche Herausforderungen: (1) In der diskreten Komplexitätstheorie stellen sich „sinnvolle" Kodierungen (im Weiteren: *Darstellungen*) von Objekten (bspw. Graphen und aussagenlogischen Formeln) typischerweise als polynomialzeitäquivalent heraus; und Polynomialzeitresultate damit als unabhängig von der Wahl der Darstellung. In der Berechenbaren Analysis hingegen hängt die Zeitkomplexität eines Operators, vielmehr noch als seine Berechenbarkeit, von der konkreten Wahl der Darstellung ab. Hier gilt es, die bekannten berechenbarkeitsäquivalenten Darstellungen unter dem verfeinerten Blickwinkel der Komplexitätstheorie zu klassifizieren. (2) Des Weiteren gilt es, geeignete Darstellungen vorausgesetzt, problemspezifische Parameter zu identifizieren (bspw. Lipschitz-Schranken an Funktionen oder Durchmesser kompakter Mengen) und darauf aufbauend *parametrisierte* Zeitschranken für Operatoren nachzuweisen; ein Ansatz nicht unähnlich dem der parametrisierten Komplexitätstheorie, die eine feinere Komplexitätsanalyse von im unparametrisierten Fall (vermutlich) nicht in Polynomialzeit berechenbaren Problemen erlaubt.

Das Bestreben, polynomialzeitäquivalente Darstellungen für Teilklassen abgeschlossener Mengen zu identifizieren, liefert eine von der Raumdimension und der gewählten Norm abhängige Klassifikation in Äquivalenzklassen. Mit Ausnahme einer Darstellung fällt diese Klassenstruktur jedoch bei Einschränkung auf konvexe reguläre Mengen und geeigneter Beigabe von Parametern zu einer Klasse polynomialzeitäquivalenter Darstellungen zusammen. Für die identifizierten Darstellungen analytischer Funktionen (via Kodierung lokaler Taylorentwicklungen, Cauchy-Folgen von Approximationspolynomen, resp. parametrisierter Wachstumsschranken an Ableitungen) und ihrer Verallgemeinerung auf Gevrey-Funktionen (eine echte Unterklasse der glatten Funktionen) ergibt sich ein ähnliches Bild: auch sie sind einander (parametrisiert) polynomialzeitäquivalent.

Für Operatoren ergeben sich die folgenden Schranken: Die betrachteten Mengenoperatoren (Durchschnitt und Vereinigung, abgeschlossenes Komplement sowie Projektion) sind parametrisiert polynomialzeitberechenbar, wobei wieder die Einschränkung auf konvexe Mengen wesentlich ist. Die numerischen Operatoren, Funktionsinversion zunächst ausgenommen, sind polynomialzeitberechenbar für jede Stufe der Gevrey-Hierarchie. Verallgemeinert auf die gesamte Gevrey-Hierarchie zeigt sich zudem eine (teils optimale!) exponentielle Abhängigkeit vom Stufenparameter. Funktionsinversion stellt sich für eindimensionale monotone Funktionen sowie ab Dimension zwei bei Einschränkung auf bi-Lipschitz-stetige Funktionen als polynomialzeitberechenbar heraus. Die Verallgemeinerung auf bi-Hölder Funktionen zeigt eine exponentielle Abhängigkeit von den Hölder-Exponenten – eine unter Annahme der Existenz bestimmter nicht in Polynomialzeit invertierbarer diskreter Funktionen zugleich optimale untere Schranke.

Ein paar Worte des Dankes

Herzlichst danke ich Prof. Dr. Martin Ziegler für das entgegengebrachte Vertrauen sowie die engagierte Begleitung meines Weges vom ersten Masterseminar über die fernbetreute Masterarbeit bis hin zur nun vorliegenden Doktorarbeit. Weit über die inhaltliche Betreuung hinaus hat er mir stets mit Rat und Beispielen die didaktische Komponente des Vermittelns wissenschaftlicher Ergebnisse ans Herz gelegt, wofür ich überaus dankbar bin. Zum wissenschaftlichen Austausch durch aktive Teilnahme an internationalen Konferenzen hat er mich stets ermuntert, finanzielle Unterstützung meiner täglichen Arbeit sowie bei Konferenzbesuchen erfuhr ich durch das DFG-Projekt `Zi 1009/4`. Dankbar bin ich zudem für die finanzielle Unterstützung und damit Ermöglichung zweier Forschungsaufenthalte in Japan und Südafrika durch das *Marie Curie International Research Staff Exchange Scheme Fellowship* 294962 im Rahmen des *7th European Community Framework Programs.*

Für die Übernahme des Korreferats danke ich Prof. Dr. Ulrich Kohlenbach sehr herzlich, durch dessen kritische Auseinandersetzung mit meinen Ergebnissen und den daraus resultierten Diskussionen sowie Verbesserungsvorschlägen diese Arbeit weitere inhaltliche Breite gewonnen hat. Recht herzlich danke ich auch apl. Prof. Dr. Norbert Müller für die Übernahme des externen Korreferats.

Meinem guten Freund Tim danke ich für sein trotz großer Entfernung stets offenes Ohr für all meine Fragen, für aufmunternde Worte während meiner Motivationstiefs, für seine Diskussionsfreude, vor allem aber für seine schier unendlich fröhliche Art, die es noch immer geschafft hat, mich aufzuheitern.

Meiner geliebten Julia danke ich für ihr geduldiges Ertragen meiner ständigen Erklärungen zu verschiedensten Themen rund um diese Arbeit und meiner steten Versuche, ihr theoretische Informatik und insbesondere die Schönheit der Komplexitätstheorie nahezubringen. Ihr zudem immer wiederkehrendes Erinnern an die Welt abseits von Whiteboard, Papern und LaTeX sorgte für die nötige Zerstreuung, die hin und wieder auch zu Lösungsansätzen führte, die sich mir zuvor verschlossen hatten.

Ich danke vor allem Vince Bárány, Vassilios Gregoriades, Arno Pauly, Robert Rettinger und Florian Steinberg für die zahlreichen Diskussionen und das geduldige Ertragen meiner Fragen; Davorin Lešnik für das Näherbringen seiner typographischen Liebe zum Detail; und nicht zuletzt den (freiwilligen!) Korrekturlesern Daniel Günzel, Daniel Körnlein, Julia Neugebauer, Rebecca Pfündl, Tim Schmidt und Florian Steinberg.

Inhaltsverzeichnis

Abbildungsverzeichnis

1 Einleitung

Seit ihrer Begründung[1] hat sich der Bereich der Komplexitätstheorie in viele interessante Richtungen verzweigt.[2] Diese Arbeit ist fokussiert auf die Betrachtung und Verbindung von Ideen zweier spezieller Bereiche: der parametrisierten diskreten auf der einen Seite und der kontinuierlichen Komplexitätstheorie auf der anderen Seite.[3] Erstgenannte studiert Aufteilungen von Komplexitätsschranken von als „schwer" eingestuften Problemen in einen „einfachen" und in einen von Parametern abhängigen „schwierig" zu lösenden Teil (Stichwort *Problemkern*). Die Identifikation geeigneter Parameter, die Einblick in die Struktur des betrachteten Problems gewähren, ist dabei eine der Herausforderungen. Die Kontinuierliche Komplexitätstheorie hingegen beschäftigt sich mit der Klassifikation von Problemen und Funktionen der Analysis in Komplexitätsklassen und verbindet damit Grundlagen und Ideen der diskreten Komplexitätstheorie mit der Numerik. Sind wir nun aber an der praktischen Lösbarkeit – und damit an Polynomialzeitalgorithmen – interessiert, liefert eine Einordnung in Komplexitätsklassen zwar eine für die Theorie interessante Erkenntnis, jedoch selten eine Antwort darauf, was genau Familien von Instanzen eines Problems schwierig erscheinen lässt.

Ziel dieser Arbeit ist es, problemspezifische Parameter zu identifizieren, die, wenn fixiert, Polynomialzeitalgorithmen für im allgemeinen Fall schwierige Probleme liefern – und damit eine quantitative Feinanalyse der Komplexität ermöglichen.

---

[1] Fortnow und Homer [FH03, §2] datieren die Begründung des Gebiets der Komplexitätstheorie auf die frühen Sechszigerjahre des letzten Jahrhunderts und schreiben sie speziell Hartmanis und Stearns zu.

[2] u. a. zur Schaltkreiskomplexität (TC^0, NC^i, AC^i), zur Kryptokomplexität (PP, BPP), Quantenkomplexität (BQP), algebraischen (VP vs. VNP) und geometrischen Komplexität.

[3] Der Ansatz, Parametrisierungen in die *Berechenbare Analysis* zu tragen, wurde bereits von [Ret08] verfolgt, allerdings nicht mit dem Ziel dieser Arbeit: der Skalierbarkeit von Komplexitätsschranken.

Hintergrund

Als theoretisches Fundament des Rechnens mit kontinuierlichen Objekten (u. a. reellen Zahlen, Teilmengen eines normierten Raumes, stetigen Funktionen) wählen wir das in der Berechenbaren Analysis etablierte *Typ-2 Modell* [Wei00] – eine Erweiterung des klassischen Turigmaschinenmodells, gewählt auch mit Blick auf die praktische Realisierbarkeit der in dieser Arbeit gewonnenen Erkenntnisse (bspw. im iRRAM-Paket von Norbert Müller [Mül00]). Die in der diskreten Berechenbarkeit oft *implizit* angenommenen Kodierungen[4] werden im Typ-2 Modell *explizit* durch die Formulierung sog. *Darstellungen* angegeben. Ein wichtiges Beispiel ist die Cauchy-Darstellung reeller Zahlen: Eine reelle Zahl $x \in \mathbb{R}$ wird durch eine *Approximationsfunktion* vom Typ $\phi\colon \mathbb{N} \to \mathbb{N}$ kodiert, die zu gegebener Genauigkeit $n \in \mathbb{N}$ die Kodierung einer dyadisch rationalen Näherung an x mit absolutem Fehler 2^{-n} liefert. Der Berechenbarkeitsbegriff reeller Zahlen in Cauchy-Darstellung folgt damit ganz natürlich: Berechne eine Näherung an x mit gegebener Genauigkeit. Analog ist eine stetige Funktion f über den reellen Zahlen berechenbar bzgl. der Cauchy-Darstellung reeller Zahlen, wenn es eine Turingmaschine gibt, die, gegeben eine Approximationsfunktion ϕ von x, den Funktionswert $f(x)$ aus ϕ mit *beliebiger*[5] *vorgegebener*[6] Genauigkeit berechnen kann. Eine solche Maschine hat also *Black-Box Zugriff* auf das Argument x durch die Approximationsfunktion ϕ; in einer praktischen Umsetzung entspräche dies bspw. einem Unterprogrammaufruf. Die in der Numerik üblicherweise durch Prozessorprimitiven unterstützen Berechnungen über Fließkommazahlen (`float`, `double`), rechtfertigen durch damit *festen* Genauigkeiten Komplexitätsbetrachtungen im *Einheitskostenmaß* (wie bspw. in der *Informationsbasierten Komplexität* [TWW88]). Durch Typ-2 Maschinen wird der Numerik mit

[4] Ein Graph beispielsweise kann sowohl als Liste von Knoten und Kanten, jedoch auch als Inzidenzmatrix kodiert werden. Die Berechnungskomplexität von Graphalgorithmen ändert sich durch einen Wechsel zwischen diesen Darstellungen lediglich (aus theoretischer Sicht) um einen polynomiellen Faktor.

[5] im Gegensatz zu Berechnungen in bspw. `float` oder `double` Arithmetik; d. h. mit *fester* Genauigkeit.

[6] Zu gegebener Genauigkeit $n \in \mathbb{N}$ ist ein Index $m = m(n) \in \mathbb{N}$ zu berechnen, ab dem alle Folgenglieder den Grenzwert mit Fehler 2^{-n} approximieren. Eine derartige Funktion der Form $\mu\colon n \mapsto m$ heißt auch *Konvergenzmodul*; näheres dazu ab Abschnitt 5.2.

Beachte: Es gibt berechenbare, monotone und beschränkte Folgen rationaler Zahlen in $[0, 1]$, sogenannte *Specker-Folgen* [Spe49], die *keinen* berechenbaren Konvergenzmodul besitzen (und äquivalent dazu: *keinen* berechenbaren Grenzwert). Konkret lässt sich aus dem Halteproblem eine Specker-Folge konstruieren, so dass diese genau dann einen berechenbaren Konvergenzmodul besitzt, wenn das Halteproblem entschieden werden kann.

obiger Semantik von Berechnungen mit *vorgegebener beliebiger* Genauigkeit ein weiteres und zugleich für die Komplexitätstheorie zugängliches Modell zur Seite gestellt, welches typische Probleme der Numerik (Rundungsfehler und Fehlerfortpflanzung, Auslöschung) durch Korrektheitsbeweise von Algorithmen mit einbezieht.

Für den Raum stetiger Funktionen $f\colon [-1,1]^d \to \mathbb{R}^e$ (allgemeiner: mit fixiertem, kompaktem berechenbaren Definitionsbereich) impliziert obige Berechenbarkeitssemantik einen natürlichen Komplexitätsbegriff: Gegeben ein dyadisch rationales Argument $q \in \mathrm{Dom}(f)$ der Genauigkeit n, berechne $f(q)$ mit Fehler 2^{-n} in Zeit beschränkt in einer Funktion von n. Die Verallgemeinerung auf Operatoren stellte sich jedoch als nicht offensichtlich heraus: Ko und Friedman [KF82] definierten Operatoren über dem Raum stetiger Funktionen $f\colon [-1,1]^d \to \mathbb{R}^e$ zunächst als in Polynomialzeit berechenbar, wenn sie polynomialzeitberechenbare Funktionen auf polynomialzeitberechenbare Funktionen abbilden – ein *nicht-uniformer* Ansatz. Die Komplexität einer Funktion hängt dabei, mehr noch als ihre Berechenbarkeit, von der gewählten Darstellung ab. Eine Grundlage für einen *uniformen* Komplexitätsbegriff für Operatoren – die wir später als *Stufe-2 Komplexität* bezeichnen wollen – legten Mehlhorn [Meh76] sowie Kapron und Cook [KC96] durch Definition höherstufiger Pendants „klassischer" Polynomialzeitschranken. Kawamura und Cook [KaC12] erweiterten diesen Ansatz um die Formulierung von Stufe-2 Komplexitätsklassen und – noch wichtiger – um den Nachweis vollständiger Operatoren für diese Klassen. Die uniformen Schranken verallgemeinern dabei einige der nicht-uniformen Resultate von Ko und Friedman [KF82, Fri84, Ko91].

Das ausgegebene Ziel der quantitativen Feinanalyse von Komplexitätsschranken von Operatoren teilen wir in vier aufeinander aufbauende Schritte ein. Diese Schritte sollen es uns schlussendlich erlauben zwischen effizienten Einschränkungen einer Problemformulierung (bspw. Riemann-Integration über glatten oder gar analytischen Funktionen) und dem allgemeinen Pendant (bspw. Riemann-Integration über stetigen Funktionen) die Komplexität durch Änderungen der Parameter zu skalieren.

I Klassen. Identifiziere zuerst Klassen von Objekten, auf denen Operatoren definiert und ihre Komplexität betrachtet werden soll; bspw. stetiger/mehrfach differenzierbarer/glatter Funktionen, oder abgeschlossener/kompakter/kompakt konvexer Mengen. Im diskreten Fall entspricht das z. B. der Einschränkung auf die Klasse aller Graphen, aller planaren Graphen oder aber aller Bäume. Motivation dahinter: Viele Graphenprobleme werden einfacher, je „baumähnlicher" ein Graph (d. h. je kleiner seine sog. Baumweite[7]) ist.

II Darstellungen. Bestimme (geeignete) Darstellungen zu jeder der im vorigen Schritt identifizierten Klassen. In diesem Schritt fließen auch sich durch die Eigenschaften betrachteter Klassen ergebende Parameter ein: bspw. Lipschitz-Konstanten, innere/äußere Durchmesser kompakter Mengen, oder Konstanten, die das Wachstumsverhalten von Ableitungen bestimmter (Klassen) glatter Funktionen charakterisieren. Für die im diskreten Fall benannte Klasse von Graphen wäre die Baumweite ein solcher Parameter.

III Darstellungsvergleich. Ebenso wie es nicht nur einen sinnvollen Parameter für ein Problem in der parametrisierten Komplexität gibt, kann es auch mehrere natürliche Darstellungen pro in Schritt I identifizierter Klasse geben: Kompakte nicht-leere Mengen bspw. können äquivalent durch Näherungen ihrer Abstandsfunktion, endliche Überdeckungen beliebiger Genauigkeit, Kodierung des Randes oder mittels ihrer charakteristischen Funktion mit Fehlern beliebig nahe des Randes dargestellt werden. Untersuche daher Darstellungen auf Polynomialzeitäquivalenz – Berechenbarkeitsäquivalenz vorausgesetzt. Äquivalenz von Darstellungen ist insbesondere wichtig für den letzten Schritt.

IV Komplexität von Operatoren. Wähle aus der Menge der polynomialzeitäquivalenten Darstellungen eine aus und bestimme die Komplexität bzgl. dieser Darstellung. Dabei gilt: Je mehr „natürliche" äquivalente Darstellungen es gibt, desto robuster (weil invariant unter Darstellungswechseln) ist die gewonnene Komplexität eines Operators.

Aufbau und Ergebnisse

Dieser Arbeit liegt die folgende Struktur zugrunde.

Kapitel 2. Die für diese Arbeit grundlegenden Begriffe und Konzepte (Rechenmodell, Darstellungen, Berechnung kontinuierlicher Objekte, Zeitkomplexität im Kontinuierlichen) werden eingeführt und durch einige Beispiele illustriert. Ein Fokus wird dabei auf der Formulierung parametrisierter Komplexität, d. h. Zeitschranken in Abhängigkeit von zu gegebenem Problem geeigneten Zusatzinformationen, liegen.

---

[7] Ein Baum mit n Knoten hat minimale Baumweite 1, ein vollständig verbundener Graph mit n Knoten die maximale Baumweite $n-1$.

Kapitel 3. Die Betrachtung der Klasse $\mathcal{A}^{(d)}$ abgeschlossener Teilmengen des normierten Raumes $\mathbb{R}^d$ wird erste Beispiele von als „natürlich“ zu bezeichnenden Darstellungen liefern. Darstellungen für Teilmengen eines normierten Raumes sind jedoch stets abhängig von der Wahl der Norm – eine Abhängigkeit, die bisher in der Literatur zu Berechenbarkeits- und Komplexitätsresultaten noch nicht betrachtet wurde. Allerdings wird es sich als nicht wesentlich herausstellen, welche konkrete Norm zur Definition einer Darstellung verwendet wird: Zu gegebener Darstellung ist der Austausch zweier berechenbarkeitsäquivalenter Normen eine berechenbare Operation. Aus Komplexitätssicht gilt dieser Zusammenhang i. Allg. jedoch *nicht* und wird sich auch nur für manche Darstellungen durch das Hinzufügen geeigneter Parameter wiederherstellen lassen.

Ein zweiter das Verhältnis von Darstellungen beeinflussender Aspekt ist die Dimension des betrachteten Raumes. Obwohl alle in diesem Kapitel betrachteten Darstellungen über einer Teilklasse von $\mathcal{A}$ in beliebiger Dimension einander berechenbarkeitsäquivalent sind [Zie02, Cor. 4.13], zerfällt dieses Ergebnis über der feineren Betrachtung von Polynomialzeitäquivalenz in zwei Teile: In Dimension 1 ist sie weiterhin korrekt, ab Dimension 2 bilden sich jedoch drei Äquivalenzklassen heraus – eine Polynomialzeitverfeinerung von [Zie02, Thm. 4.11].

Kapitel 4. Unter Verwendung der diskutierten Mengendarstellungen und ihrer Äquivalenzen identifizieren wir (notwendige) Einschränkungen auf Teilklassen von $\mathcal{A}$ und Parameter, für die Mengendurchschnitt und -vereinigung sowie das abgeschlossene Komplement und die Projektion auf Unterräumen von $\mathbb{R}^d$ in Polynomialzeit berechenbar sind. Insbesondere die Einschränkung auf konvexe Mengen wird sich – wie auch in der Algorithmischen Geometrie und Optimierung – als wichtige Eigenschaft in der Formulierung von Polynomialzeitalgorithmen herausstellen.

Kapitel 5. Kapron und Cook [KC96] verallgemeinerten das Konzept von Polynomialzeit durch sog. *Stufe-2 Polynome*. In diesem Abschnitt geben wir einen kurzen Abriss zur historischen Entwicklung und Diskussion dieser Erweiterung.

Kapitel 6. Wir untersuchen die Komplexität von Integration und Differentiation, Maximierung und des Reziproken $f \mapsto 1/f$ sowie der Komposition von Funktionen. Insbesondere die Integration und Maximierung von Funktionen werden in der Numerik als einfach zu berechnende Operationen angesehen[8] – eine Sicht, die zumindest im Typ-2 Modell nicht gerechtfertigt werden kann: Selbst eingeschränkt auf glatte Funktionen auf $[-1, 1]$ können exponentielle untere Schranken bewiesen werden [Ko91, KaC12]. Nicht-uniform jedoch sind diese Operationen polynomialzeitberechenbar [LLM01] bei Einschränkung auf glatte Funktionen mit fixierten Wachstumsschranken der Ableitungen. Zur Uniformisierung vorgenannter Ergebnisse kodieren wir die verwendeten Parameter in Darstellungen für Unterräume glatter Funktionen: den *Gevrey-Funktionen* mit Spezialfall der komplex-analytischen Funktionen. Integration bspw. ist offensichtlich polynomialzeitberechenbar, wenn der Integrand $f\colon [-1, 1] \to \mathbb{R}$ als Cauchy-Folge von Approximationspolynomen *linear wachsenden Grades* gegeben ist: integriere das $(n + 1)$-te Polynom p_{n+1} und nutze $\|f - p_{n+1}\| < 2^{-(n+1)}$. Diese informell beschriebene Darstellung $\boldsymbol{\alpha}$ wird sich für analytische Funktionen als polynomialzeitäquivalent zu den anderen beiden betrachteten Darstellungen, $\boldsymbol{\eta}$ und $\boldsymbol{\beta}$, herausstellen – und parametrisiert polynomialzeitäquivalent über Gevrey-Funktionen. Diese Darstellungen werden uns die Uniformisierung der Resultate von Labhalla et al. [LLM01] erlauben – und damit eine Skalierung in der *Gevrey-Stufe* zwischen Polynomialzeit- für analytische Funktionen und Exponentialzeitberechenbarkeit für glatte Funktionen.

Kapitel 7. In Kapitel 6 wird die Diskussion um Voraussetzungen und Komplexität von Funktionsinversion (Umkehrfunktion „f^{-1}") bewusst ausgelassen. Die Gründe sind mannigfaltig: Für eindimensionale injektive Funktionen ist Funktionsinversion einfach, ab Dimension zwei steht die Komplexität jedoch mit der Existenz schwer invertierbarer diskreter Funktionen[9] in Verbindung. Durch Einschränkung auf Lipschitz-stetige Funktionen mit Lipschitz-stetiger Umkehrfunktion (bi-Lipschitz Funktionen) kann diese Verbindung umgangen werden – und liefert für diesen Fall sogar einen Polynomialzeitalgorithmus. Für allgemeinere bi-Hölder Funktionen jedoch ergibt sich eine Skalierung zwischen dem Polynomialzeitfall und den (vermutlich) exponentiellen unteren Schranken nach Ko [Ko91, §4]. Globale bi-Lipschitz-Stetigkeit ist jedoch eine sehr starke Voraussetzung an Funktionen. Ergebnisse von Ziegler [Zie06] und McNicholl [McN08] zur Berechenbarkeit von

[8] Insbesondere Maximierung und Integration stetiger eindimensionaler Funktionen sind Grundoperationen in allen Softwarepaketen (z. B. Matlab, Scilab) und Bibliotheken (z. B. nag) der angewandten Numerik.

[9] Derartige Funktionen, sogenannte *Einwegfunktionen*, finden Verwendung in der Kryptografie, ihre Existenz würde $\mathsf{P} \neq \mathsf{NP}$ implizieren und ist damit insbesondere Forschungsgegenstand der diskreten Komplexitätstheorie.

Umkehrfunktionen legen zusammen mit der Erweiterbarkeit der Skalierungsergebnisse aus Kapitel 6 auf ein- und mehrdimensionale Funktionen jedoch die Vermutung nahe, dass die lokale Funktionsinversion über Teilklassen von Gevrey-Funktionen parametrisiert polynomialzeitberechenbar ist.

2 Kontext

2.1 Kontinuierliche Berechenbarkeitstheorie

Die Theorie der Berechenbarkeit kontinuierlicher Objekte, bspw. reeller Zahlen, stetiger Funktionen und abgeschlossener Teilmengen im Euklidischen Raum, reicht bis zu Turings Arbeit *„On Computable Numbers, with an Application to the Entscheidungsproblem"* [Tur36], beginnend mit

> The "computable" [real] numbers may be described briefly as the real numbers whose expressions as a *decimal* are calculable by finite means.

zurück. Im Rahmen von Korrekturen an benannter Arbeit revidierte Turing auch obige Definition berechenbarer reeller Zahlen [Tur37, Aussage (A)]:

> If we can give a rule which associates with each positive integer n two rationals a_n, b_n satisfying $a_n \leq a_{n+1} \leq b_{n+1} \leq b_n$, $b_n - a_n < 2^{-n}$, then there is a computable number a for which $a_n \leq a \leq b_n$ each n.

Kurz: Ein $x \in \mathbb{R}$ ist berechenbar, wenn eine Turingmaschine (TM) existiert, die die rationalen Endpunkte einer Intervallfolge $[a_0, b_0] \supseteq [a_1, b_1] \supseteq \cdots$ mit $\{x\} = \bigcap_{n \in \mathbb{N}} [a_n, b_n]$ aufzählt. Klassisch, d. h. aus Sicht der Analysis, sind beide Beschreibungen reeller Zahlen identisch; für eine „sinnvolle" Definition von Berechenbarkeit eignet sich Erstere jedoch nicht, führt sie doch zu einem topologischen Problem, wie wir in Beispiel 2.1.7(b) sehen werden.[1]

Ohne von Turing so benannt zu werden, beschreibt obige Definition eine *Darstellung* reeller Zahlen derart, dass *Namen*, d. h. Kodierungen gemäß der gewählten Darstellung, als unendliche Folgen rationaler Endpunkte

[1] Turings Revision basiert, wie er selbst bemerkte [Tur37, S. 546, Fußnote], auf Brouwers Ansatz bei der intuitionistischen Begründung der Analysis (s. [Bro25, §2], vgl. [Ghe11, §3.3]).

von Intervallen mit beschriebener Semantik kodiert sind.[2] Intuitiv ergibt sich daraus auch eine Definition berechenbarer Funktionen: Eine Funktion $f\colon \mathbb{R} \to \mathbb{R}$ ist berechenbar, wenn es eine Turingmaschine gibt die, gegeben ein Name einer Zahl $x \in \mathbb{R}$, einen Namen für $f(x)$ berechnet. Bemerke, dass weder für beliebige reelle Zahlen (bspw. transzendente), noch für beliebige reellwertige Funktionen, eine entsprechende Maschine das korrekte Ergebnis (x resp. $f(x)$) in endlicher Zeit produzieren kann. Folglich können nur Näherungen zu gegebener Genauigkeit berechnet werden – bspw. in Form vorgenannter beliebig kleiner Intervalle um die anzunähernde reelle Zahl.

Klassische Turingmaschinen operieren auf *Typ-0 Objekten* (d. h. den natürlichen Zahlen $\mathbb{N} := \{0\} \cup \mathbb{N}_+$ mit $\mathbb{N}_+ := \{1, 2, 3, \dots\}$, bijektiv identifizierbar mit Σ^* für ein endliches Alphabet Σ) und berechnen *Typ-1 Objekte* (d. h. Funktionen $\mathbb{N} \to \mathbb{N}$). Kodierungen reeller Zahlen mittels beschriebener konvergenter Intervallfolgen sind jedoch bereits Typ-1 Objekte – und eine Funktion $f\colon \mathbb{R} \to \mathbb{R}$ somit vom Typ 2. Eine Verallgemeinerung der klassischen Turingmaschinen sind die *Typ-2 Maschinen* [Wei00, §2.1][3], die auf Typ-1 Objekten operieren.[4]

Namen als Elemente des Cantor- oder Baire-Raums. Versehe das binäre Alphabet $\Sigma := \{\mathtt{0}, \mathtt{1}\}$ sowie Σ^* (die Menge aller endlichen Zeichenfolgen, auch *Worte*, $s = b_0 b_1 \dots b_{n-1}$, $b_i \in \Sigma$), mit der diskreten Topologie. Überdies bezeichne $l(s) = l(b_0 b_1 \dots b_{n-1}) := n$ die *Länge* des Wortes s. Das Wort der Länge 0 in Σ^*, das *leere Wort*, sei als ε notiert.

Bezeichne mit $\leq_{\text{lex}}$ die *lexikographische Ordnung* auf Σ^*, definiert als $b_0\, b_1 \dots b_k \leq_{\text{lex}} b'_0\, b'_1 \dots b'_l$ genau dann, wenn $k < l$ oder $\big(k = l$ und $b_m < b'_m$ für den kleinsten Index $m \leq k$ mit $b_m \neq b'_m\big)$. Identifiziere nun $\mathbb{N}$ mit Σ^* durch einen Ordnungsisomorphismus $\jmath\colon \mathbb{N} \to \Sigma^*$ derart, dass das $i \in \mathbb{N}$ auf das *i-te Wort in* Σ^* bzgl. $\leq_{\text{lex}}$ abgebildet wird.[5]

---

[2] In der diskreten Berechenbarkeitstheorie wirkt sich die Wahl der Darstellung – bspw. die Kodierung eines Graphen durch seine Inzidenzmatrix, oder einer aussagenlogischen Formel durch Kodierung von Variablenindizes und -position sowie Junktoren und Klammerung – zwar auf die Komplexität aus, auf die Berechenbarkeit des Objektes an sich hat sie aber keine Auswirkung. Für die kontinuierliche Berechenbarkeit gilt das jedoch nicht mehr...

[3] Es gibt kein Analogon zur Church-Turing These in der berechenbaren Analysis, vielmehr ist das Typ-2 Modell eines unter vielen. Im direkten Vergleich [Wei00, §9] erweist es sich als robuste und breit akzeptierte Wahl.

[4] Die Berechenbarkeitstheorie von Typ-2 Objekten geht auf Kleene zurück [Kle52, §47].

[5] Die Funktion $\jmath$ bildet u. a. $0 \mapsto \varepsilon$, $1 \mapsto \mathtt{0}$, $2 \mapsto \mathtt{1}$, $3 \mapsto \mathtt{00}$, $4 \mapsto \mathtt{01}$, $5 \mapsto \mathtt{10}$ und $6 \mapsto \mathtt{11}$ ab.

Kodiere Objekte, über denen wir fortan Berechnungen anstellen wollen (reelle Zahlen, stetige Funktionen usw.), durch Elemente aus Σ^ω respektive Σ^{**}:

$$\Sigma^\omega := \{(b_i)_{i\in\mathbb{N}} \mid b_i \in \Sigma\} \equiv \{\sigma\colon \Sigma^* \to \Sigma\}$$

ist ein (der) Cantor-Raum, dessen Elemente unendliche Zeichenfolgen sind, und

$$\Sigma^{**} := \{(s_i)_{i\in\mathbb{N}} \mid s_i \in \Sigma^*\} \equiv \{\phi\colon \Sigma^* \to \Sigma^*\}$$

ein (der) Baire-Raum.[6] Die Identifikationen von Zeichenfolgen mit *Prädikaten* (Funktionen $\Sigma^* \to \Sigma$) sowie von Wortfolgen mit *Wortfunktionen* (Funktionen $\Sigma^* \to \Sigma^*$) folgt durch Verwendung der obig beschriebenen Identifikation von $\mathbb{N}$ mit Σ^*: Bezeichne w_i das i-te Wort in Σ^* bzgl. der Ordnungsrelation $\leq_{\text{lex}}$. Dann induziert jede Wortfunktion $\phi\colon \Sigma^* \to \Sigma^*$ durch $\big(\phi(w_i)\big)_{i\in\mathbb{N}}$ eine Wortfolge in Σ^{**}. Die Umkehrung folgt analog. Versehe Letzteren mit der Produkttopologie $\tau_{\mathcal{N}}$, erzeugt durch die Subbasis

$$\bigcup_{i\in\mathbb{N}} \{\pi_i^{-1}[U] \mid U \subseteq \Sigma^* \text{ offen}\}$$

mit $\pi_i\colon \Sigma^{**} \to \Sigma^*$ als Projektion von ϕ auf das i-te Wort in ϕ. Die gleiche Topologie auf Σ^{**} wird durch die Subbasis

$$\bigcup_{i\in\mathbb{N}} \{\pi_i^{-1}[\{s\}] \mid s \in \Sigma^*\}$$

erzeugt. Reformuliert besteht die Basis damit aus Kugeln

$$\mathrm{B}_{\mathcal{N}}(\lambda) := \big\{\phi \in \Sigma^{**} \bigm| \phi|_{\mathrm{Dom}(\lambda)} = \lambda\big\}$$

um $\lambda\colon \subseteq\Sigma^* \to \Sigma^*$ mit endlicher $\mathrm{Dom}(\lambda)$; siehe auch Abbildung 2.1.1. Wir verwenden die Schreibweise $f\colon \subseteq X \to Y$ für *partielle Funktionen* von X

[6] Die präsentierten Definitionen von Cantor- und Baire-Raum sind topologisch äquivalent (homöomorph) zu anderen Räumen, die die Cantor- respektive Baire-Raum-Eigenschaften erfüllen. Bemerke, dass der Erhalt topologischer Eigenschaften zweier homöomorpher metrischer Räume sich i. Allg. nicht auf die verwendeten Metriken überträgt. Die hier verwendete Definition eines Baire-Raums ist mit der in Gleichung (2.1) implizit verwendeten Metrik („zwei Elemente des Baire-Raums sind sich umso näher, je länger der gemeinsame Präfix ist") somit i. Allg. *nicht metrisch äquivalent* zu Σ^{**} versehen mit einer anderen Metrik.

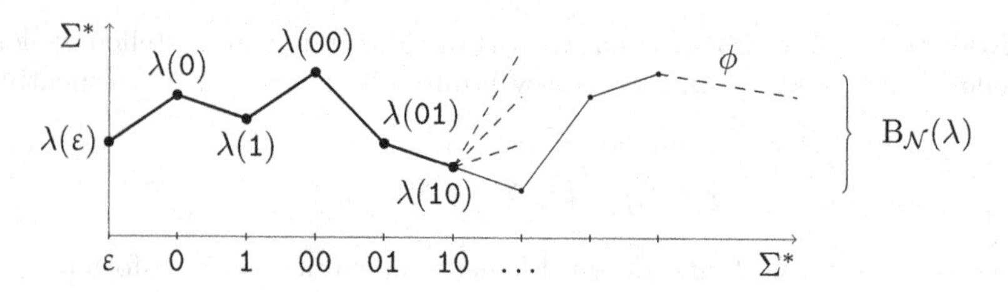

Abbildung 2.1.1. Die Kugel $\mathrm{B}_{\mathcal{N}}(\lambda)$ enthält alle Wortfunktionen $\phi\colon \Sigma^* \to \Sigma^*$, die auf $\mathrm{Dom}(\lambda)$ (hervorgehobene Punkte •) mit λ übereinstimmen.

abbildend in Y. Zur späteren Verwendung führen wir auch die Notation

$$\mathrm{B}_{\mathcal{N}}(\phi, s) := \mathrm{B}_{\mathcal{N}}(\lambda) \text{ mit } \lambda\colon \{s' \in \Sigma^* \mid s' \leq_{\text{lex}} s\} \to \Sigma^* \,, \; s' \mapsto \phi(s') \tag{2.1}$$

ein – d. h. alle Funktionen in $\mathrm{B}_{\mathcal{N}}(\phi, s)$ stimmen mit ϕ auf allen Wörtern bis inklusive s überein. Durch kanonische Einbettung von Σ^ω in Σ^{**},

$$\Sigma^\omega \to \Sigma^{**} \,, \quad \sigma = (b_i)_i \mapsto (b_i)_i \,,$$

gelten vorige Ausführungen insbesondere auch für Σ^ω.

Typ-2 Modell. Anstatt über Σ^* (wie bisher die Turingmaschinen) operiert eine *Typ-2 Maschine* über Σ^ω. Eine Typ-2 Maschine M besteht dabei aus endlich vielen Eingabebändern, endlich vielen Arbeitsbändern sowie einem nur unidirektional beschreibbaren Ausgabeband. Die Eingabe $(\sigma_1, \ldots, \sigma_k) \in \Sigma^\omega \times \cdots \times \Sigma^\omega$ steht zu Beginn auf den $k \in \mathbb{N}_+$ Eingabebändern. Ein Berechnungsschritt in M erfolgt analog zum Typ-1 Pendant: Entweder liest M ein Symbol von einem der k Eingabebänder, liest/schreibt ein Symbol von/auf den Arbeitsbändern, oder fügt dem Ausgabeband ein Symbol hinzu. Dabei berechnet M eine Funktion $f\colon \subseteq(\Sigma^\omega)^k \to (\Sigma^\omega)^l$, falls M zu gegebenem $(\sigma_1, \ldots, \sigma_k) \in \mathrm{Dom}(f)$ sukzessive $f(\sigma_1, \ldots, \sigma_k)$ auf dem Ausgabeband produziert. Die Einschränkung des Ausgabebandes als unidirektional garantiert, dass nach endlich vielen Schritten von M ein endlicher Präfix *eines korrekten Namens von* $f(\sigma_1, \ldots, \sigma_k)$ auf dem Ausgabeband steht. Die Ähnlichkeit zur Definition von Stetigkeit in der Analysis ist dabei kein Zufall, sondern garantiert eine sinnvolle Definierbarkeit von Berechenbarkeit, wie wir am Ende diese Abschnitts sehen werden.

Berechnungen über Mengen verschieden von Σ^ω erfolgen über besagte Formulierung von Darstellungen.

Definition 2.1.1 (Darstellungen). Sei X eine Menge.

(a) Eine *Darstellung* für X ist eine surjektive partielle Funktion $\boldsymbol{\xi}\colon \subseteq\Sigma^\omega \to X$.

(b) Jedes Element $x \in X$ besitzt somit einen $\boldsymbol{\xi}$-*Namen*. Die Menge der $\boldsymbol{\xi}$-Namen zu x ist $\boldsymbol{\xi}^{-1}[\{x\}]$.

Darstellbar sind demnach Mengen X mit maximal Kontinuumskardinalität: Beispielsweise $\mathbb{R}^d$, die Menge $C(K, \mathbb{R}^e)$ der stetigen Funktionen mit kompaktem Definitionsbereich $K \subset \mathbb{R}^d$, oder der Raum abgeschlossener Teilmengen von $\mathbb{R}^d$.

Notation. Für die nachfolgenden Beispiele für Darstellungen, vor allem aber über die gesamte Arbeit hinweg, benötigen wir einige grundlegende Begriffe: Für $n \in \mathbb{Z}$ bezeichne $\mathbb{D}_n := \{a/2^n \mid a \in \mathbb{Z}\}$ die Menge der *dyadisch rationalen Zahlen* mit *Genauigkeit* n. Überdies sei $\mathbb{D} := \bigcup_{n\in\mathbb{Z}} \mathbb{D}_n$.

Verstehe unter $\mathrm{bin}_\mathbb{N}\colon \mathbb{N} \to \Sigma^* \setminus \{\varepsilon\}$ die Binär- und unter $\mathrm{un}_\mathbb{N}\colon \mathbb{N} \to \Sigma^*$, $n \mapsto 0^n$, die Unärkodierung natürlicher Zahlen. Obgleich $\mathrm{un}_\mathbb{N}$ nicht surjektiv und folglich nicht invertierbar ist, bezeichnen wir mit $\mathrm{un}_\mathbb{N}^{-1}$ die Abbildung $s \in \Sigma^* \mapsto l(s) \in \mathbb{N}$. Für $\mathbb{Z}$ gehen Unär- und Binärkodierung, $\mathrm{un}_\mathbb{Z}$ und $\mathrm{bin}_\mathbb{Z}$, durch Einbettung[7] von $\mathbb{Z}$ in $\mathbb{N}$ hervor. Zudem verwenden wir die Abkürzung $0^k := \mathrm{un}_\mathbb{Z}(k)$ – analog zu $\mathrm{un}_\mathbb{N}$. Zu $x \in \mathbb{R}$ bezeichnen wir $q \in \mathbb{D}_n$ auch als 2^{-n}-*Approximation an* x, falls $|x - q| < 2^{-n}$. Je nach Kontext bezeichne $\langle\ \rangle$ entweder die *Cantorsche Paarungsfunktion*[8]

$$\langle\text{-},\text{-}\rangle_\mathbb{N}\colon \mathbb{N} \times \mathbb{N} \to \mathbb{N}\,, \quad \langle m, n\rangle_\mathbb{N} := m + (n+m)(n+m+1)/2\,,$$

eine Paarungsfunktion für Σ^*,

$$\langle\text{-},\text{-}\rangle_{\Sigma^*}\colon \Sigma^* \times \Sigma^* \to \Sigma^*\,, \quad \langle s, t\rangle_{\Sigma^*} := \jmath\langle \jmath^{-1}(s), \jmath^{-1}(t)\rangle\,,$$

Σ^{**} oder $\mathbb{D}^d$. Im weiteren Verlauf dieser Arbeit wird es sich als sinnvoll erweisen eine (nicht notwendigerweise injektive) Paarungsfunktion für Σ^{**} wie folgt zu definieren: Für $\phi, \psi \in \Sigma^{**}$ und $s \in \Sigma^*$ sei

$$\langle \phi, \psi\rangle_{\Sigma^{**}}(0\,s) := 0^{l(\psi(s))}\,1\,\phi(s)\,; \quad \langle \phi, \psi\rangle_{\Sigma^{**}}(1\,s) := 0^{l(\phi(s))}\,1\,\psi(s)\,. \tag{2.2}$$ [9]

[7] beispielsweise durch $k \mapsto 2k - 1$ für $k > 0$ und $k \mapsto -2k$ für $k \leq 0$.

[8] total und bijektiv, zudem berechenbar und invertierbar durch eine Turingmaschine in Zeit polynomiell in der binären Kodierungslänge der Eingabe(n)

Damit $\langle\phi,\psi\rangle_{\Sigma^{**}}$ total ist, setze überdies $\langle\phi,\psi\rangle_{\Sigma^{**}}(\varepsilon) := \varepsilon$.
Allgemeiner bezeichne fortan $\langle\,\rangle$ Paarungsfunktionen (eine der obige definierten oder Kombinationen daraus) in sowohl einem als auch mehreren Argumenten. Notiere insbesondere die Binärkodierung von $q \in \mathbb{D}^k$ verkürzt als $\langle q\rangle$.

Beispiel 2.1.2 (Darstellungen).

(a) Die zu Beginn erwähnte Kodierung durch Endpunkte einer gegen $x \in \mathbb{R}$ konvergierenden Intervallfolge wollen wir nun um eine explizite Forderung an die *Konvergenzgeschwindigkeit* ergänzen (Cauchy-Darstellung, vgl. [Wei00, ρ_C: Def. 4.1.5+4.1.17] und [Ko91, §2.1]). Konkret heißt das: Zu jedem x gibt es eine Folge $(q_n)_n \subseteq \mathbb{D}$, $q_n \in \mathbb{D}_n$, mit $|x - q_n| < 2^{-n}$.

Definiere nun einen $\boldsymbol{\rho}_\mathbb{R}$-Namen $\sigma \in \Sigma^\omega$ für x als die Binärkodierung einer solchen Cauchy-Folge: $\sigma = \langle(\mathrm{bin}_\mathbb{D} q_n)_n\rangle = \langle(b_i)_i\rangle$, $b_i \in \Sigma$.

(b) Unär- und Binärkodierung von $\mathbb{N}$ übersetzen sich kanonisch in Darstellungen:[10] Definiere einen $\mathbf{bin}_\mathbb{N}$-Namen σ, $\mathbf{bin}_\mathbb{N}\colon \subseteq\Sigma^\omega \to \mathbb{N}$, einer natürlicher Zahl $n = \sum_{i=0}^k b_i 2^i \in \mathbb{N}$, $b_i \in \Sigma$, vermittels $\sigma := \mathtt{1}\,b_0\,\mathtt{1}\,b_1\,\mathtt{1}\cdots\mathtt{1}\,b_k\,\mathtt{0}^\omega \in \Sigma^\omega$.[11]

Die Unärdarstellung $\mathbf{un}_\mathbb{N}$ ergibt sich analog durch $\sigma := (\mathtt{1}\,\mathtt{0})^n\,\mathtt{0}^\omega$.

(c) Aus $\boldsymbol{\rho}_\mathbb{R}$ lässt sich eine Darstellung $\boldsymbol{\rho}_\mathbb{R}^{\to}\colon \subseteq\Sigma^\omega \to C(\mathbb{R},\mathbb{R})$ für den Raum stetiger Funktionen ableiten: Sei dazu $(q_n)_n \subset \mathbb{D}$ eine dichte Folge in $\mathbb{R}$. Ein $\boldsymbol{\rho}_\mathbb{R}^{\to}$-Name σ für f kann nun informell als von der Form $\sigma = \langle(q_m, p_{m,n}, \mathtt{0}^n)_{m,n}\rangle$ mit $|f(q_m) - p_{m,n}| \leq 2^{-n}$ und $p_m \in \mathbb{D}$ aufgefasst werden.

Die Verallgemeinerung von $\boldsymbol{\rho}_\mathbb{R}^{\to}$ auf die Klasse stetiger Funktionen mit Signatur $\mathbb{R}^d \to \mathbb{R}^e$ notieren wir als $\boldsymbol{\rho}_\mathbb{R}^{d\to e}$. Die Kurznotation $\boldsymbol{\rho}_\mathbb{R}^{\to} := \boldsymbol{\rho}_\mathbb{R}^{1\to 1}$ verwenden wir weiterhin.

Praktisch ist die Konstruierbarkeit neuer Darstellungen aus bereits gegebenen Darstellungen.

Fakt 2.1.3 (vgl. [Wei00, §3.3]). *Seien X, X' Mengen.*

(a) Ist $\boldsymbol{\xi}\colon \subseteq\Sigma^\omega \to X$ eine Darstellung für X, dann ergibt sich durch Einschränkung des Bildes eine Darstellung $\boldsymbol{\xi}|^Y\colon \subseteq\Sigma^\omega \to Y$ für $Y \subseteq X$.

[10] Eigentlich *Notationen* [Wei00, Def. 2.3.1], durch kanonische Einbettung von Σ^* in Σ^ω aber als Darstellung auffassbar.
[11] Für $b \in \Sigma$, verwende b^ω als Abkürzung für die unendliche Folge $b\,b\,b\,\ldots$.

(b) *Seien* $\boldsymbol{\xi}_i\colon \subseteq\Sigma^\omega \to X_i$ *Darstellungen für* X_i, $1 \leq i \leq k$. *Durch*

$$\boldsymbol{\xi}_1 \times \cdots \times \boldsymbol{\xi}_k\langle\sigma_1, \ldots, \sigma_k\rangle := (\boldsymbol{\xi}_1(\sigma_1), \ldots, \boldsymbol{\xi}_k(\sigma_k))$$

ergibt sich eine Darstellung für $X_1 \times \cdots \times X_k$. *Ist* $\boldsymbol{\xi}_i = \boldsymbol{\xi}$ *für alle* $i \leq k$, *so schreiben wir kürzer* $\boldsymbol{\xi}^k := \boldsymbol{\xi}_1 \times \cdots \times \boldsymbol{\xi}_k$.

(c) *Als Erweiterung zu vorigem Punkt können gar abzählbar viele Darstellungen zu einer neuen kombiniert werden:*

$$\boldsymbol{\xi}^\omega\langle\sigma_1, \sigma_2, \ldots\rangle := (\boldsymbol{\xi}(\sigma_1), \boldsymbol{\xi}(\sigma_2), \ldots)$$

ist eine Darstellung für X^ω $(= X^{\mathbb{N}})$, *vorausgesetzt* $\boldsymbol{\xi}\colon \subseteq\Sigma^\omega \to X$ *ist eine Darstellung für* X.

Beispielsweise wird $\boldsymbol{\rho}_{\mathbb{R}}^\omega$ ab Abschnitt 6.2.2 zur Darstellung einer Folge von Taylor-Koeffizienten Verwendung finden.

Des Weiteren wollen wir, mit Hinblick auf die Berechenbarkeit von Operatoren sowie ihrer Komplexitäten, die ad-hoc Generierung neuer Darstellungen durch Anreicherung gegebener Darstellungen um diskrete Informationen erlauben. Diskrete Zusatzinformation ist dabei weder eindeutig durch eine Darstellung, noch durch einen gegeben Namen bestimmt. Vielmehr gibt es pro Name potentiell mehrere sinnvolle diskrete Werte, die als Zusatzinformation in Betracht kommen. Wir formulieren daher Zusatzinformation als *mehrwertige Funktion*: Eine mehrwertige Funktion $g\colon X \rightrightarrows Y$ kann als Relation $g \subseteq X \times Y$, oder alternativ als Funktion in die Potenzmenge $\mathfrak{P}(Y)$ von Y aufgefasst werden, kurz $g\colon X \to \mathfrak{P}(Y)$. Für die Bilder unter g gilt entsprechend $g(x) \subseteq Y$.

Definition 2.1.4 (diskrete Zusatzinformation). Sei $\boldsymbol{\xi}\colon \subseteq\Sigma^\omega \to X$ eine Darstellung für X, $\boldsymbol{\nu}_{\Sigma^*}\colon \subseteq\Sigma^\omega \to \Sigma^*$ eine Darstellung für Σ^* und $\mathsf{E}\colon X \rightrightarrows \Sigma^*$ eine mehrwertige Funktion: die *Zusatzinformation* (engl. *enrichment*; siehe auch [KM82, S. 238–239] und [Zie12]). Ein $\boldsymbol{\xi} \rtimes \mathsf{E}$-Name $\sigma \in \Sigma^\omega$ von $x \in X$ ist von der Form $\sigma = \langle\varsigma, \varsigma'\rangle$ für einen $\boldsymbol{\xi}$-Namen ς von x und $\boldsymbol{\nu}_{\Sigma^*}(\varsigma') \in \mathsf{E}(x)$.

Die Notation $\boldsymbol{\xi} \rtimes \mathsf{E}$ ist in Anlehnung an die Verknüpfung zweier Darstellungen durch $\times$ gewählt und suggeriert (durch Kombination von „$\times$" und „$\triangleleft$"), dass es sich bei dem ersten Argument um eine Darstellung, bei dem Zweiten jedoch um diskrete Zusatzinformation handelt, die dieser Darstellung hinzugefügt wird ($\triangleleft$ agiert als Indikator dafür).[12]

[12] Die Intention hinter der Wahl von $\rtimes$ ist ähnlich derer beim *semidirekten Produkt* in der Gruppentheorie. Ein Dank geht an Davorin Lešnik für diesen Hinweis.

Definition 2.1.5 (vgl. [Wei00, Def. 3.1.3]). Seien $\boldsymbol{\xi}$ und $\boldsymbol{\xi}'$ Darstellungen für Mengen X respektive X' sowie $f\colon \subseteq X \to X'$ eine partielle Funktion.

(a) Die Funktion f wird $(\boldsymbol{\xi}, \boldsymbol{\xi}')$-*realisiert* durch eine Funktion $g\colon \subseteq\Sigma^\omega \to \Sigma^\omega$, falls $(\boldsymbol{\xi}' \circ g)(\sigma) = (f \circ \boldsymbol{\xi})(\sigma)$ für alle Namen $\sigma \in \boldsymbol{\xi}^{-1}[\mathrm{Dom}(f)]$ gilt, d. h., falls das nachfolgende Diagramm kommutiert:

$$\begin{array}{ccc} \Sigma^\omega & \xrightarrow{g} & \Sigma^\omega \\ \downarrow{\scriptstyle \boldsymbol{\xi}} & & \downarrow{\scriptstyle \boldsymbol{\xi}'} \\ X & \xrightarrow{f} & X' \end{array} \tag{2.3}$$

(b) Überdies ist f genau dann $(\boldsymbol{\xi}, \boldsymbol{\xi}')$-*berechenbar (-stetig)*, falls sie von einer Typ-2 berechenbaren ($(\tau_\mathcal{N}, \tau_\mathcal{N})$-stetigen) Funktion $(\boldsymbol{\xi}, \boldsymbol{\xi}')$-realisiert wird.

(c) Beide Konzepte von Realisier- und Berechenbarkeit lassen sich allgemeiner auf mehrwertige Funktionen $f\colon \subseteq X \rightrightarrows X'$ übertragen: Die Funktion f wird $(\boldsymbol{\xi}, \boldsymbol{\xi}')$-realisiert von einer (weiterhin einwertigen) Funktion $g\colon \subseteq\Sigma^\omega \to \Sigma^\omega$, wenn zu jedem Argument ein Element der Bildmenge unter f berechnet wird; genauer: wenn $(\boldsymbol{\xi}' \circ g)(\sigma) \in f[\{\boldsymbol{\xi}(\sigma)\}]$ für alle $\sigma \in \boldsymbol{\xi}^{-1}[\mathrm{Dom}(f)]$.

(d) Sei $X = X'$. Darstellung $\boldsymbol{\xi}$ ist *stetig reduzierbar auf* $\boldsymbol{\xi}'$, kurz $\boldsymbol{\xi} \preceq_\mathrm{t} \boldsymbol{\xi}'$, falls die *Identitätsfunktion* auf X, id_X, $(\boldsymbol{\xi}, \boldsymbol{\xi}')$-stetig ist. Stetige Äquivalenz $\boldsymbol{\xi} \equiv_\mathrm{t} \boldsymbol{\xi}'$ herrsche, sofern $\boldsymbol{\xi} \preceq_\mathrm{t} \boldsymbol{\xi}'$ und $\boldsymbol{\xi}' \preceq_\mathrm{t} \boldsymbol{\xi}$ gelten.

Obiger Stetigkeits- resp. Berechenbarkeitsbegriff ist sinnvoll, sofern die zugrunde liegenden Darstellungen $\boldsymbol{\xi}, \boldsymbol{\xi}'$ für X respektive X' einige wünschenswerte Eigenschaften aufweisen: Ist $f\colon \subseteq X \to X'$ stetig bzgl. der zu X und X' gegebenen Topologie τ_X resp. $\tau_{X'}$, dann möge f auch $(\boldsymbol{\xi}, \boldsymbol{\xi}')$-stetig sein. Besagte Darstellungen sollten dazu $(\tau_\mathcal{N}, \tau_X)$- respektive $(\tau_\mathcal{N}, \tau_{X'})$-stetig sein. Die Kombination beider Eigenschaften stellt dann sicher, dass alle Komponenten in (2.3) stetig sind und somit topologische Stetigkeit mit $(\boldsymbol{\xi}, \boldsymbol{\xi}')$-Stetigkeit bezüglich gewählter Darstellungen übereinstimmt. Ist f eine berechenbare Funktion, so wird als Konsequenz aus den topologischen Eigenschaften eine fallende Inklusionskette $\mathrm{B}_\mathcal{N}(\lambda_1) \supset \mathrm{B}_\mathcal{N}(\lambda_2) \supset \dots$ von Kugeln, die einen Namen des korrekten Funktionswerts $f(x)$ mit steigender Genauigkeit beschreibt, bereits durch eine strikt steigende Folge endlicher Präfixe $s_1 <_\mathrm{lex} s_2 <_\mathrm{lex} \dots$ eines Argumentnamens eindeutig beschrieben.[13]

[13] In Kapitel 3 and 6 werden wir dies zum Nachweis von Unstetigkeit durch Konstruktion von *Gegenspielermengen* und *-funktionen* verwenden.

Die Menge der stetigen und $\preceq_t$-vollständigen [Wei00, Thm. 3.2.8(1)+3.2.9], kurz der *zulässigen* (engl. *admissible*), Darstellungen, erfüllt vorgenannte Eigenschaften. Für alle Räume, die wir betrachten werden, werden zulässige Darstellungen existieren.[14]

Eine wichtige Konsequenz aus der Beschränkung auf zulässige Darstellungen ist der *Hauptsatz der Berechenbaren Analysis*, informell als

Berechenbarkeit impliziert Stetigkeit

zusammenzufassen und nachfolgend formal ausgeführt. Die Kontraposition dieser Aussage werden wir sehr häufig ausnutzen – zuerst in Beispiel 2.1.7.

Fakt 2.1.6 ([Wei00, §2.2 und Thm. 3.2.11]).

(a) *Jede Typ-2 berechenbare Funktion* $g\colon \subseteq\Sigma^\omega \to \Sigma^\omega$ *ist* $(\tau_\mathcal{N}, \tau_\mathcal{N})$*-stetig.*[15]

(b) *Seien* $\boldsymbol{\xi}, \boldsymbol{\xi}'$ *zulässige Darstellungen für* X *respektive* X'*. Dann gilt:* $f\colon \subseteq X \to X'$ *ist genau dann* $(\tau_X, \tau_{X'})$*-stetig, wenn sie* $(\boldsymbol{\xi}, \boldsymbol{\xi}')$*-stetig ist.*[16]

Beweisskizze. Zu (a): Sei M eine g berechnende Typ-2 Maschine und $\sigma' = g(\sigma)$ mit $\sigma, \sigma' \in \Sigma^\omega$. Um nach endlicher Zeit ein $\lambda' \in \tau_\mathcal{N}$ mit $\sigma' \in \mathrm{B}_\mathcal{N}(\lambda')$ zu produzieren, liest M einen endlichen Präfix $\lambda \in \tau_\mathcal{N}$ mit $\sigma \in \mathrm{B}_\mathcal{N}(\lambda)$ des Arguments σ. Da g von M berechnet wird, ist $\mathrm{B}_\mathcal{N}(\lambda)$ aufgrund der Unidirektionalität des Ausgabebandes eine Teilmenge von $g^{-1}[\mathrm{B}_\mathcal{N}(\lambda')]$. Zusammen mit der Offenheit von $\mathrm{B}_\mathcal{N}(\lambda)$ folgt schließlich die Stetigkeit von g.

Aussage (b) folgt aus den Eigenschaften zulässiger Darstellungen. □

Analog zu nicht-berechenbaren Funktionen $\varphi\colon \Sigma^* \to \Sigma^*$ (bspw. die charakteristische Funktion des Halteproblems) gibt es auch nicht-berechenbare reellwertige Funktionen. Wir führen einige Positiv- und Negativbeispiele an.

Beispiel 2.1.7.

(a) Addition und Multiplikation sind $(\boldsymbol{\rho}_\mathbb{R}, \boldsymbol{\rho}_\mathbb{R})$-berechenbar.

(b) [Wei00, Ex. 2.1.4(7)]: Bezeichne mit $\boldsymbol{\rho}_{10}$ die Dezimaldarstellung reeller Zahlen, d. h. $\sigma = \langle d_{-k} \dots d_0 ',' d_1 d_2 d_3 \dots \rangle$, $d_i \in \{0, 1, \dots, 9\}$, ist ein $\boldsymbol{\rho}_{10}$-Name für $x = \sum_i d_i \cdot 10^{-i} \in \mathbb{R}$. Es gilt: $x \mapsto 3 \cdot x$ ist $(\boldsymbol{\rho}_{10}, \boldsymbol{\rho}_{10})$-unstetig.

[14] Zulässige Darstellungen und Charakterisierungen ihrer Existenz gibt es für sehr allgemeine Räume; siehe [Wei00, §3.2] und [Schr02].

[15] Auch bekannt als *Kleenesche Normalform*; siehe [Kle52, §58], [KV65, S. 91;122].

[16] Folgt aus Brouwers „spread representation" metrischer polnischer Räume (siehe [TV88, §7.6] oder [Koh08, §4]) und bildet die Grundlage von Stetigkeitsprinzipien.

(c) Der Gleichheitstest ist $(\boldsymbol{\rho}_{\mathbb{R}}, \mathbf{un}_{\mathbb{N}})$-unstetig und damit insbesondere nicht $(\boldsymbol{\rho}_{\mathbb{R}}, \mathbf{un}_{\mathbb{N}})$-berechenbar.

Beweis. Zu (b): Sei $x = 1/3$ und $\sigma = \langle 0{,}3^\omega \rangle$ ein $\boldsymbol{\rho}_{10}$-Name für x. (Jedes Symbol in $\{0, 1, \ldots, 9\}$ kann in Σ^* kodiert und $\boldsymbol{\rho}_{10}$ somit als Darstellung üblicher Signatur $\subseteq\Sigma^\omega \to \mathbb{R}$ aufgefasst werden.) Angenommen $x \mapsto 3 \cdot x$ sei $(\boldsymbol{\rho}_{10}, \boldsymbol{\rho}_{10})$-stetig, dann sind die ersten beiden Symbole '1,' beziehungsweise '0,' der korrekten Ergebnisse $1{,}0^\omega$ respektive $0{,}9^\omega$ durch Lesen eines endlichen Präfixes $s \in \Sigma^*$ von σ festgelegt. Betrachte ohne Einschränkung den Fall $0{,}9^\omega$. Nach angenommener Stetigkeit führen damit alle Folgen $\varsigma \in \mathrm{B}_{\mathcal{N}}(\sigma, s)$ zum gleichen Ergebnispräfix '0,' – auch $0{,}s9^\omega$, dessen Ergebnis $3 \cdot 0{,}s9^\omega$ allerdings größer 1 ist – ein Widerspruch zur angenommenen $(\boldsymbol{\rho}_{10}, \boldsymbol{\rho}_{10})$-Stetigkeit. □

2.2 Diskrete Komplexitätstheorie

Alternativ zum Typ-2 Modell können Berechnungen über Typ-0 und Typ-1 Objekten auch im Modell der *Orakel-Turingmaschinen* (kurz: OTM, Orakelmaschine) formuliert werden (den Beweis der Äquivalenz beider Modelle verschieben wir bis Fakt 2.3.3). Zudem benötigen wir dieses Konzept zur Definition von Komplexität im Typ-2 Modell/kontinuierlicher Komplexitätstheorie in Abschnitt 2.3.

Eine Orakelmaschine $M^?$ ist eine Turingmaschine, die zusätzlich ein Anfrageband sowie -zustand besitzt. Ist ein konkretes Orakel $\phi\colon \Sigma^* \to \Sigma$ gegeben, so schreiben wir M^ϕ. Geht M^ϕ in diesen speziellen Anfragezustand über, so wird in konstanter Zeit der Inhalt $s \in \Sigma^*$ des Anfragebandes gelesen und mit $\phi(s)$ überschrieben.

Definition 2.2.1 (Zeit- und Platzkomplexität)**.** Eine Funktion $f\colon \mathbb{N} \to \mathbb{N}$ heißt $t(n)$-zeitbeschränkt (oder berechenbar in Zeit t) für monoton wachsendes $t\colon \mathbb{N} \to \mathbb{N}$, falls es eine f berechnende Maschine gibt, deren Laufzeit bei Eingabe $s \in \Sigma^{\leq n}$ durch $t(n)$ nach oben beschränkt ist. Definiere auf analoge Weise $t(n)$-Platzbeschränkung. Ist $t \in \mathbb{N}[X]$ ein Polynom und f in Zeit $t(n)$ berechenbar, so nennen wir f auch *in Polynomialzeit berechenbar* (analog für Platz).

Die Klasse der durch deterministische Turingmaschinen in Polynomialzeit entscheidbaren Probleme $A \subseteq \Sigma^*$ notieren wir mit P. Gemeinhin wird P als die Klasse der *praktischen* oder auch *effizient lösbaren* (engl. *feasible*) Probleme bezeichnet. Ein Grund ist die Cobham-Edmonds These [Cob65, Edm65]: Als Verschärfung der Church-Turing These besagt sie, dass Polynomialzeitberechenbarkeit invariant bezüglich Modellwechseln ist – und P somit exakt die Klasse effizient lösbarer Probleme erfasst.

Die Klasse NP ist das nichtdeterministische Gegenstück zu P: Die simultane Abarbeitung aller Berechnungspfade muss nach polynomieller Zeit zu einem terminalen Zustand führen. Alternativ kann NP auch als die Menge der Sprachen A aufgefasst werden, für die zu gegebenem Wort $s \in \Sigma^*$ und *Zeugen* $w \in \Sigma^*$ (bspw. die Kodierung eines terminierenden Berechnungspfades von M gestartet mit S) in polynomieller Zeit *verifiziert* werden kann, dass $s \in A$.

Fakt 2.2.2. *Eine Sprache $A \subseteq \Sigma^*$ ist genau dann in* NP, *wenn es eine Sprache $B \in$ P und ein monoton wachsendes Polynom p gibt, so dass*

$$A = \left\{ s \in \Sigma^* \mid \exists\, w \in \Sigma^{\leq p(l(s))} \,.\, \langle w, s \rangle \in B \right\}.$$

Kurzum: Jedes in einer NP-Menge A enthaltene Wort s besitzt einen Zeugen polynomieller Länge in $l(s)$ für dessen Enthaltensein in A. Wörter im Komplement besitzen entsprechend keinen Zeugen.[17]

Nichtdeterminismus als rein theoretisches Konzept (kann es derartige Maschinen in der Realität doch nicht geben) kann demnach auch als die Frage aufgefasst werden, wie einfach es ist zu gegebenem Beweis dessen Korrektheit zu überprüfen. Für den Fall der Polynomialzeitberechenbarkeit wird die echte Inklusion von P in NP vermutet[18], für die zu P und NP korrespondierenden Platzklassen PSPACE resp. NPSPACE wurde die Frage durch Savitch bereits beantwortet: es gilt PSPACE = NPSPACE.

Die Klasse P ist abgeschlossen unter diversen Operationen, bspw. unter Durchschnitt und Vereinigung sowie unter Komposition[19]. Außerdem ist P abgeschlossen unter Komplementbildung, kurz P = coP. Das heißt, sowohl das Enthaltensein, aber auch das Nichtenthaltensein eines Wortes, kann in Polynomialzeit nachgewiesen werden.

---

[17] Die formal korrekte Umkehrung wäre, Wörter $s \notin A$ besitzen keine Zeugen polynomieller Länge. Die Zeugenlänge ist allerdings durch die Laufzeit einer A entscheidenden nichtdeterministischen Maschine beschränkt – womit die Nichtexistenz polynomieller Zeugen die Nichtexistenz beliebig langer Zeugen impliziert.

[18] Cook höchst selbst [Coo71, §2] bemerkte die Schwierigkeit einen Polynomialzeitalgorithmus für ein NP-vollständiges Problem zu finden – wenngleich nicht als Erster (Gödel stellte diese Frage bereits 1956 in einem Brief an von Neumann [Sip92, Appendix]). Wigderson [Wig06] gibt einen wunderbaren Überblick über Hürden, die im hypothetischen P $\neq$ NP Beweis genommen werden müssen. Aaronson [Aar05] wählt einen anderen Blickwinkel und stellt die Frage nach den Implikationen für die Welt um uns herum im Falle von P = NP.

[19] Anders ausgedrückt: Jeder P-Algorithmus ist abgeschlossen unter Aufrufen polynomialzeitberechenbarer Unterprogramme.

Definition 2.2.3. Sei $\mathsf{coK} := \{A \mid \Sigma^* \backslash A \in \mathsf{K}\}$ für eine Komplexitätsklasse K.

Besagter Abschluss von P ist wie folgt einzusehen: Wähle zu gegebener Menge $A \in \mathsf{P}$ eine TM M, die A in Polynomialzeit entscheidet, und konstruiere durch Simulation von M eine zweite Maschine M', die stets die zu M gegenteilige Antwort liefert – und damit $A \in \mathsf{coP}$ entscheidet. Die Umkehrung folgt analog und zeigt somit $\mathsf{P} = \mathsf{coP}$. Allgemeiner sind sogar alle deterministischen Komplexitätsklassen K abgeschlossen unter Komplementbildung.

Die Klasse coNP kann ähnlich wie NP in Fakt 2.2.2 charakterisiert werden: Ein $A \subseteq \Sigma^*$ ist per Definition in coNP, wenn $\Sigma^* \setminus A \in \mathsf{NP}$ – also genau dann, wenn für *kein* Wort $s \in A$ ein Zeuge $w \in \Sigma^*$ polynomieller Länge in $l(s)$ existiert. In dieser Äquivalenz zeigt sich die Schwierigkeit im Vergleich von NP mit coNP: Für NP-Mengen reicht *ein* Zeuge als Nachweis des Enthaltenseins eines Wortes, für coNP-Mengen sind *alle* möglichen Zeugen zu prüfen.

Die Frage, ob dennoch $\mathsf{NP} = \mathsf{coNP}$ gilt, ist eine weitere offene Frage der diskreten Komplexitätstheorie: Anders als im deterministischen Fall ist die Abgeschlossenheit nichtdeterministischer Komplexitätsklassen in dieser Allgemeinheit nicht nur nicht nachgewiesen[20], sondern hätte zudem weitreichende Folgen. Verstehe dazu unter einer *Maschine M mit Orakelzugriff auf* K', wobei K' eine Komplexitätsklasse sei, eine OTM $M^?$ versehen mit einem Orakel für *irgendein* K'-vollständiges Problem. Als Notation für alle K-Maschinen mit Orakelzugriff auf K' verwenden wir $\mathsf{K}^{\mathsf{K}'}$. Definiere nun $\Sigma_{i+1} := \mathsf{NP}^{\Pi_i}$ sowie $\Pi_{i+1} := \mathsf{coNP}^{\Sigma_i}$ und bezeichne mit $\mathsf{PH} := \bigcup_{i \in \mathbb{N}} \Sigma_i \cap \Pi_i$ die Polynomialzeithierarchie. Dann gilt beispielsweise: $\mathsf{NP} = \mathsf{coNP}$ würde $\mathsf{PH} = \mathsf{NP}$ (d. h. den Kollaps der Polynomialzeithierarchie bis zur ersten Stufe: $\Sigma_1 = \Pi_1$) implizieren. Ein Kollaps von PH auf beliebiger Stufe wird jedoch als unwahrscheinlicher erachtet, je kleiner die behauptete Kollapsstufe ist. Hingegen einfach einzusehen ist die Inklusion von PH in PSPACE (jedes in Zeit $p(n)$ entscheidbare Problem ist auch auf Platz $p(n)$ entscheidbar). Nebst einer Fülle weiterer Komplexitätsklassen und -beziehungen gilt $\mathsf{L} \subsetneq \mathsf{PSPACE}$. Vielmehr wird vermutet, dass alle der Inklusionen

$$\mathsf{L} \subseteq \mathsf{NL} \subseteq \mathsf{P} \subseteq \mathsf{NP} \subseteq \mathsf{PH} \subseteq \mathsf{PSPACE}$$

echt sind.

[20] Abgesehen von Einzelresultaten, wie $\mathsf{NPSPACE} = \mathsf{coNPSPACE}$ (Konsequenz aus Savitchs Theorem) oder dem überraschenden Ergebnis von Immerman und Szelepcsényi, dass die Klasse der nichtdeterministisch auf logarithmischem Platz entscheidbaren Probleme unter Komplementbildung abgeschlossen ist; kurz, $\mathsf{NL} = \mathsf{coNL}$ (siehe bspw. [AB09, §4]).

Weitere Notation. Zur Beschreibung des asymptotischen Verhaltens von Funktionen verwenden wir die Landausche O-Notation: Für $f, g\colon \mathbb{N} \to \mathbb{N}$ sei

$$f \in \mathrm{O}(g) \;:\Longleftrightarrow\; \exists\, n, k \in \mathbb{N} \,.\, \forall m \geq n \,.\, f(m) \leq k \cdot g(m) \,.$$

Asymptotisch ist das Wachstum von f somit durch g nach oben beschränkt. Für die Funktionen $f\colon n \mapsto n^k$, $g\colon n \mapsto n^{k+1}$ (für festes $k \in \mathbb{N}$) und $h\colon n \mapsto 2^n$ gilt bspw. $f \in \mathrm{O}(g)$ und $g \in \mathrm{O}(h)$, jedoch nicht die jeweilige Umkehrung. Üblich ist auch die Kurznotation $n^k \in \mathrm{O}(n^{k+1})$ für $(n \mapsto n^k) \in \mathrm{O}(n \mapsto n^{k+1})$, die wir fortan auch stillschweigend verwenden wollen.

Umgekehrt beschränkt f damit asymptotisch das Wachstum von g nach unten; kurz $g \in \Omega(f)$. Gilt sowohl $f \in \mathrm{O}(g)$ als auch $g \in \mathrm{O}(f)$, so schreiben wir kürzer $f \in \Theta(g)$.

Eine Funktion f heißt in *subexponentieller Zeit* berechenbar, wenn die Komplexität von f durch eine Funktion in $\bigcap_{\epsilon>0} \mathrm{O}(2^{n^\epsilon})$ beschränkt ist. Bezeichne außerdem eine Funktion $t\colon \mathbb{N} \to \mathbb{N}$ als *polylogarithmisch*, wenn $t(n)$ sich asymptotisch identisch zu $p(\log_2 n)$ für ein Polynom $p \in \mathbb{N}[X]$ verhält.

2.3 Kontinuierliche Komplexitätstheorie

Die in Abschnitt 2.1 gegebene Berechenbarkeitsdefinition reeller Zahlen liefert auf natürliche Weise einen Komplexitätsbegriff.

Definition 2.3.1. Eine reelle Zahl $x \in \mathbb{R}$ ist $t(n)$-zeitbeschränkt $\rho_\mathbb{R}$-berechenbar, falls eine $t(n)$-zeitbeschränkte Typ-2 Maschine M existiert, so dass $M(0^n) = \langle q_n \rangle$ für einen $\rho_\mathbb{R}$-Name $\sigma = \langle (q_n)_{n\in\mathbb{N}} \rangle$ von x.

Der Zugriff auf Approximationen q_n an x mit $|x - q_n| < 2^{-n}$ erfolgt somit wahlfrei. Analog $t(n)$-zeitbeschränkt berechenbare *Funktionen* $f\colon \subseteq\mathbb{R} \to \mathbb{R}$ zu definieren scheitert beispielsweise, wenn $\mathrm{Dom}(f)$ unbeschränkt ist: Um im gegebenen $\rho_\mathbb{R}$-Namen σ des Arguments x eine Approximation mit *Genauigkeit* $n \in \mathbb{N}$ (d. h. mit absolutem Fehler 2^{-n}) zu finden, sind i. Allg. beliebig lange Präfixe in σ zu überspringen. Obgleich dieser initiale Lesevorgang nichts mit der eigentlichen Berechnung der Funktion $f\colon \subseteq\mathbb{R} \to \mathbb{R}$ zu tun hat, müsste er sich in der Komplexität niederschlagen.

In der Praxis würde solch ein gezielter Zugriff auf Approximationen des Arguments (sei es eine reelle Zahl, oder allgemeiner irgendein kodiertes kontinuierliches Objekt) als Unterprogrammaufruf realisiert werden. Die Kosten für solch einen Aufruf entsprechen der Zeit, die es benötigt, das Anfrageargument zu schreiben und die resultierende Antwort zu lesen. Damit entspricht dieses Modell dem der Orakelmaschinen, wenn als Orakel nicht nur Teilmengen von Σ^* (alternativ: Funktionen $\phi\colon \Sigma^* \to \Sigma$), sondern allgemeiner Wortfunktionen $(\phi\colon \Sigma^* \to \Sigma^*) \in \Sigma^{**}$ erlaubt werden. Ungeachtet dieser Modifikation bezeichnen wir auch diese Maschinen als Orakelmaschinen.

Bezeichne zur Unterscheidung die bisherig betrachteten und über Typ-2 Maschinen definierten Darstellungen als *Typ-2 Darstellungen*.

Definition 2.3.2 (Darstellungen, berechenbare Funktionen).

(a) Analog zum Typ-2 Modell ist eine *Stufe-2 Darstellung* $\boldsymbol{\xi}$ einer Menge X eine partielle surjektive Funktion $\boldsymbol{\xi}\colon \subseteq\Sigma^{**} \to X$.

(b) Jede Typ-2 Darstellung $\boldsymbol{\xi}'$ induziert eine Stufe-2 Darstellung $\boldsymbol{\xi}$: Gegeben ein $\boldsymbol{\xi}'$-Name $\sigma = \langle (b_i)_i \rangle$, $b_i \in \Sigma$, setze $\phi(s) := b_{l(s)}$ für $s \in \Sigma^*$. Dann ist ϕ ein $\boldsymbol{\xi}$-Name für $\boldsymbol{\xi}'(\sigma)$.[21]

(c) Eine Funktion $g\colon \subseteq\Sigma^{**} \times \Sigma^* \to \Sigma^*$ ist von einer Orakelmaschine $M^?$ berechenbar, sofern für alle $\phi \in \mathrm{Dom}(g)$ und $s \in \Sigma^*$ gilt: M^ϕ gestartet mit s hält und produziert $g(\phi, s)$ auf dem Ausgabeband.

(d) $(\boldsymbol{\xi}, \boldsymbol{\xi}')$-Realisierung von Funktionen $f\colon \subseteq X \rightrightarrows X'$ sowie deren Berechenbarkeit übersetzen sich analog zum Fall der Typ-2 Darstellungen.

Ohne Einschränkung und bereits mit Blick auf die noch folgende Komplexitätsdefinition verwenden wir für die Stufe-2 Pendants der in Beispiel 2.1.2 eingeführten Typ-2 Darstellungen nicht die in Definition 2.3.2(b) beschriebene generische Übersetzung, sondern fassen Symbole geeignet zusammen. Konkret heißt das: Im Stufe-2 Pendant zu $\boldsymbol{\rho}_{\mathbb{R}}^{\omega}$ erfülle ein Name $\phi \in \Sigma^{**}$ einer Folge $(x_i)_i$ die Bedingung $\phi(0^n\,1\,0^i) = \langle q_{n,i} \rangle$ mit $|x_i - q_{n,i}| < 2^{-n}$, im Stufe-2 Pendant zu $\boldsymbol{\rho}_{\mathbb{R}}^{\rightarrow}$ erfülle ein Name $\phi' \in \Sigma^{**}$ einer stetigen Funktion $f\colon \mathbb{R} \to \mathbb{R}$ die Bedingung $\phi'(\langle q, 0^n \rangle) = \langle p \rangle$ mit $|f(q) - p| < 2^{-n}$.

Konvention. Fortan seien, sofern nicht anders gekennzeichnet, mit $\boldsymbol{\rho}_{\mathbb{R}}$ und $\boldsymbol{\rho}_{\mathbb{R}}^{\rightarrow}$ sowie den daraus abgeleiteten Darstellungen stets ihre Stufe-2 Pendants gemeint.

Typ-2 berechenbare Funktionen sind auch auf einer Orakelmaschine berechenbar – et vice versa. Wir nutzen dazu, dass die Berechenbarkeit von Realizern invariant unter Curry- und Uncurrying ist; und damit insbesondere beliebig zwischen den Signaturen $\Sigma^{**} \to \Sigma^{**}$ und $\Sigma^{**} \times \Sigma^* \to \Sigma^*$ (wie in Definition 2.3.2(c)) gewechselt werden kann.

[21] Die Umkehrung gilt ebenso mit $\sigma := 0^{\phi(\varepsilon)}\,1\,0^{\phi(0)}\,1\,0^{\phi(1)}\,1\,0^{\phi(00)}\ldots$.

Fakt 2.3.3. *Seien $\boldsymbol{\xi}_1, \boldsymbol{\xi}_1'$ Typ-2 Darstellungen für X respektive X', und bezeichne mit $\boldsymbol{\xi}_2, \boldsymbol{\xi}_2'$ die induzierten Stufe-2 Pendants. Dann gilt: Eine Funktion $f\colon \subseteq X \rightrightarrows X'$ ist genau dann $(\boldsymbol{\xi}_1, \boldsymbol{\xi}_1')$-berechenbar (-stetig), wenn sie $(\boldsymbol{\xi}_2, \boldsymbol{\xi}_2')$-berechenbar (-stetig) ist.*

Beweis. Nach [Wei00, Lem. 2.1.6] sind Argumente beliebig curry- und uncurrybar: Zu jedem Typ-2 berechenbaren (stetigen) $g\colon \subseteq\Sigma^\omega \to \Sigma^\omega$ gibt es eine Typ-2 berechenbare (stetige) Funktion $G\colon \subseteq\Sigma^\omega \times \Sigma^* \to \Sigma^*$ mit folgenden Eigenschaften: (a) $\mathrm{Dom}(G)$ passt zu $\mathrm{Dom}(g)$, d. h. für alle $\sigma \in \Sigma^\omega$ ist $\sigma \in \mathrm{Dom}(g)$ genau dann, wenn $\forall\, s \in \Sigma^* . (\sigma, s) \in \mathrm{Dom}(G)$, und (b) G ist extensional identisch zu g, d. h. $\forall\, \sigma \in \Sigma^\omega . \forall\, s \in \Sigma^* . G(\sigma, s) = g(\sigma)(s)$. Nach $(\boldsymbol{\xi}_1, \boldsymbol{\xi}_1')$-Berechenbarkeit (-Stetigkeit) von g folgt mit G als $(\boldsymbol{\xi}_2, \boldsymbol{\xi}_2')$-Realizer die Berechenbarkeit (Stetigkeit) im OTM Modell.

Die Umkehrung folgt durch erwähnte Einbettung von Σ^{**} in Σ^ω.[21] □

Konvention. Fortan bezeichnen wir Stufe-2 Darstellungen nur mehr als Darstellungen.

Im Gegensatz zur Komplexitätsdefinition für Typ-1 Funktionen muss die Zeitschranke an eine $f\colon \subseteq X \to X'$ berechnende OTM $M^?$ in zwei Argumenten ausgedrückt werden: der diskreten Eingabe $s \in \Sigma^*$ sowie dem Orakel $\phi \in \Sigma^{**}$. Die Kodierungslängen der Funktionswerte von ϕ sind i. Allg. nicht in s beschränkt, eine univariate Zeitschranke (nur im diskreten Argument s) somit nicht formulierbar. Ein Ansatz, höherstufige polynomielle Komplexität zu formalisieren, ist die Einschränkung auf längenmonotone Wortfunktionen ϕ sowie Stufe-2 Polynome. Beide Konzepte werden wir in Kapitel 5 im Detail betrachten.

Bei Einschränkung auf Prädikate als Orakel, d. h. auf Wortfunktionen der Form $\phi\colon \Sigma^* \to \Sigma$, kann die Laufzeit einer Orakelmaschine M^ϕ hingegen im diskreten Argument beschränkt werden. Für die in den nächsten beiden Kapiteln diskutierten Mengendarstellungen und -operatoren wird das weitestgehend ausreichen. Allgemeine Wortfunktionen betrachten wir ab Kapitel 5.

Definition 2.3.4. Sei $t\colon \mathbb{N} \to \mathbb{N}$ eine monoton wachsende Funktion. Eine Funktion $g\colon \subseteq\Sigma^\omega \times \Sigma^* \to \Sigma^*$ heißt t-zeitbeschränkt, falls eine Orakelmaschine $M^?$ existiert, die gestartet mit Orakel $\sigma \in \Sigma^\omega$ und Wort $s \in \Sigma^*$ die Ausgabe $g(\sigma, s)$ in Zeit $t(l(s))$ produziert.

Beispiel 2.3.5. Eingeschränkt auf Intervalle der Form $[2^{-k}, 2^k]$ mit festem $k \in \mathbb{N}_+$ ist reellwertige Division $(\boldsymbol{\rho}_\mathbb{R}, \boldsymbol{\rho}_\mathbb{R})$-berechenbar in Zeit polynomiell im Genauigkeitsparameter n.

Beweis. Sei ϕ ein $\rho_{\mathbb{R}}$-Name von $x \in [2^{-k}, 2^k]$. Zu Genauigkeit $n \in \mathbb{N}$ und $\phi(0^{n+k}) =: q = a/2^{n+k}$ mit $a \in [1, 2^{n+2k}]$ ist eine Approximation $p = b/2^{n+k}$ mit $b \in [1, 2^{n+2k}]$ gesucht, die $|1/q - p| < 2^{-(n+1)}$ erfüllt ($1/q$ ist i. Allg. nicht dyadisch rational und muss daher durch ein $p \in \mathbb{D}_{n+k}$ angenähert werden). Umgestellt zur äquivalenten Bedingung $|ab - 2^{2n+2k+1}| < a2^k$ kann ein solches b vermittels binärer Suche in $[1, 2^{n+2k}]$ in Zeit polynomiell in $n + k$ gefunden werden. □

Beispiel 2.3.6 (Exponentialfunktion). Die auf $[0, 1]$ eingeschränkte Exponentialfunktion $\exp|_{[0,1]}$ ist polynomialzeit $(\rho_{\mathbb{R}}|^{[0,1]}, \rho_{\mathbb{R}})$-berechenbar.

Beweis. Nach dem Satz von Taylor kann $\exp(x)$ in der Form $\sum_{i<N} x^i/i! + r_N(x)$ geschrieben werden, wobei das Lagrange-Restglied $r_N(x)$ auf $[0, 1]$ durch $e/N!$ nach oben beschränkt ist. Somit gilt $r_N(x) < 2^{-m}$, sofern N erfüllend $\log_2(N!) \approx N \log_2 N \geq m + \log_2 e$ gewählt wird. Bleibt also noch, m in Abhängigkeit von der gewünschten Genauigkeit n zu bestimmen. Bemerke dazu, dass $|x^i/i! - y^i/i!| < 2^{-k}$ wann immer $|x - y| < 2^{-k}$ für $x, y \in [0, 1]$. Aufgrund von $1/N! \leq 1/i!$ (wegen $i < N$) kann nach Beispiel 2.3.5 jeder Summand $x^i/i!$ bis auf Fehler 2^{-k} in Zeit polynomiell in $k + N \log_2 N$ bestimmt werden. Bezeichne $p_i \in \mathbb{D}_k$ eine Approximation von $x^i/i!$ mit Genauigkeit k, so folgt

$$\Big|\exp(x) - \sum_{i<N} p_i\Big| \leq \big|r_N(x)\big| + \Big|\sum_{i<N} x^i/i! - p_i\Big| < 2^{-m} + N \cdot 2^{-k} \leq 2^{-n}$$

für $k \geq n + \log_2 N + 1$ und $m \geq n + 1$. □

Die in beiden Beispielen festen Intervallgrenzen sind für die Komplexität essentiell: andernfalls gäbe es keine in der Kodierungslänge des diskreten Arguments alleinige Zeitschranke.

Um obige Definition geeignet für die nachfolgenden Kapitel zu erweitern, nehmen wir Anleihen an der diskreten *parametrisierten* Komplexitätstheorie [FG06]. Die Anzahl von Variablen in einer aussagenlogischen Formel in konjunktiver Normalform ist bspw. eine mögliche Parametrisierung für das aussagenlogische Erfüllbarkeitsproblem (SAT), die Baumweite eines Graphen eine übliche Parametrisierung für Clique [FG06, §11]. Parametrisierungen kontinuierlicher Objekte hingegen werden u. a. innere und äußere Radien von Mengen sowie das Wachstumsverhalten von Ableitungen glatter Funktionen umfassen. Eine stetige Funktion f nennen wir dann parametrisiert polynomialzeitberechenbar, sofern sie berechenbar ist (bzgl. gewählter Darstellungen) und die Zeitschranke der Berechnung polynomiell von der Kodierungslänge der diskreten Eingabe und berechenbar von der Parametrisierung abhängt.

Beispiel 2.3.7 (Exponentialfunktion, parametrisiert). Die Exponentialfunktion $\exp\colon [0,\infty[\to \mathbb{R}_+$ ist $(\boldsymbol{\rho}_{\mathbb{R}}, \boldsymbol{\rho}_{\mathbb{R}})$-berechenbar in Zeit polynomiell in gegebener Genauigkeit n *und* einer oberen Schranke $x \leq k \in \mathbb{N}$ an das reelle Argument x.

Beweis. Fasse allgemeiner solch eine obere Schranke als *Parametrisierung* $k\colon [0,\infty[\to \mathbb{N}$, $k(x) \geq x$, auf. Mit

$$\exp(x) = \sum_{i \leq N} \frac{x^i}{i!} + r_N(x)\,, \quad r_N(x) \leq \frac{\mathrm{e}^{k(x)} \cdot k(x)^{N+1}}{(N+1)!}\,,$$

ist $r_N(x) \leq 2^{-n}$ für polynomiell in $k(x) + n$ beschränktes $N \in \mathbb{N}$.

Bemerke, dass für dieses Beispiel eine Parametrisierung aus einem $\boldsymbol{\rho}_{\mathbb{R}}$-Namen ϕ des Arguments x mittels $\phi(0^0) + 1$ zwar berechenbar ist, allerdings nicht in Polynomialzeit. □

Definition 2.3.8. Seien $t, \tau\colon \mathbb{N} \to \mathbb{N}$ monoton wachsende Funktionen und bezeichne weiter mit $k\colon \mathrm{Dom}(f) \to \mathbb{N}$ eine *Parametrisierung* zu gegebener Funktion $f\colon \subseteq X \rightrightarrows X'$. Weiter seien $\boldsymbol{\xi}, \boldsymbol{\xi}'$ Darstellungen für X resp. X'.

(a) Bezeichne das Paar (f, k) als (τ, t)-Zeit berechenbar, sofern eine $(\boldsymbol{\xi}, \boldsymbol{\xi}')$-realisierende Funktion $g\colon \subseteq \Sigma^{**} \times \Sigma^* \to \Sigma^*$ existiert, die für Namen $\phi \in \mathrm{Dom}(g)$ und Wörter $s \in \Sigma^*$ das Ergebnis $g(\phi)(s)$ in Zeit $\tau\big(k(\boldsymbol{\xi}(\phi))\big) \cdot t(l(s))$ berechnet.

(b) Ist t ein Polynom, so heiße (f, k) *parametrisiert polynomialzeitberechenbar* (engl. *fixed-parameter tractable*, kurz *fpt*).

(c) Sind sowohl t als auch τ Polynome, so bezeichne (f, k) als *vollumfänglich polynomialzeitberechenbar*.

Für Darstellungen $\boldsymbol{\xi}, \boldsymbol{\xi}'$ von X resp. X' und Zusatzinformation $\mathsf{E}\colon X \rightrightarrows \Sigma^*$ an $\boldsymbol{\xi}$ liefert obige Definition den gewünschten Begriff von Polynomialzeit im diskreten Argument und den Parametern: Mit

$$k(\text{-}) := l(\mathsf{E}(\text{-}))\colon \mathrm{Dom}(f) \to \mathbb{N}$$

ist (f, k) genau dann vollumfänglich polynomialzeit $(\boldsymbol{\xi} \rtimes \mathsf{E}, \boldsymbol{\xi}')$-berechenbar, wenn f polynomiell in $l(\text{-}) + l(\mathsf{E}(f))$-Zeit $(\boldsymbol{\xi} \rtimes \mathsf{E}, \boldsymbol{\xi}')$-berechenbar ist.[22] Aufgrund dieses Zusammenhanges, der in Kapitel 5 unterstrichen und durch Stufe-2 Polynome noch verallgemeinert wird, lassen wir den Zusatz „vollumfänglich" zukünftig fallen und sprechen nur noch von f als in „Polynomialzeit" berechenbar, wann immer f vollumfänglich polynomialzeitberechenbar und die Parametrisierung explizit durch Zusatzinformationen gegeben ist.

Bemerkung 2.3.9. Im Gegensatz zur diskreten parametrisierten Komplexität, die Parametrisierungen als (polynomialzeit-)berechenbar erfordert [FG06, Def. 1.1(1)], müssen obig definierte Parametrisierungen $k\colon \mathrm{Dom}(f) \to \mathbb{N}$ nicht einmal berechenbar sein. Das hat mehrere Gründe: Parametrisierungen, die wir in dieser Arbeit betrachten, sind entweder nicht berechenbar (aufgrund von Unstetigkeit), oder nicht zeitbeschränkt berechenbar. Zudem ist es unser Ziel zu gegebenem Problem eine möglichst kleine Menge an Parametern zu identifizieren *und* diese als Zusatzinformationen einer Darstellung beizufügen, so dass benanntes Problem parametrisiert polynomialzeitberechenbar wird. In der diskreten parametrisierten Komplexität ist hingegen eher das Ziel die Parameter zu identifizieren, die ein Problem als schwer berechenbar erscheinen lassen und die Komplexität dann in einen (in der Eingabegröße) polynomiellen und einen von der Parametrisierung abhängigen Teil aufzuspalten.

In den nachfolgenden Kapitel werden wir diverse Darstellungen für jeden betrachteten Raum einführen und diese mit dem Ziel vergleichen, sie als einander polynomialzeitäquivalent nachzuweisen – mit der im positiven Fall wünschenswerten Konsequenz, dann beliebig zwischen Darstellungen wechseln zu können, ohne die asymptotische Komplexität der sie verwendenden Operatoren zu beeinflussen. Die notwendigen Reduktionen seien nachfolgend eingeführt.

Definition 2.3.10 (Reduktionen: parametrisiert und vollumfänglich polynomialzeit). Seien $\boldsymbol{\xi}, \boldsymbol{\xi}'\colon \subseteq\Sigma^{**} \to X$ Darstellungen für X mit Zusatzinformation $\mathsf{E}, \mathsf{E}'\colon X \rightrightarrows \Sigma^*$. Darstellung $\boldsymbol{\xi} \rtimes \mathsf{E}$ heißt *parametrisiert polynomialzeitreduzierbar* auf $\boldsymbol{\xi}' \rtimes \mathsf{E}'$, kurz $\boldsymbol{\xi} \rtimes \mathsf{E} \preceq_{\mathrm{pp}} \boldsymbol{\xi}' \rtimes \mathsf{E}'$, falls id_X parametrisiert polynomialzeit $(\boldsymbol{\xi} \rtimes \mathsf{E}, \boldsymbol{\xi}' \rtimes \mathsf{E}')$-berechenbar ist. Definiere analog (vollumfängliche) Polynomialzeitreduzierbarkeit $\boldsymbol{\xi} \preceq_{\mathrm{p}} \boldsymbol{\xi}'$. Wie üblich seien die zugehörigen Äquivalenzrelationen mit $\equiv_{\mathrm{pp}}$ respektive $\equiv_{\mathrm{p}}$ notiert.

[22] Bemerke: Aufgrund der Mehrwertigkeit von Zusatzinformation E ist k rein formal auch mehrwertig – eine allerdings unproblematische Erweiterung, auf dessen formale Angabe wir an dieser Stelle verzichten.

Bemerke die Abhängigkeit der Zielparametrisierung E' von der Ausgangsparametrisierung E: Für $\boldsymbol{\xi} \rtimes \mathsf{E} \preceq_{\mathrm{pp}} \boldsymbol{\xi}' \rtimes \mathsf{E}'$ ist die Zusatzinformation E' durch eine Funktion in E beschränkt, bei vollumfänglicher Reduzierbarkeit ist E' sogar polynomiell in E beschränkt; genauer: $l(\mathsf{E}') \in \mathsf{poly}(l(\mathsf{E}))$.

Darstellungen, Reduktionen und reine Berechenbarkeitsergebnisse. In den Folgekapiteln werden wir Darstellungen mittels $\preceq_{\mathrm{pp}}$ und $\preceq_{\mathrm{p}}$ auf Polynomialzeitreduzierbarkeit und -äquivalenz vergleichen. Für reine Berechenbarkeit werden die gewonnenen Ergebnisse bereits existieren, allerdings sind diese i. Allg. nicht oder nicht direkt als Komplexitätsergebnisse reinterpretierbar:

- Zwischen Typ-2 und Stufe-2 Darstellungen findet stets eine Übersetzung (wenngleich eine einfache) statt. Für Namen aus Typ-2 Darstellungen sind i. Allg. lange Präfixe zu überspringen, um zur gewünschten Information zu gelangen (siehe bspw. Darstellung $\boldsymbol{\rho}_{\mathbb{R}}$ und ihr Stufe-2 Pendant). Namen in Stufe-2 Darstellungen hingegen ermöglichen (per Definition) wahlfreien Zugriff auf die kodierten Informationen.
- Für reine Berechenbarkeitsergebnisse kann man sich der unbeschränkten Suche bedienen. Zur Übersetzung solch einer Suche müsste diese in der Länge des Argumentnamens mindestens beschränkbar sein, idealerweise durch eine Polynomialzeitschranke.
- Wir haben stillschweigend Punkte im Raum in Namen durch dyadisch rationale Zahlen(folgen) kodiert, obgleich es weitere denkbare Kodierungen gäbe: Kodierung durch rationale Zahlen oder durch Dezimalzahlen beispielsweise. Darüber hinaus hätten wir die so gewonnenen endlichen Repräsentationen von Punkten auch unär statt binär kodieren können. Nicht alle Kodierungen führen allerdings auch zu „berechenbarkeitsäquivalenten“ Darstellungen; und falls doch, so überträgt sich diese nicht zwangsläufig auch in Polynomialzeitäquivalenz (mehr dazu ab Abschnitt 3.1.1).

Wann immer in den Folgekapiteln auf zu vergleichende Ergebnisse in der Literatur verwiesen wird, sei also Vorsicht geboten: Obige Punkte verhindern i. Allg. die direkte Übersetzung von Berechenbarkeitsresultaten auf Stufe-2 Darstellungen. Insbesondere zum Erhalt von Polynomialzeitschranken bedarf es zusätzlicher Argumentation.

3 Darstellungen für Unterklassen abgeschlossener und offener Mengen

Die erste ausführliche Betrachtung von Darstellungen in dieser Arbeit widmen wir *Mengen*; genauer Klassen abgeschlossener und offener Teilmengen des normierten Raums $\mathbb{R}^d$ mit fester Dimension $d \in \mathbb{N}$. Mengen sind schon deshalb eine genauere Betrachtung wert, weil sie ein fundamentales Konzept der Mathematik darstellen. Unsere konkrete Motivation nährt sich jedoch aus Anwendungen in der Topologie, Geometrie und Analysis: die Suche nach Polynomialzeitalgorithmen für Mengenvereinigung und -durchschnitt, Projektion von Mengen, oder Bilder und Urbilder stetiger Funktionen setzt sowohl Darstellungen, als auch zugehörige Äquivalenzresultate voraus. Letztere sind von besonderer Bedeutung, geben sie doch eine starke Evidenz für die Robustheit von Komplexitätsschranken.

In diesem Kapitel definieren und vergleichen wir dazu Darstellungen auf den Klassen abgeschlossener $\mathcal{A}^{(d)}$, kompakter $\mathcal{K}^{(d)}$, abgeschlossener regulärer $\mathcal{R}^{(d)}$ und abgeschlossener konvexer $\mathcal{C}^{(d)}$ Teilmengen von $\mathbb{R}^d$ sowie Kombinationen davon.[1] Die nachfolgend verwendeten Symbole für Darstellungen orientieren sich dabei bewusst an ihren in der Literatur verwendeten Typ-2 Pendants (Erinnerung: siehe Abschnitt 2.3 für Gründe, die die direkte Übersetzung von Typ-2 Ergebnissen auf Stufe-2 Darstellungen verhindern). Betrachtungen zur Berechenbarkeitsäquivalenz von Darstellungen finden sich u. a. in [Wei00, §5] und [Zie02]. Weitere Arbeiten werden im Laufe des Kapitels angeführt, eine Gegenüberstellung von Darstellungen und Vergleichen selbiger findet sich in Abschnitt 3.6.

Wir beginnen in Abschnitt 3.1 mit zwei sehr natürlichen Darstellungen, ψ und $\boldsymbol{\delta}$, als Verallgemeinerungen der unstetigen charakteristischen Funktion

[1] Bemerke: Für $d > 1$ gilt $\mathcal{A}^d = \bigtimes_{i=1}^{d} \mathcal{A}^1 \subsetneq \mathcal{A}^{(d)}$. Statt $\mathcal{A}^d$ schreiben wir daher $\mathcal{A}^{(d)}$ für die Klasse der abgeschlossenen Teilmengen im $\mathbb{R}^d$, um Missverständnissen durch die andernfalls suggerierte Nähe zum kartesischen Produkt vorzubeugen. Verfahre analog mit den anderen Mengenklassen.

von Mengen. Letztere, die Distanzdarstellung $\boldsymbol{\delta}$, wird sich als zu „informationsreich" herausstellen: mit ihr kann der Abstand eines Punktes – ungeachtet seiner Entfernung – *zu einfach* beliebig genau angenähert werden. Infolgedessen stellen wir in Abschnitt 3.2 eine Abschwächung von $\boldsymbol{\delta}$ vor, die sich tatsächlich als polynomialzeitäquivalent zu $\boldsymbol{\psi}$ herausstellen soll. Abschnitt 3.3 widmet sich einer bis dahin vernachlässigten Altlast, die verhinderte, dass Namen von Mengen S und ihrem um einen Faktor α skaliertem Pendant αS – obgleich strukturell identisch zu S – nicht polynomialzeitäquivalent sind. In Abschnitt 3.4 führen wir eine auf dem Hausdorff-Abstand basierende Darstellung kompakter Mengen ein und weisen sie als $\preceq_{\mathrm{P}}$-äquivalent zu $\boldsymbol{\psi}$ nach, bevor wir mit der schwächsten aller in diesem Kapitel betrachteten Darstellungen, $\boldsymbol{\omega}$, in Abschnitt 3.5 schließen – die sich mit Zusatzinformation und durch Rückzug auf Methoden der konvexen Optimierung jedoch als $\preceq_{\mathrm{P}}$-reduzierbar auf $\boldsymbol{\psi}$ herausstellen wird.

Die vorgenannten Ergebnisse dieses Kapitels basieren auf [Rös13, §3].

Notation. Bezeichne mit $\mathrm{B}_{\|\cdot\|}(x,\delta) := \{y \in \mathbb{R}^d \mid \|x-y\| < \delta\}$ für eine Norm $\|\cdot\|$ auf $\mathbb{R}^d$ die offene Kugel mit Mittelpunkt $x \in \mathbb{R}^d$ und Radius $\delta > 0$. Analog sei $\overline{\mathrm{B}}_{\|\cdot\|}(x,\delta)$ eine abgeschlossene Kugel. Wir verzichten auf die explizite Angabe der gewählten Norm, wenn sich die Wahl eindeutig aus dem Kontext erschließt. Allgemeiner sei $\mathrm{B}_{\|\cdot\|}(S,\delta) := \{x \in \mathbb{R}^d \mid \exists y \in S \,.\, x \in \mathrm{B}_{\|\cdot\|}(y,\delta)\}$ die offene Kugel um S mit Radius δ. Die Menge von Punkten „δ-tief" in S sei als $\mathrm{B}_{\|\cdot\|}(S,-\delta) := \{x \in S \mid \mathrm{B}_{\|\cdot\|}(x,\delta) \subseteq S\}$ notiert. Außerdem bezeichnen $\overline{S}$, S° und ∂S den Abschluss, die Menge innerer Punkte resp. den Rand von S.

Die Dimension, stets mit d oder e notiert, sei fortan stets fixiert. Für die Komplexität ist diese Einschränkung von elementarer Bedeutung: Wie bspw. aus Optimierung, algorithmischer Geometrie und Numerik bekannt, fließt der Dimensionsparameter für gewöhnlich *exponentiell* in Komplexitätsschranken ein – ein als *Fluch der Dimensionalität* (engl. *curse of dimensionality*) bezeichnetes und u. a. in der informationsbasierten Komplexität [TWW88] untersuchtes Phänomen.

3.1 Lokale vs. globale Informationen

Wir führen zwei Darstellungen für $\mathcal{A}^{(d)}$ als Erweiterung der (für nichttriviale Mengen S) unstetigen charakteristischen Funktion χ_S ein: $\boldsymbol{\psi}^{(d)}$ (Abschnitt 3.1.1), deren Namen wir ggü. χ_S Fehler außerhalb von S nahe

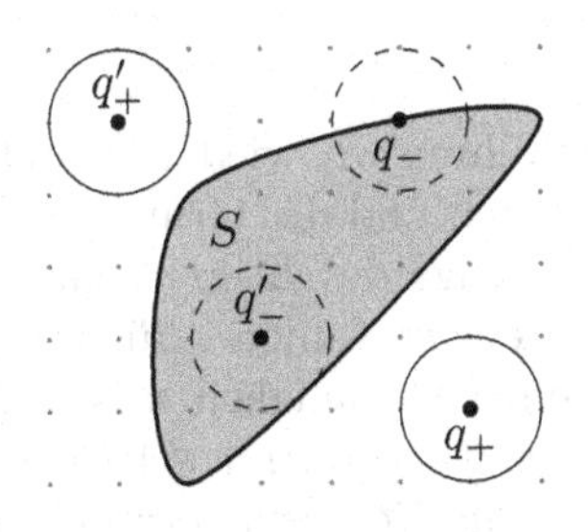

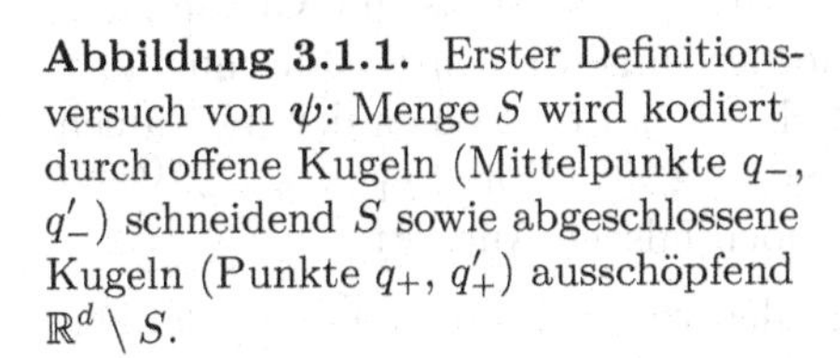

Abbildung 3.1.1. Erster Definitionsversuch von ψ: Menge S wird kodiert durch offene Kugeln (Mittelpunkte q_-, q'_-) schneidend S sowie abgeschlossene Kugeln (Punkte q_+, q'_+) ausschöpfend $\mathbb{R}^d \setminus S$.

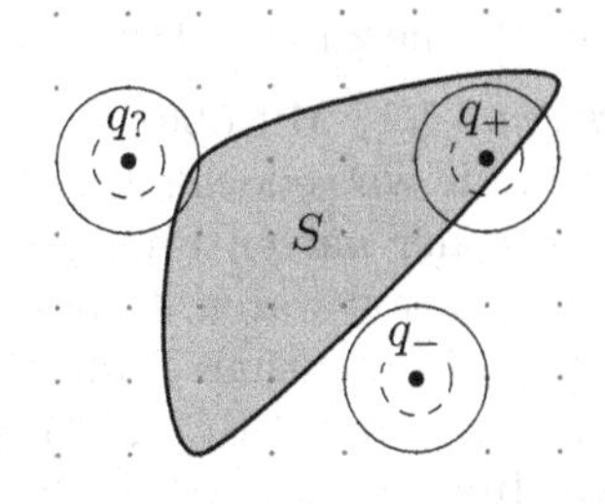

Abbildung 3.1.2. Darstellung ψ mit Unschärfe: Name ϕ liefert im Punkt q und Genauigkeit n korrekte Antworten, wenn entweder q Abstand $< 2^{-n}$ (positive Information), oder aber Abstand $> 2^{-n+1}$ (negative Information) von S hat.

des Randes ∂S erlauben; und $\boldsymbol{\delta}^{(d)}$ (Abschnitt 3.1.2), deren Namen die Abstandsfunktion für S kodieren und damit für Punkte im Komplement von S mehr Information als das bloße Nichtenthaltensein liefern.[2] Durch diese (globale) Mehrinformation wird sich $\boldsymbol{\delta}^{(d)}$ als stärker als $\psi^{(d)}$ herausstellen (Abschnitt 3.1.3).

3.1.1 Darstellung ψ: Lokale Information, Invarianz

Die Mengendarstellung ψ liefert zu einer kodierten *abgeschlossenen Menge* $S \in \mathcal{A}^{(d)}$ und einem gegebenen Punkt q die Antwort, ob q nahe S ist. *Nähe*, als relativer Begriff, bezieht sich auf einen zusätzlich zu q mitgegebenen Radius 2^{-n}. Die beiden Antwortmöglichkeiten eines Namens in der informell definierten Darstellung ψ sind also (siehe auch Abbildung 3.1.1): die offene Kugel $\mathrm{B}(q, 2^{-n})$ schneidet S, oder aber die abgeschlossene Kugel $\overline{\mathrm{B}}(q, 2^{-n})$ ist vollständig im Komplement $\mathbb{R}^d \setminus S$ enthalten. Ersteren Typ von Antworten bezeichnen wir allgemeiner als *positive Information* (ψ_+), letzteren als *negative Information* (ψ_-).[3] In der beschriebenen Form ist ψ jedoch in

---

[2] Mit der Notation der Dimension d in Darstellungen von Klassen von Teilmengen des $\mathbb{R}^d$ verfahren wir analog zum Kommentar in Fußnote 1, S. 29.

[3] Unter anderem in [Wei00, §5] wird positive Information einer Darstellung $\boldsymbol{\xi}$ stets als $\boldsymbol{\xi}_<$ (Approximation *von unten/innen*) und negative als $\boldsymbol{\xi}_>$ (dual: Approximation *von oben/außen*) notiert. In Anlehnung an die Sprechweise *positiv/negativ* weichen wir hier allerdings bewusst etwas von dieser Konvention ab.

folgendem Sinne zu restriktiv.

Bemerkung 3.1.1. Mit obiger Semantik von ψ führen wir wieder Unstetigkeiten ein, die wir jedoch gerade vermeiden wollten und der Grund für die Abkehr von der naiven Repräsentation einer Menge durch ihre charakteristische Funktion waren. Genauer: Zu gegebenem ψ-Namen ϕ für $S \in \mathcal{A}$, einem $\rho_{\mathbb{R}}$-Namen φ eines Punktes $x \in \mathbb{R}$ und einer Genauigkeit n ist *nicht* entscheidbar[4], ob $x \in \overline{\mathrm{B}}(S, 2^{-n})$ (positive Information) oder $x \notin \mathrm{B}(S, 2^{-n})$ (negative Information) gilt. Den Grund liefert ein *Gegenspielerargument*: Sei $S := \{x\} \subset \mathbb{R}$ und $y := x + 2^{-n}$. Wird φ höchstens mit Genauigkeit $m = m(n) \in \mathbb{N}$ ausgewertet und anhand der so gewonnenen Näherung an x entschieden, dann lieferten bei Austausch von φ durch einen der $\rho_{\mathbb{R}}$-Namen $\varphi_0, \varphi_1 \in \mathrm{B}_{\mathcal{N}}(\varphi, 0^m)$ für die Punkte $y_0 := y + 2^{-(m+1)}$ und $y_1 := y - 2^{-(m+1)}$ die identische, für eine der beiden y_i jedoch falsche Antwort.

Der negativen Information einen Fehler von Faktor zwei[5] zu erlauben (also eine Asymmetrie zwischen beiden Informationen einzuführen) umgeht diese Unstetigkeit/Inkonstruktivität (siehe auch Abbildung 3.1.2):[6] zu einem Punkt q und Genauigkeit n gelte nun q als fern von S (negative Information), wenn $\overline{\mathrm{B}}(q, 2 \cdot 2^{-n}) \subset \mathbb{R}^d \setminus S$. Die vollständige Definition lautet daher wie folgt.

Definition 3.1.2 (Darstellung ψ für $\mathcal{A}$). Sei $S \in \mathcal{A}^{(d)}$ und $\|\cdot\|$ eine Norm auf $\mathbb{R}^d$. Ein $\psi^{(d)}_{\|\cdot\|}$-Name $\phi \in \Sigma^{**}$ von S erfüllt

$$\phi(\langle \mathrm{bin}_{\mathbb{D}^d}(q), \mathrm{un}_{\mathbb{N}}(n)\rangle) := \begin{cases} \mathtt{1}, & \text{wenn } \mathrm{B}_{\|\cdot\|}\left(q, 2^{-n}\right) \cap S \neq \emptyset\,; \\ \mathtt{0}, & \text{wenn } \overline{\mathrm{B}}_{\|\cdot\|}\left(q, 2^{-n+1}\right) \cap S = \emptyset \end{cases}$$

für alle $q \in \mathbb{D}^d$ und $n \in \mathbb{N}$.

Konvention. Vereinfachend wollen wir weitestgehend auf die explizite Angabe der Ein- und Ausgabekodierungen in Namen ϕ verzichten: Dyadisch rationale Punkte sind stets binär, Genauigkeiten stets unär kodiert. Statt $\phi(\langle \mathrm{bin}_{\mathbb{D}^d}(q), \mathrm{un}_{\mathbb{N}}(n)\rangle)$ schreiben wir fortan nur noch $\phi(q, 0^n)$.

---

[4] eine *nichtkonstruktive* Entscheidung; siehe auch nachfolgend Fußnote 6.

[5] Jeder konstante Faktor $\alpha > 1$ könnte hier verwendet werden, $\alpha := 2$ ist aufgrund der gewählten Genauigkeitssemantik (Genauigkeit $n \leftrightarrow$ absoluter Fehler 2^{-n}) jedoch besonders geeignet.

[6] Die Ersetzung inkonstruktiver Fallunterscheidungen ($x < y \vee x \geq y$) durch sich überlappende Fälle geht auf Brouwers Arbeiten zurück (*Brouwers Prinzip*); vgl. [KV65, S. 70; R6.9, S. 143], [Bis67, Corollary, S. 24].

Robustheit von ψ. Die Definition der Darstellung ψ verwendet dyadisch rationale Mittelpunkte und Radien. Sei nun D eine von $\mathbb{D}$ verschiedene dichte Teilmenge in $\mathbb{R}$ und $\nu_{\mathbb{D}}, \nu_D$ Darstellungen (genauer: Notationen; siehe Fußnote 10 in Kapitel 2) für $\mathbb{D}$ respektive D. Sind $\nu_{\mathbb{D}}$ und ν_D berechenbarkeitsäquivalent, so ist die durch Austausch von $\mathbb{D}$ durch D aus ψ resultierende Darstellung ψ_D berechenbarkeitsäquivalent zu ψ.[7] Zudem ist $\psi_{\|\cdot\|}$ berechenbarkeitsäquivalent zu $\psi_{\|\cdot\|'}$ für je zwei topologisch äquivalente Normen – über $\mathbb{R}^d$ also für jedes beliebige Normenpaar.

Fakt 3.1.3 (ψ ist robust). *Sei ψ' die Darstellung, die aus ψ durch Austausch der dichten Teilmenge der Mittelpunkte und Radien durch eine (im obig erklärten Sinne) berechenbarkeitsäquivalente dichte Teilmenge in $\mathbb{R}$ sowie dem Tausch der verwendeten Norm hervorgeht. Dann gilt $\psi \equiv \psi'$.*

Im weiteren Verlauf dieser Arbeit beschränken wir uns auf die Wahl dyadisch rationaler Mittelpunkte und Radien. Offen bleibt damit noch die Frage, ob $\psi^{(d)}$ *norminvariant* ist.

Definition 3.1.4. Eine Darstellung $\boldsymbol{\xi}^{(d)}$ (einer Unterklasse) von $\mathcal{A}^{(d)}$ heiße *norminvariant*, wenn $\boldsymbol{\xi}^{(d)}_{\|\cdot\|} \equiv_{\mathrm{p}} \boldsymbol{\xi}^{(d)}_{\|\cdot\|'}$ für alle Normen $\|\cdot\|, \|\cdot\|'$ auf $\mathbb{R}^d$ gilt, die Darstellung $\boldsymbol{\xi}^{(d)}$ (genauer: die durch Normen auf $\mathbb{R}^d$ parametrisierte Darstellungsfamilie $(\boldsymbol{\xi}^{(d)}_{\|\cdot\|})_{\|\cdot\|}$) also *polynomialzeitinvariant unter Normenwechseln* ist.

Zum Nachweis der Norminvarianz von ψ ist für jedes Normenpaar zu zeigen, dass eine $\|\cdot\|'$-Kugel $\overline{\mathrm{B}}_{\|\cdot\|}(q, 2^{-n})$ in Polynomialzeit durch hinreichend kleine $\|\cdot\|$-Kugeln mit festem relativem Fehler (den wir konkret als $1/2$ wählen) angenähert werden kann – et vice versa. Dies funktioniert, indem einer die Reduktion von $\psi_{\|\cdot\|}$ auf $\psi_{\|\cdot\|'}$ realisierenden OTM vom Normpaar abhängige Informationen einkodiert werden: Eine Überdeckungskonstante $k \in \mathbb{Z}$ und ein *Überdeckungsmuster* $D \subset \mathbb{D}_k^d$ (siehe auch Abbildung 3.1.3), so dass jede $\|\cdot\|'$-Kugel durch in den Punkten aus D zentrierten $\|\cdot\|$-Kugeln angenähert werden kann, also

$$\overline{\mathrm{B}}_{\|\cdot\|'}(0,1) \subseteq \bigcup_{q \in D} \overline{\mathrm{B}}_{\|\cdot\|}\left(q, 2^{-k}\right) \subseteq \overline{\mathrm{B}}_{\|\cdot\|'}(0, 3/2) \tag{3.1}$$

gilt. Eine Näherung für beliebige Mittelpunkte und Radien erhält man durch entsprechendes Verschieben und Skalieren der $\|\cdot\|$-Kugeln. Beachte, dass die

[7] Die Aussage gilt noch allgemeiner [Wei00, Thm. 5.1.14(2)]: $\psi \equiv \psi_D$ folgt bereits, sobald die Menge $\{\langle \phi, \phi', 0^n \rangle \mid |\nu_{\mathbb{D}}(\phi) - \nu_D(\phi')| < 2^{-n}\}$ rekursiv aufzählbar ist; siehe auch [Wei00, Thm. 4.1.11].

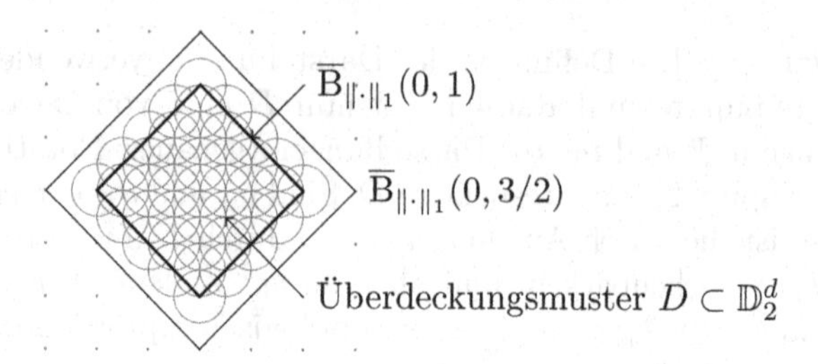

Abbildung 3.1.3. Beispiel eines Überdeckungsmusters $D \subset \mathbb{D}_k^d$: Eine $\|\cdot\|_1$-Kugel wird durch 31 $\|\cdot\|_2$-Kugeln gemäß (3.1) mit Überdeckungskonstante $k := 2$ angenähert.

einkodierte Information (Überdeckungskonstante k und das durch die Punkte in D beschriebene Überdeckungsmuster) einzig vom Normenpaar $(\|\cdot\|, \|\cdot\|')$, nicht aber vom Mittelpunkt oder Radius einer $\|\cdot\|$-Kugel abhängt! Das feste Überdeckungsmuster erlaubt damit *nicht* die beliebig genaue Approximation einer $\|\cdot\|'$-Kugel, was andernfalls die Berechenbarkeit von $\|\cdot\|'$ implizierte. Wir halten die vorigen Erklärungen für die spätere Verwendung fest.

Bemerkung 3.1.5. Für jedes Paar *nicht notwendigerweise berechenbarer* Normen $\|\cdot\|, \|\cdot\|'$ auf $\mathbb{R}^d$ gibt es eine Überdeckungskonstante $k \in \mathbb{Z}$ und ein Überdeckungsmuster $D \subset \mathbb{D}_k^d$, so dass jede $\|\cdot\|'$-Kugel durch eine Vereinigung durch in Punkten aus D zentrierten $\|\cdot\|$-Kugeln im Sinne von (3.1) in Polynomialzeit überdeckt werden kann.

Das nachfolgende Ergebnis rechtfertigt fortan von der Darstellung $\psi^{(d)}$ ohne explizite Nennung der Norm zu sprechen.

Lemma 3.1.6 (ψ ist norminvariant). *Für beliebige Normen $\|\cdot\|, \|\cdot\|'$ auf $\mathbb{R}^d$ gilt $\psi^{(d)}_{\|\cdot\|} \equiv_{\mathrm{P}} \psi^{(d)}_{\|\cdot\|'}$.*

Betont sei hier der überraschende Aspekt, dass obiges Ergebnis wirklich für *jedes* Normenpaar auf $\mathbb{R}^d$ gilt und *nicht nur* für berechenbarkeitsäquivalente Normen.

Beweis. Sei $k \in \mathbb{Z}$ eine Konstante und $D \subset \mathbb{D}_k^d$ eine Punktemenge wie in Bemerkung 3.1.5 für das Normpaar $\|\cdot\|, \|\cdot\|'$. Für einen $\psi^{(d)}_{\|\cdot\|}$-Namen ϕ, einen Punkt $q \in \mathbb{D}^d$ und eine Genauigkeit $n \in \mathbb{N}$, definiere[8]

$$\phi'(q, 0^n) := \max_{p \in D} \phi(p', \mathrm{un}_{\mathbb{Z}}(n+k)) \;, \quad p' := q + 2^{-(n+k)} p \,.$$

Diese Funktion $\phi' \in \Sigma^{**}$ ist ein $\psi^{(d)}_{\|\cdot\|'}$-Name für $S := \psi^{(d)}_{\|\cdot\|}(\phi) \in \mathcal{A}^{(d)}$: Gilt $\mathrm{B}_{\|\cdot\|'}(q, 2^{-n}) \cap S \neq \emptyset$, so gibt es nach (3.1) einen Punkt $p \in D$ dessen (um q verschobene und mit 2^{-k} skalierte) $\|\cdot\|$-Kugel $\mathrm{B}_{\|\cdot\|}(p', 2^{-n-k})$ von S geschnitten wird. Es folgt $\phi(p', \mathrm{un}_{\mathbb{Z}}(n+k)) = 1$. Gilt umgekehrt $\mathrm{d}_{\|\cdot\|', S}(q) > 2^{-n+1}$, wird also die Menge S für kein $p \in D$ von $\overline{\mathrm{B}}_{\|\cdot\|}(p', 2^{-n-k+1})$ geschnitten, so auch nicht von deren Vereinigung, was $\phi(p', \mathrm{un}_{\mathbb{Z}}(n+k)) = 0$ für alle $p \in D$ impliziert. □

Um nicht stets Informationen zur Korrektur der „Form“ von $\|\cdot\|$-Kugeln in Orakelmaschinen einkodieren (wie geschehen im Beweis von Lemma 3.1.6 mittels einer Überdeckungskonstante k und eines -musters D) und in Beweisen darüber argumentieren zu müssen, beschränken wir uns fortan auf *gutartige Normen.*

Definition 3.1.7 (Gutartige Normen). Eine Norm $\|\cdot\|$ auf $\mathbb{R}^d$ heißt *gutartig*, wenn sie folgende Bedingungen erfüllt.

(a) $\|\cdot\|$ ist invariant unter 90-Grad Rotationen; präziser: Sei $\{e_1, \ldots, e_d\}$ die Standardbasis des $\mathbb{R}^d$. Dann gelte $\|e_i\| = \|e_j\|$ für alle $1 \leq i, j \leq d$.

(b) $\|\cdot\|$-Kugeln mit Mittelpunkten in $q \in \mathbb{D}^d_n$ und Radien 2^{-n} überdecken den gesamten Raum $\mathbb{R}^d$:

$$\overline{\mathrm{B}}_{\|\cdot\|_\infty}(q, 2^{-(n+1)}) \subseteq \overline{\mathrm{B}}_{\|\cdot\|}(q, 2^{-n}) \,.$$

Gutartig sind beispielsweise alle p-Normen,

$$\|(x_1, \ldots, x_d)\|_p := \left(|x_1|^p + \cdots + |x_d|^p\right)^{1/p} \,, \tag{3.2}$$

nicht gutartig hingegen sind unter anderem $(x_1, x_2) \mapsto \left(|x_1|^2 + |x_2/2|^2\right)^{1/2}$ und $4\|\cdot\|_2$.

[8] Bemerke, dass ψ-Namen bisher nur für nicht-negative Genauigkeiten, entsprechend Kugeln mit Radien nicht größer 1, definiert wurden. Diese (nötige) Erweiterung vertagen wir bis Abschnitt 3.3. An dieser Stelle jedoch können wir uns auf nicht-negative Genauigkeiten zurückziehen, da für jede Überdeckungskonstante $k \in \mathbb{Z}$ eine nicht-negative Konstante $k' \in \mathbb{N}$ mit entsprechend feinerer Punktemenge D' existiert, die wir einkodieren können.

3.1.2 Darstellung δ: Kodierung der Abstandsfunktion

Sei $\mathcal{A}_+^{(d)}$ die Menge der nicht-leeren abgeschlossenen Mengen $S \in \mathcal{A}^{(d)}$ und folglich $\mathcal{A}_+ := \bigcup_{d\in\mathbb{N}} \mathcal{A}_+^{(d)}$. Jede abgeschlossene Menge lässt sich eindeutig durch ihre Abstandsfunktion $\mathrm{d}_{\|\cdot\|,S}$ bezüglich einer fixierten Norm $\|\cdot\|$ charakterisieren:[9]

$$\mathrm{d}_{\|\cdot\|,S}(\text{-}) := \inf_{x\in S} \mathrm{d}_S(\text{-}, x) \longleftrightarrow S \in \mathcal{A}^{(d)} .$$

Da es sich bei $\mathrm{d}_{\|\cdot\|,S}$ um eine 1-Lipschitz-stetige Funktion handelt, kann $\boldsymbol{\rho}_{\mathbb{R}}^{d\to 1}$ als Darstellung verwendet werden – allerdings nur für *nicht-leere* Mengen $S \in \mathcal{A}_+^{(d)}$: Nach der Semantik von $\boldsymbol{\rho}_{\mathbb{R}}^{d\to 1}$ liefert eine Approximationsfunktion einen Funktionswert im Punkt q mit absolutem Fehler 2^{-n} für gegebene q und n, der Funktionswert „$+\infty$" kann mit dieser Semantik jedoch nicht abgebildet werden. Anders ausgedrückt: Wäre ϕ_0 ein $\boldsymbol{\rho}_{\mathbb{R}}^{d\to 1}$-Name von $\mathrm{d}_{\|\cdot\|,\emptyset}$, so müsste gemäß der Topologie auf Σ^{**} jede beliebig kleine Umgebung von ϕ_0, d. h. für beliebige $s \in \Sigma^*$, $\boldsymbol{\rho}_{\mathbb{R}}^{d\to 1}$-Namen *nicht-leerer Mengen* enthalten. Nach

$$\phi \in \mathrm{B}_{\mathcal{N}}(\phi_0, s) \iff \forall s' \leq_{\text{lex}} s \,.\, \phi(s') = \phi_0(s')$$

müsste ϕ damit jedoch schon identisch zu ϕ_0 sein – was darauf hindeutet, dass $\mathrm{d}_{\|\cdot\|,\emptyset}$ ein isolierter Punkt in einer modifizierten Topologie sein sollte. Insbesondere ließe sich durch solch eine Erweiterung mittels einer Anfrage an einen solchen Namen entscheiden, ob die dargestellte Menge leer ist – was durch die Unstetigkeit dieser Entscheidung mit $\boldsymbol{\psi}$ *nicht* möglich ist. Diese Darstellung wäre demnach schon per Definition stärker als $\boldsymbol{\psi}$.

Für reine Berechenbarkeit kann aus $\boldsymbol{\rho}_{\mathbb{R}}^{d\to 1}$ durch Kompaktifizierung von $\mathbb{R}$ durch $\overline{\mathbb{R}} := \mathbb{R} \cup \{-\infty, \infty\}$ die Darstellung für Funktionen mit Signatur $\mathbb{R}^d \to \overline{\mathbb{R}}$ (vgl. [Wei00, Def. 4.1.21]) gewonnen werden. Intuitiv kodiert ein Name in dieser erweiterten Darstellung für jedes Argument eine Folge von Intervallen $]l_i, \infty]$ und $[-\infty, r_j[$, die im Grenzwert dem Funktionswert entsprechen. Bemerke, dass eine Folge, die den Funktionswert ∞ kodiert, nur aus positiver Information, also Intervallen $]l_i, \infty]$, bestehen kann. Anders als für $\boldsymbol{\rho}_{\mathbb{R}}$ [Ko91, §2.2] ist die Frage nach einer sinnvollen Definition von Komplexität für beschriebene Darstellung von $\overline{\mathbb{R}}$ weiter offen.

[9] Diese Identifikation ist nicht eindeutig auf dem Hyperraum aller Teilmengen des $\mathbb{R}^d$: Eine nicht-abgeschlossene Menge S sowie deren Abschluss $\overline{S}$ besitzen die gleiche Abstandsfunktion.

Für die Distanzdarstellung beschränken wir uns daher auf die Klasse $\mathcal{A}_+$ der *nicht leeren* abgeschlossenen Teilmengen des $\mathbb{R}^d$.

Definition 3.1.8 (Distanzdarstellung $\boldsymbol{\delta}$). Sei $S \in \mathcal{A}_+^{(d)}$ und $\|\cdot\|$ eine Norm auf $\mathbb{R}^d$. Ein $\boldsymbol{\delta}_{\|\cdot\|}^{(d)}$-Name $\phi \in \Sigma^{**}$ von S erfüllt $\left|\phi(q, 0^n) - \mathrm{d}_{\|\cdot\|,S}(q)\right| < 2^{-n}$ für alle $q \in \mathbb{D}^d$ und $n \in \mathbb{N}$.

Ein wesentlicher Unterschied zu $\boldsymbol{\psi}$ besteht in der Kodierung *globaler Information* über die dargestellte Menge S. Das heißt, jede *lokale Änderung* an S (Hinzufügen/Entfernen von Punkten) hat ggf. *globale Auswirkungen*, nämlich auf die Abstandsfunktion. Für S in $\boldsymbol{\psi}$-Darstellung hingegen haben lokale Änderungen auch nur lokale Auswirkungen für Punkte $q \in \mathbb{D}^d$ nahe der Modifikation. Dieser informelle Unterschied zwischen $\boldsymbol{\delta}$ und $\boldsymbol{\psi}$ lässt sich konkretisieren: $\boldsymbol{\delta}$ ist *nicht* norminvariant.

Proposition 3.1.9.

(a) Für jedes Paar $(\boldsymbol{\rho}_{\mathbb{R}}^d, \boldsymbol{\rho}_{\mathbb{R}})$-berechenbarer Normen $\|\cdot\|$, $\|\cdot\|'$ auf $\mathbb{R}^d$ gilt $\boldsymbol{\delta}_{\|\cdot\|}^{(d)} \equiv \boldsymbol{\delta}_{\|\cdot\|'}^{(d)}$.

(b) Die $\equiv_{\mathrm{p}}$-Verschärfung gilt i. Allg. nicht, da $\boldsymbol{\delta}_{\|\cdot\|_1}^{(d)}|^{\subseteq[0,1]^d} \not\preceq_{\mathrm{p}} \boldsymbol{\delta}_{\|\cdot\|_\infty}^{(d)}|^{\subseteq[0,1]^d}$ in Dimension $d > 1$.

Notation. Unter $\boldsymbol{\xi}|^{\subseteq K}$ für eine Menge $K \subset \mathbb{R}^d$ wollen wir die Einschränkung der Darstellung $\boldsymbol{\xi}$ auf die Klasse abgeschlossener Teilmengen von K verstehen.

Beweis. Zu (a): Gegeben ein $\boldsymbol{\delta}_{\|\cdot\|}^{(d)}$-Name ϕ einer Menge S, dann liefert $\delta := k \cdot \phi(q, 0^n) + 2^{-n}$ für eine vom Normenpaar $(\|\cdot\|, \|\cdot\|')$ abhängige und einer OTM einkodierbare Normenkonstante $k \in \mathbb{D}$ eine obere Schranke an $\mathrm{d}_{\|\cdot\|',S}(q)$. Minimiere nun $\|q - x\|'$ durch ausschöpfende Suche über $p \in \overline{\mathrm{B}}_{\|\cdot\|_\infty}(q, \delta)$. Das so erhaltene Ergebnis ist eine 2^{-n}-Approximation an $\mathrm{d}_{\|\cdot\|',S}(q)$.

Zu (b): Wir beweisen die Aussage für $d = 2$. Die Verallgemeinerung auf höhere (endliche) Dimensionen folgt analog. Die Idee: Konstruiere Mengen $A_{n,0}, A_{n,i} \subset [0,1]^2$, die sich nur in einem Streifen der Breite 2^{-n} voneinander unterscheiden. Die Unterscheidung von $A_{n,0}$ und $A_{n,>0}$ führt dann zur exponentiellen unteren Schranke.

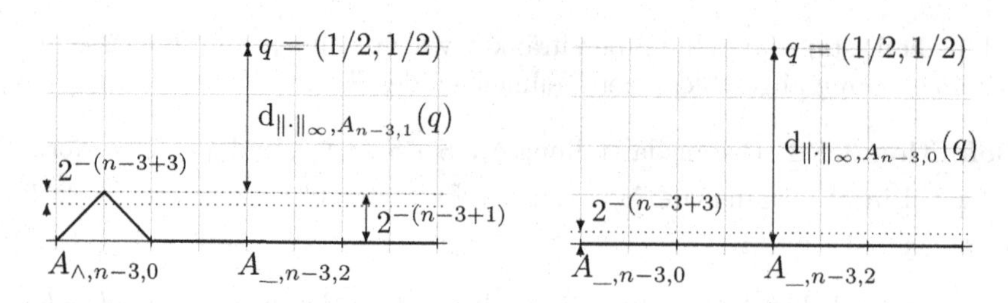

Abbildung 3.1.4. *Gegenspielermengen* (engl. *adversary sets*) $A_{n,\neq 0}$ sind nicht in Polynomialzeit von $A_{n,0}$ zu unterscheiden.

Die Konstruktion: Die Menge $A_\wedge$ als Graph einer *Hutfunktion* sowie $A_\_$ als Graph der Nullfunktion sind definiert durch

$$A_\wedge := \{(x,y) \in [0,1]^2 \mid x - y = 0 \text{ für } x \leq 1/2;\ x + y = 1 \text{ für } x > 1/2\};$$
$$A_\_ := [0,1] \times \{0\}\,.$$

Ihre verschobenen und skalierten Pendants notieren wir als

$$A_{\_,n,i} := \{(i \cdot 2^{-n}, 0)\} + 2^{-n} \cdot A_\_\,, \quad A_{\wedge,n,i} := \{(i \cdot 2^{-n}, 0)\} + 2^{-n} \cdot A_\wedge$$

und erhalten damit die eingangs erwähnten zu unterscheidenden Mengen (siehe auch Abbildung 3.1.4)

$$A_{n,0} := \bigcup_{i=0}^{2^n-1} A_{\_,n,i}\,, \quad A_{n,j} := A_{\wedge,n,j} \cup \bigcup_{i \neq j}^{2^n-1} A_{\_,n,i} \tag{3.3}$$

derart, dass sich $A_{n,0}$ von $A_{n,j>0}$ nur um die Information „Hut oder kein Hut an Position j im Intervall $[j \cdot 2^{-n}, (j+1) \cdot 2^{-n}]$" unterscheidet.

Sei nun $M^?$ eine die Reduktion $\boldsymbol{\delta}^{(d)}_{\|\cdot\|_1} \preceq \boldsymbol{\delta}^{(d)}_{\|\cdot\|_\infty}$ realisierende OTM. Um gegeben den Punkt $q := (1/2, 1/2)$, eine Genauigkeit $n \in \mathbb{N}_{\geq 3}$ und einen $\boldsymbol{\delta}^{(d)}_{\|\cdot\|_1}$-Namen ϕ von $S := A_{n-3,j_0}$ für beliebiges der OTM $M^?$ *unbekanntes* $0 \leq j_0 \leq 2^{n-3}$ den Abstand $\mathrm{d}_{\|\cdot\|_\infty, A_{n-3,j_0}}(q)$ mit Genauigkeit n zu bestimmen, muss $j_0 \neq 0$ aus ϕ durch Abfragen $\phi(p, 0^n)$ für geeignete

$$p \in [i \cdot 2^{-n+3}, (i+1) \cdot 2^{-n+3}] \times [0,1]$$

entschieden werden. Es gilt nämlich:

$$\mathrm{d}_{\|\cdot\|_\infty, A_{n-3,>0}}(q) - \mathrm{d}_{\|\cdot\|_\infty, A_{n-3,0}}(q) = 2^{-n+2} ,$$

eine Näherung des Abstandes mit Genauigkeit n bedeutet also besagte Unterscheidung. Dazu sind *alle* $0 \leq i < 2^{-n+3}$ zu betrachten: Wird ein i ausgelassen, so ändere S lokal von $A_{\wedge,n-3,i}$ zu $A_{\_,n-3,i}$ für $j_0 \neq 0$ und umgekehrt für $j_0 = 0$. Diese Notwendigkeit der Auswertung von ϕ in exponentiell vielen Punkten impliziert schlussendlich die Behauptung. □

Die letzte Aussage lässt sich zudem, nicht-uniform reformuliert, zum diskreten P vs. NP-Problem in Beziehung setzen.

Theorem 3.1.10. *In jeder Dimension $d \geq 2$ gibt es genau dann eine polynomialzeit $\boldsymbol{\delta}^{(d)}_{\|\cdot\|_1}|^{\subseteq[0,1]^d}$-berechenbare Menge, die aber* nicht polynomialzeit *$\boldsymbol{\delta}^{(d)}_{\|\cdot\|_\infty}|^{\subseteq[0,1]^d}$-berechenbar ist, wenn* P $\neq$ NP.

In Dimension $d \geq 2$ sind folglich 45°-Rotationen weder $(\boldsymbol{\delta}^{(d)}_{\|\cdot\|_1}, \boldsymbol{\delta}^{(d)}_{\|\cdot\|_1})$-noch $(\boldsymbol{\delta}^{(d)}_{\|\cdot\|_\infty}, \boldsymbol{\delta}^{(d)}_{\|\cdot\|_\infty})$-berechenbar in Polynomialzeit. Korrespondierend hierzu erhalten wir eine uniforme *exponentielle untere Schranke* an die Reduktion von $\boldsymbol{\delta}^{(d)}_{\|\cdot\|_1}$ auf $\boldsymbol{\delta}^{(d)}_{\|\cdot\|_\infty}$ et vice versa.

Beweis. Wir beweisen beide Richtungen für den Fall $d = 2$. Die jeweiligen Konstruktionen verallgemeinern jedoch auf Dimension größer zwei.

Sei $N \in$ NP $\setminus$ P von der Form $N = \{s \in \Sigma^* \mid \exists\, w \in \Sigma^{l(s)} . \langle w, s \rangle \in P\}$ mit $P \in$ P. Ähnlich wie im Beweis von Proposition 3.1.9 zeigen wir die Aussage durch Konstruktion geeigneter Gegenspielermengen. Definiere dazu zunächst Punkte $s_{n,i,j} \in \mathbb{D}$ vermittels

$$s_{n,0,0} := 1 - 2^{-n} ;$$
$$s_{n,i,0} := s_{n,0,0} + i \cdot 2^{-(2n+1)} ; \quad s_{n,i,2^n} := s_{n,i+1,0} ;$$
$$s_{n,i,j} := s_{n,i,0} + j \cdot 2^{-(3n+1)} ; \quad s_{n,2^n,j} := s_{n+1,0,j}$$

für $n \in \mathbb{N}$, $0 \leq i, j < 2^{-n}$, und bemerke, dass jedes Wortpaar $w, s \in \Sigma^n$ durch

$$i = \mathrm{bin}_{\mathbb{N}}^{-1}(s) ; \quad j = \mathrm{bin}_{\mathbb{N}}^{-1}(w) \tag{3.4}$$

eindeutig mit einem Streifen $[s_{n,i,j}, s_{n,i,j+1}) \times [0, 1]$ identifiziert wird. Genauer wird ein solches Wortpaar w, s durch $\chi_P\langle w, s \rangle = 1 \;:\Longleftrightarrow\; \langle w, s \rangle \in N$ (Hut im mit $\langle w, s\rangle$ assoziierten Streifen) und $\chi_P\langle w, s\rangle = 0 :\Longleftrightarrow \langle w, s\rangle \notin N$ (kein Hut) mit der Menge

$$A_{n,i,j} := \{(s_{n,i,j}, 0)\} + \Big(\chi_P\langle w, s\rangle \cdot A_\wedge + (1 - \chi_P\langle w, s\rangle) \cdot A_\_\Big) \cdot 2^{-(3n+1)}$$

assoziiert. Die Menge

$$N' := \bigcup_{\substack{n,i,j\in\mathbb{N}\\ 0\leq i,j<2^n}}$$

kodiert damit N, insbesondere ist die $\|\cdot\|_1$-Abstandsbestimmung äquivalent zur Polynomialzeit*verifizierung* von $\langle w, s\rangle \in P$, da

$$\mathrm{d}_{\|\cdot\|_1, N'}((s_{n,i,j} + s_{n,i,j+1})/2, y) = \left|y - \chi_P\langle w, s\rangle \cdot 2^{-(3n+2)}\right| ,$$

woraus sich insbesondere ein polynomialzeitberechenbarer $\boldsymbol{\delta}^{(d)}_{\|\cdot\|_1}$-Name ϕ_1 für N' ergibt: Definiere $\phi_1((p_1, p_2), 0^n)$ als

$$\Big|p_2 - \chi_P\langle w, s\rangle \cdot \big(2^{-(3n+2)} - \left|p_1 - (s_{n,i,j} + s_{n,i,j+1})/2\right|\big)\Big| .$$

für $w, s \in \Sigma^n$ und $(p_1, p_2) \in \mathbb{D}^2 \cap [s_{n,i,j}, s_{n,i,j+1}] \times [0, 1]$ (i und j wie in (3.4)).

Bezüglich $\|\cdot\|_\infty$ ist die Berechnung des Abstandes zu N' für manche Punkte äquivalent zur Polynomialzeit-*Entscheidung*, ob zum Wort $s \in \Sigma^n$ ein $w \in \Sigma^n$ mit $\langle w, s\rangle \in P$ *existiert*: Die polynomialzeit $\boldsymbol{\delta}^{(d)}_{\|\cdot\|_\infty}$-Berechenbarkeit eines Namens ϕ_∞ von N' würde für s und i wie in (3.4) wegen

$$\begin{aligned}\phi_\infty\big(\big((s_{n,i,0} + s_{n,i+1,0})/2,\ s_{n,i,0}/2\big), 0^{3n+4}\big) &\geq 2^{-(2n+2)} - 2^{-(3n+3)}\\ &\Longleftrightarrow\ \exists\, w \in \Sigma^n \,.\, \langle w, s\rangle \in P\end{aligned}$$

die Gleichheit von P und NP implizieren; ein Widerspruch.

Für die Umkehrung nehmen wir an, es gelte $\mathsf{P} = \mathsf{NP}$. Des Weiteren sei ϕ ein $\boldsymbol{\delta}^{(2)}_{\|\cdot\|_1}$-Name einer abgeschlossenen Menge $S \subsetneq [0, 1]^2$.[10] Konstruiere

[10] Verwende $\boldsymbol{\delta}^{(d)}_{\|\cdot\|} \preceq_{\mathrm{P}} \psi^{(d)}_{\|\cdot\|}$. Tatsächlich ist eine polynomialzeit $\psi^{(d)}_{\|\cdot\|_1}$-berechenbare Menge hinreichend, obgleich wir nach der Aussage des Satzes die (stärkere: Proposition 3.1.14(c)) $\boldsymbol{\delta}^{(d)}_{\|\cdot\|_1}$-Berechenbarkeit voraussetzen.

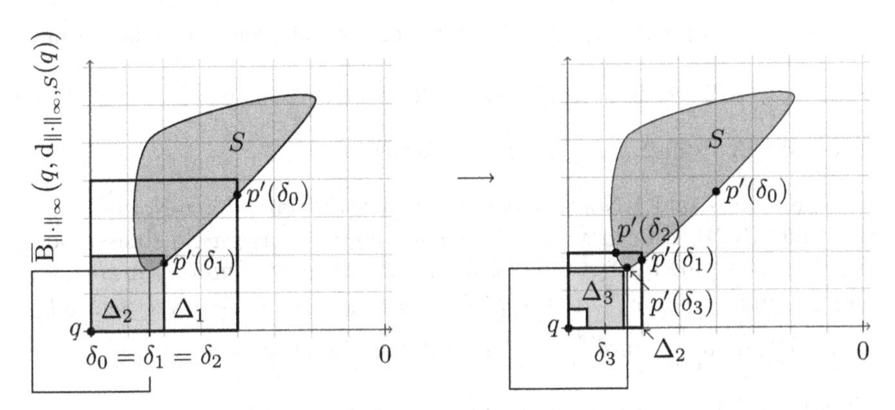

Abbildung 3.1.5. Suche nach einer 2^{-n}-Approximation δ_{n+1} an $\mathrm{d}_{\|\cdot\|_\infty,S}(q)$ durch iterative Bestimmung von Abständen δ_i und Mengen $\Delta_{i+1} := \{x \in [0,1]^2 \mid |\delta_i - \|x-q\|_\infty| \leq 2^{-(i+1)}\}$ so dass $\delta_i \leq \mathrm{d}_{\|\cdot\|_\infty,S}(q)$ und $\exists\, p'(\delta_i) \in \Delta_{i+1} \cap \mathbb{D}^d_{n+2} .\, \langle q, p'(\delta_i), 0^n, 0^{i+1}\rangle \in P$.

Mengen $P \in \mathsf{P}$ und $N \in \mathsf{NP}$ wie folgt:

$$N := \{\langle p, \delta, 0^n, 0^m\rangle \mid \exists p \in \mathbb{D}^d_{n+2},\ \phi(p', 0^{n+2}) \leq 2^{-(n+2)} .\ \langle p, p', \delta, 0^m\rangle \in P\}, \tag{3.5}$$

$$P := \{\langle p, p', \delta, 0^m\rangle \mid |\delta - \|p - p'\|_\infty| \leq 2^{-m}\} .$$

Ein $\boldsymbol{\delta}^{(d)}_{\|\cdot\|_\infty}$-Name ϕ' für S kann wie folgt iterativ durch Anfragen an N der Form „$\langle q, \delta_i, 0^n, 0^i\rangle \in N$?“ gewonnen werden (siehe auch Abbildung 3.1.5): Setze $\delta_0 := 0$. Für $1 \leq i \leq n{+}1$ setze weiter $\delta_i := \delta_{i-1}$, wenn $\langle q, \delta_{i-1}, 0^n, 0^i\rangle \in N$, andernfalls $\delta_i := \delta_{i-1} + 2^{-i}$. Dadurch gilt

$$\delta_i \leq \mathrm{d}_{\|\cdot\|_\infty,S}(q) \leq \delta_i + 2^{-i} + 2 \cdot 2^{-(n+2)} , \tag{3.6}$$

woraus schlussendlich $|\mathrm{d}_{\|\cdot\|_\infty,S}(q) - \delta_{n+1}| \leq 2^{-n}$ folgt. Wir beweisen die Korrektheit von (3.6) mittels Induktion. Für $i = 0$ gilt (3.6), da $0 \leq \mathrm{d}_{\|\cdot\|_\infty,S}(q) \leq 0 + 2^0 + 2^{-(n+1)}$. Sei also $i > 0$. Gilt $\langle q, \delta_{i-1}, 0^n, 0^i\rangle \in N$, so folgt (3.6) mit $\delta_i := \delta_{i-1}$ bereits nach Konstruktion von N. Ist hingegen $\langle q, \delta_{i-1}, 0^n, 0^i\rangle \notin N$, dann gilt für alle $p' \in \mathbb{D}^d_{n+2}$ mit $\phi(p', 0^{n+2}) \leq 2^{-(n+2)}$, dass $|\delta_{i-1} - \|q - p'\|_\infty| > 2^{-i}$. Nach Induktion ist (3.6) gültig für $i-1$, es gilt also $\mathrm{d}_{\|\cdot\|_\infty,S}(q) > \delta_{i-1} + 2^{-i}$. Durch Umschreiben von (3.6) folgt daraus

$$\delta_{i-1} + 2^{-i} \leq \mathrm{d}_{\|\cdot\|_\infty,S}(q) \leq \delta_{i-1} + 2^{-i+1} + 2^{-n} ;$$

was exakt (3.6) für $\delta_i := \delta_{i-1} + 2^{-i}$ entspricht. □

Supremums- und 1-Norm bilden die beiden Extrema der p-Normen (Erinnerung: (3.2)). Eine erste Verallgemeinerung des vorigen Ergebnisses auf beliebige p-Normen liefert eine uniforme *exponentielle untere* Schranke an eine Reduktion von $\boldsymbol{\delta}^{(d)}_{\|\cdot\|_1}$ auf $\boldsymbol{\delta}^{(d)}_{\|\cdot\|_p}$. Für feste $p \in [1,\infty)$ ist diese Schranke optimal[11], da $\boldsymbol{\delta}^{(d)}_{\|\cdot\|_1}$ auf $\boldsymbol{\delta}^{(d)}_{\|\cdot\|_p}$ in Zeit $O(2^n)$ reduzierbar ist.

Theorem 3.1.11. *Seien $d \geq 2$ und $p \in [1,\infty)$.*
Dann gilt $\boldsymbol{\delta}^{(d)}_{\|\cdot\|_1}|^{\subseteq[-1,1]^d} \not\preceq_{\mathrm{P}} \boldsymbol{\delta}^{(d)}_{\|\cdot\|_p}|^{\subseteq[-1,1]^d}$. Genauer: Darstellung $\boldsymbol{\delta}^{(d)}_{\|\cdot\|_1}|^{\subseteq[-1,1]^d}$ ist $\preceq$-reduzierbar auf $\boldsymbol{\delta}^{(d)}_{\|\cdot\|_p}|^{\subseteq[-1,1]^d}$ in Zeit $\Omega(2^{n/p})$.

Der Beweis ist eine Adaption des Beweises von Proposition 3.1.9, indem wir die Anzahl der von einer $\|\cdot\|_p$-Kugel überdeckten Hüte der Höhe 2^{-n} für beliebige $p \in [1,\infty)$ und $n \in \mathbb{N}$ betrachten. Zudem schränken wir den Bildbereich der Darstellungen nicht auf $[0,1]^d$, sondern auf $[-1,1]^d$ ein. Diese Anpassung hat keine Auswirkungen auf die Korrektheit des Ergebnisses, wird allerdings helfen den Beweis etwas zu vereinfachen.

Beweis. Wir beschränken uns im Beweis auf Dimension $d = 2$; der allgemeine Fall folgt dann analog für alle höheren (endlichen) Dimensionen. Nachfolgend bezeichne $x \mapsto \lfloor x \rceil =: k$ die Rundungsfunktion, $x \in \mathbb{R}_+$ abbildend auf die näheste natürliche Zahl k mit $|x - k| \leq 1/2$. Analog seien Auf- bzw. Abrundung als $\lceil \text{-} \rceil$ resp. $\lfloor \text{-} \rfloor$ notiert.

Für jedes p erfüllen die Randpunkte der zweidimensionalen $\|\cdot\|_p$-Einheitskugel die algebraische Gleichung $1 = \|(x,y)\|_p^p = |x|^p + |y|^p$. Kodiere, wie in Abbildung 3.1.6 dargestellt, 2^n Hüte der Höhe 2^{-n} in $[-1,1]^2$. Ein Hut wird somit genau dann von einem Randpunkt (x,y) der $\|\cdot\|_p$-Einheitskugel geschnitten, wenn $y \leq -1+2^{-n}$ – oder, äquivalent für $(x,y) \in [-1,1]\times[-1,0]$ unter Ausnutzung der Konvexität von $\|\cdot\|_p$-Kugeln, wenn

$$|x|, |-x| \leq \big(1 - |-1 + 2^{-n}|^p\big)^{1/p} .$$

[11] Ulrich Kohlenbach sei für diese im Rahmen eines Logik-Seminarvortrags in Darmstadt gestellte Frage gedankt.

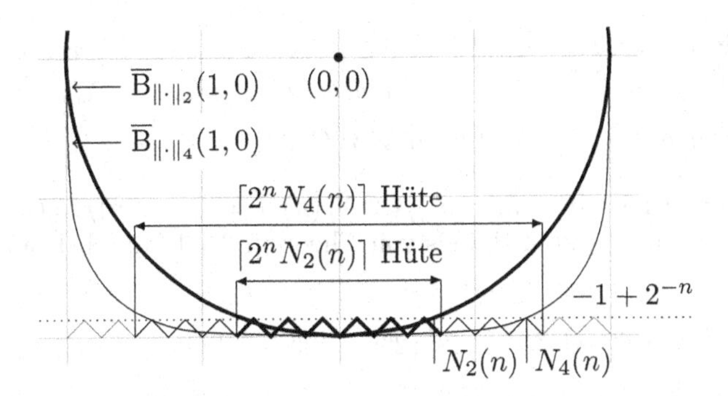

Abbildung 3.1.6. Abschätzung der Anzahl der von der $\|\cdot\|_p$-Einheitskugel überdeckten Hüte.

Die Anzahl der geschnittenen Hüte ist damit exakt $\lceil 2^n N_p(n)\rceil$,

$$N_p(n) := \left(1-\left(1-2^{-n}\right)^p\right)^{1/p}.$$

Aus der Schranke an die Anzahl der überdeckten Hüte ergibt sich, dass $2^n/(2^n N_p(n)) = 1/N_p(n)$ Gegenspielermengen ausreichen, um die behauptete untere Schranke zu zeigen. Durch Umformung von $1/N_p(n)$ zu

$$1/N_p(n) = \left(2^{\log_2\left(1-(1-2^{-n})^p\right)}\right)^{-1/p} = \left(2^{np-\log_2\left(2^{np}-(2^n-1)^p\right)}\right)^{1/p}$$

und Ausnutzung der Abschätzung

$$2^{np}-(2^n-1)^p \leq p2^{n(p-1)} \quad (\text{für } p \geq 2) \tag{3.7}$$

kann $1/N_p(n)$ nach unten durch

$$\tilde{N}_p(n) := 2^{n/p-\log_2(p)/p}$$

abgeschätzt werden. Die Aussage folgt dann mittels der Konstruktion im Beweis von Proposition 3.1.9(b) über die notwendige Unterscheidung zwischen $A_{n',0}$ $(n' := n-3)$ und den Mengen

$$A_{n',\lfloor 1\cdot 2^{n'}/\tilde{N}_p(n')\rceil}\,,\; A_{n',\lfloor 2\cdot 2^{n'}/\tilde{N}_p(n')\rceil}\,,\; \ldots\,,\; A_{n',\lfloor \tilde{N}_p(n')\cdot 2^{n'}/\tilde{N}_p(n')\rceil}\,. \qquad \square$$

Die folgende Verallgemeinerung, d. h. die Reduktion auf $\delta^{(d)}$ bezüglich der Norm $\|\cdot\|_{p+k}$, folgt mit ähnlichen Abschätzungen.

Proposition 3.1.12. *Seien $d \geq 2$, $p \in [1,\infty)$ und $k \in \mathbb{N}$. Dann gilt* $\boldsymbol{\delta}^{(d)}_{\|\cdot\|_p}|^{\subseteq[-1,1]^d} \not\preceq_{\mathrm{p}} \boldsymbol{\delta}^{(d)}_{\|\cdot\|_{p+k}}|^{\subseteq[-1,1]^d}$. *Genauer: Die Darstellung* $\boldsymbol{\delta}^{(d)}_{\|\cdot\|_p}|^{\subseteq[-1,1]^d}$ *ist* $\preceq$*-reduzierbar auf* $\boldsymbol{\delta}^{(d)}_{\|\cdot\|_{p+k}}|^{\subseteq[-1,1]^d}$ *in Zeit* $\Omega\big(2^{n/p-n/(p+k)}\big)$.

Beweis. Konstruiere $\lceil (2^n N_{p+k}(n))/(2^n N_p(n))\rceil = \lceil N_{p+k}(n)/N_p(n)\rceil$ Gegenspielermengen analog zum Beweis von Theorem 3.1.11 durch Kombination von

$$2^{n(p+k)} - (2^n-1)^{p+k} > 2^{nk}\big(2^{np} - (2^n-1)^p\big)$$

und Gleichung (3.7) zur Abschätzung

$$\begin{aligned}
\log_2\left(\frac{N_{p+k}(n)}{N_p(n)}\right) &= \frac{\log_2\big(2^{n(p+k)} - (2^n-1)^{p+k}\big) - n(p+k)}{p+k} \\
&\quad - \frac{\log_2(2^{np} - (2^n-1)^p) - np}{p} \\
&= \frac{p}{p(p+k)}\log_2\left(\frac{2^{n(p+k)} - (2^n-1)^{p+k}}{2^{np} - (2^n-1)^p}\right) \\
&\quad - \frac{k}{p(p+k)}\log_2(2^{np} - (2^n-1)^p) \\
&> \frac{npk}{p(p+k)} - \frac{k\big(\log_2 p + n(p-1)\big)}{p(p+k)} \\
&= \frac{nk}{p(p+k)} - \frac{k\log_2 p}{p(p+k)} = \frac{n}{p} - \frac{n}{p+k} - \frac{k\log_2 p}{p(p+k)}. \quad \square
\end{aligned}$$

Gilt auch die Umkehrung, d. h. $\boldsymbol{\delta}^{(d)}_{\|\cdot\|_{p+k}}|^{\subseteq[-1,1]^d} \not\preceq_{\mathrm{p}} \boldsymbol{\delta}^{(d)}_{\|\cdot\|_p}|^{\subseteq[-1,1]^d}$? Für die Extrema, die Supremums- und 1-Norm, folgt die Umkehrung zumindest durch Rotation der im Beweis von Proposition 3.1.9(b) konstruierten Gegenspielermengen um $\pi/4\,\mathrm{rad}$ (siehe auch Abbildung 3.1.7).

Vermutung 3.1.13. *Für $d \geq 2$, $p \in [1,\infty)$ und $k \in \mathbb{N}$ gilt ebenso die Umkehrung von Proposition 3.1.12:* $\boldsymbol{\delta}^{(d)}_{\|\cdot\|_{p+k}}|^{\subseteq[-1,1]^d} \not\preceq_{\mathrm{p}} \boldsymbol{\delta}^{(d)}_{\|\cdot\|_p}|^{\subseteq[-1,1]^d}$.

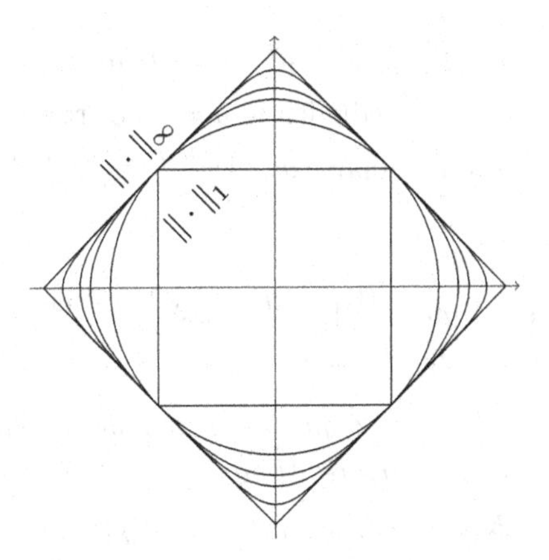

Abbildung 3.1.7. Normen $\|\cdot\|_1$, $\|\cdot\|_2$, $\|\cdot\|_3$, $\|\cdot\|_4$, $\|\cdot\|_8$ und $\|\cdot\|_\infty$ (von innen nach außen), rotiert um $\pi/4$ rad.

3.1.3 Vergleich von ψ und δ

Die Darstellungen $\boldsymbol{\delta}$ und $\boldsymbol{\psi}$ sind $\preceq$-äquivalent[12], für die leichter einzusehende Reduktion von $\boldsymbol{\delta}$ auf $\boldsymbol{\psi}$ gilt sogar die Polynomialzeitverschärfung, $\boldsymbol{\delta} \preceq_{\mathrm{p}} \boldsymbol{\psi}|^{\mathcal{A}_+}$: Ist ϕ ein $\boldsymbol{\delta}$-Name einer Menge $S \in \mathcal{A}_+$, so ist ϕ', definiert durch $\phi'(q, 0^n) := 1$ wenn $\phi(q, 0^{n+1}) \leq 3/2 \cdot 2^{-n}$ und sonst 0, ein $\boldsymbol{\psi}$-Name von S.

Die Umkehrung stimmt über $\mathcal{A}_+$ i. Allg. jedoch nicht: Zur Bestimmung des Abstands von $0 \in \mathbb{R}$ zur Menge $S := \{x\} \subset \mathbb{R}$ mit Fehler 2^{-n} sind Anfragen an einen gegebenen $\boldsymbol{\psi}^{(1)}|^{\mathcal{A}_+}$-Namen ϕ für S zu stellen. Die Antworten von ϕ haben stets konstante Länge, der anzunähernde Abstand $|x - 0|$ jedoch hat Kodierungslänge linear in $n + \log_2(1 + |x|)$ – somit auch jede Antwort eines $\boldsymbol{\delta}$-Namens für S. Eine Zeitschranke der Reduktion von $\boldsymbol{\psi}^{(1)}|^{\mathcal{A}_+}$ auf $\boldsymbol{\delta}^{(1)}|^{\mathcal{A}_+}$ ist daher nicht alleine in n beschränkbar; die Verallgemeinerung auf $\mathbb{R}^d$ folgt analog.

Dieser einfache Zusammenhang legt eine Einschränkung auf *kompakte Mengen* (und damit die gewünschte Beschränkung von $|x|$) nahe. Wie von Braverman in [Bra04] bemerkt, ist jedoch selbst für kompakte Mengen mit *fester Größenschranke* 2^b, d. h.

$$\mathcal{K}^{(d)}(b) := \mathcal{K}^{(d)}_{\|\cdot\|}(b) := \{K \in \mathcal{K}^{(d)} \mid K \subseteq \overline{\mathrm{B}}_{\|\cdot\|}(0, 2^b)\} \tag{3.8}$$

[12] ebenso wie ihre Typ-1 Pendants, siehe [Wei00, Lem. 5.1.7]. Bemerke zudem, dass die Berechenbarkeitsäquivalenz über ganz $\mathcal{A}$, also inklusive der leeren Menge, gilt; vergleiche dazu die Bemerkungen zu Beginn dieses Abschnitts.

für $b \in \mathbb{Z}$, Darstellung $\boldsymbol{\psi}^{(d)}_{\|\cdot\|}|^{\mathcal{K}^{(d)}(b)}$ *ab Dimension* $d \geq 2$ nicht mehr $\preceq_{\mathrm{P}}$-reduzierbar auf $\boldsymbol{\delta}^{(d)}_{\|\cdot\|}|^{\mathcal{K}^{(d)}(b)}$.[13] Lediglich in $d = 1$ liefert der mögliche Rückzug auf Binärsuche den Zusammenhang $\boldsymbol{\psi}^{(1)}_{\|\cdot\|}|^{\mathcal{K}^{(1)}(b)} \equiv_{\mathrm{P}} \boldsymbol{\delta}^{(1)}_{\|\cdot\|}|^{\mathcal{K}^{(1)}(b)}$.

Proposition 3.1.14.

(a) *In Dimension* $d = 1$ *gilt* $\boldsymbol{\psi}^{(1)}_{\|\cdot\|}|^{\mathcal{K}^{(1)}(b)} \preceq_{\mathrm{P}} \boldsymbol{\delta}^{(1)}_{\|\cdot\|}|^{\mathcal{K}^{(1)}(b)}$ *für jedes feste* $b \in \mathbb{Z}$ *und jede Norm* $\|\cdot\|$ *auf* $\mathbb{R}$.

(b) *In jeder Dimension* $d \geq 2$ *gibt es genau dann eine in Polynomialzeit* $\boldsymbol{\psi}^{(d)}_{\|\cdot\|_2}|^{\mathcal{K}^{(d)}(0)}$*-berechenbare Menge, die aber* nicht polynomialzeit $\boldsymbol{\delta}^{(d)}_{\|\cdot\|_2}|^{\mathcal{K}^{(d)}(0)}$*-berechenbar ist, wenn* $\mathsf{P} \neq \mathsf{NP}$ *gilt.*

(c) *Uniform gilt* $\boldsymbol{\psi}^{(d)}_{\|\cdot\|}|^{\mathcal{K}^{(d)}(b)} \not\preceq_{\mathrm{P}} \boldsymbol{\delta}^{(d)}_{\|\cdot\|}|^{\mathcal{K}^{(d)}(b)}$ *für* $d \geq 2$, $b \in \mathbb{Z}$.

Bemerkung 3.1.15. Die Größenschranke für Mengen in $\mathcal{K}^{(d)}(b)$ ist bzgl. einer Norm $\|\cdot\|$ gewählt. Wir verzichten jedoch auf ihre explizite Nennung: Für Namen in Darstellung $\boldsymbol{\xi}^{(d)}_{\|\cdot\|}|^{\mathcal{K}^{(d)}_{\|\cdot\|'}(b')}$ ist lediglich die Einschränkung des Suchraumes interessant, aus einer Größenschranke $2^{b'}$ bzgl. Norm $\|\cdot\|'$ kann demnach durch Einkodierung einer Normenkonstante $c \in \mathbb{D}$ (vgl. Bemerkung 3.1.5) eine obere Schranke b zu beliebiger anderer Norm $\|\cdot\|$ in Zeit linear in der Kodierungslänge von b' berechnet werden – was schlussendlich die Notation $\boldsymbol{\xi}^{(d)}_{\|\cdot\|}|^{\mathcal{K}^{(d)}(b)}$ rechtfertigt.

Beweis von Proposition 3.1.14.

(a) Sei ϕ ein $\boldsymbol{\psi}^{(1)}_{\|\cdot\|_\infty}$-Name von $S \in \mathcal{K}^{(d)}(1)$, $q \in \mathbb{D}$ und $n \in \mathbb{N}$. Für $q > 2^b$ sei $\tilde{q} := 2^b$, für $q < -2^b$ sei $\tilde{q} := -2^b$ und für $q \in [-2^b, 2^b]$ sei $\tilde{q} := q$. Teile nun $[-2^b, 2^b]$ auf in zwei abgeschlossene Intervalle, $[-2^b, \tilde{q}]$ und $[\tilde{q}, 2^b]$, in denen nach einem Punkt p nahe $\tilde{q}$ erfüllend $\phi(p, 0^{n+1}) = 1$ zu suchen ist. Wir beschreiben die Suche nur für $[\tilde{q}, 2^b]$; die andere Suche verläuft analog. Ist S leer, so wird die Suche korrekterweise auch keinen Punkt liefern.

[13] Mit *fester Größenschranke* 2^b kann nun auch die leere Menge sinnvoll mit einem Namen versehen werden: Jedes $\phi \in \Sigma^{**}$ mit $\mathrm{bin}_{\mathbb{D}}^{-1}(\phi(s)) \geq 2^{b+2}$ für alle $s \in \Sigma^*$ sei ein zulässiger $\boldsymbol{\delta}^{(d)}|^{\mathcal{K}^{(d)}(b)}$-Name für $\emptyset$.

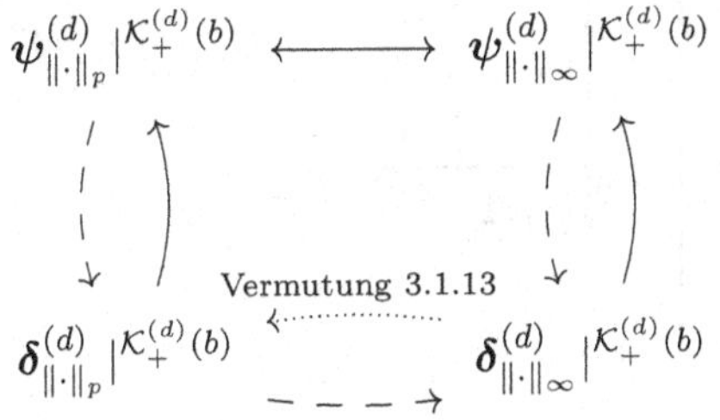

$$\begin{array}{ccc}
\boldsymbol{\psi}^{(d)}_{\|\cdot\|_p}|^{\mathcal{K}^{(d)}_+(b)} & \longleftrightarrow & \boldsymbol{\psi}^{(d)}_{\|\cdot\|_\infty}|^{\mathcal{K}^{(d)}_+(b)} \\
\updownarrow & \text{Vermutung 3.1.13} & \updownarrow \\
\boldsymbol{\delta}^{(d)}_{\|\cdot\|_p}|^{\mathcal{K}^{(d)}_+(b)} & \dashrightarrow & \boldsymbol{\delta}^{(d)}_{\|\cdot\|_\infty}|^{\mathcal{K}^{(d)}_+(b)}
\end{array}$$

Abbildung 3.1.8. Durchgezogene Pfeile $\rightarrow$ markieren $\preceq_{\mathrm{P}}$-Reduktionen, gestrichelte Pfeile $\boldsymbol{\xi} \dashrightarrow \boldsymbol{\xi}'$ Darstellungspaare mit $\boldsymbol{\xi} \not\preceq_{\mathrm{P}} \boldsymbol{\xi}'$ aber $\boldsymbol{\xi} \preceq \boldsymbol{\xi}'$.

Sei ohne Einschränkung $b \geq 0$. Bestimme mittels ausschöpfender Suche (in konstanter Zeit, da b fest) einen Wert-minimalen Punkt $p_0 \in \mathbb{D}_1 \cap [\tilde{q}, 2^b]$ erfüllend $\phi(p, 0^2) = 1$. Für $1 \leq i \leq n$, $i \in \mathbb{N}$, setze

$$p_i := \min\{p \in \mathbb{D}_{i+1} \cap [p_{i-1} - 2^{-i}, p_{i-1} + 2^{-i}] \mid \phi(p, 0^{i+2}) = 1\}.$$

Für p_n und p'_n (letzterer Punkt aus dem Intervall $[-2^b, \tilde{q}]$) ist schlussendlich $|q - \tilde{q}| + \min\{|\tilde{q} - p_n|, |\tilde{q} - p'_n|\}$ eine 2^{-n}-Approximation an $\mathrm{d}_{\|\cdot\|_\infty, S}(q)$.

(b) Siehe Beweis von [Bra04, Thm. 3.2.1].

(c) Wir zeigen die Aussage für $b = 1$ und $\|\cdot\| := \|\cdot\|_\infty$ durch Konstruktion von Gegenspielermengen $A_{n,1}, \ldots, A_{n,2^n}$ (ähnlich zu Theorem 3.1.10 and 3.1.11), die von $A_{n,0} := \partial\overline{\mathrm{B}}_{\|\cdot\|}(0,1)$ unterschieden werden müssen. Wähle dazu gleichverteilt Punkte $p_1, \ldots, p_{2^n}$ aus $\mathbb{D}^d_n \cap \partial\overline{\mathrm{B}}_{\|\cdot\|}(0, 1 - 2^{-n})$ und setze $A_{n,i} := A_{n,0} \cup \{p_i\}$, $1 \leq i \leq 2^n$. Sei nun ϕ ein $\boldsymbol{\psi}^{(d)}_{\|\cdot\|}$-Name von $A_{n,j}$ für irgendein der Funktion ϕ *unbekanntes* $j \in \mathbb{N}$, $0 \leq j \leq 2^n$. Um $A_{n,0}$ von $A_{n,i\neq 0}$ zu unterscheiden muss notwendigerweise $\phi(p, 0^{n+2})$ für ein $p \in \mathbb{D}^d \cap \overline{\mathrm{B}}_{\|\cdot\|}(p_i, 2^{-(n+1)})$ abgefragt werden. Insgesamt sind exponentiell viele dieser Abfragen nötig, um $\mathrm{d}_{\|\cdot\|, A_{n,j}}(0)$ mit Fehler 2^{-n} zu bestimmen. □

Die bisherigen Ergebnisse sind in Abbildung 3.1.8 zusammengefasst.

Vom Abstand zu einem Punkt. Kann aus dem Abstand $\mathrm{d}_S(q)$ eines Punktes q zur abgeschlossenen Menge S uniform in Polynomialzeit auf einen

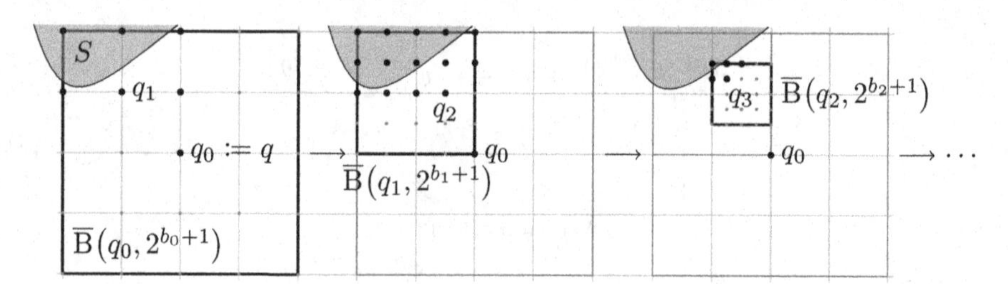

Abbildung 3.1.9. Iterative Suche nach einem Punkt $q_{i'}$ nahe S und minimalem Abstandes zu q.

Punkt $x \in S$ mit Abstand $d_S(q)$ zu q geschlossen werden? Wir betrachten zur Beantwortung dieser Frage eine neue Darstellung: $\boldsymbol{\delta}_{\mathsf{pt}}$.

Definition 3.1.16. Sei $S \in \mathcal{A}_+^{(d)}$ und $\|\cdot\|$ eine Norm auf $\mathbb{R}^d$. Eine Funktion $\phi \in \Sigma^{**}$ ist genau dann ein $\boldsymbol{\delta}_{\mathsf{pt}}{}_{\|\cdot\|}^{(d)}$-Name, wenn es für jeden Punkt $q \in \mathbb{D}^d$ und Genauigkeit $n \in \mathbb{N}$ ein $p \in \mathbb{D}^d$ gibt, so dass ϕ die Bedingungen

(a) $\phi(q, 0^n) = p$;

(b) $\mathrm{B}_{\|\cdot\|}(p, 2^{-n}) \cap S \neq \emptyset$;

(c) $\left|\mathrm{d}_{\|\cdot\|}(q, p) - \mathrm{d}_{\|\cdot\|,S}(q)\right| < 2^{-n}$

erfüllt.

Mittels $\boldsymbol{\psi}$ ist es nicht möglich einen solchen Punkt uniform in Polynomialzeit zu finden (Proposition 3.1.14), mit $\boldsymbol{\delta}$ jedoch schon.

Proposition 3.1.17. *Sei* $\|\cdot\|$ *eine* polynomialzeit $(\boldsymbol{\rho}_{\mathbb{R}}^d, \boldsymbol{\rho}_{\mathbb{R}})$-berechenbare Norm *auf* $\mathbb{R}^d$. *Dann gilt* $\boldsymbol{\delta}_{\|\cdot\|}^{(d)} \equiv_{\mathrm{p}} \boldsymbol{\delta}_{\mathsf{pt}}{}_{\|\cdot\|}^{(d)}$.

Beweis. Die Norm $\|\cdot\|$ sei $(\boldsymbol{\rho}_{\mathbb{R}}^d, \boldsymbol{\rho}_{\mathbb{R}})$-realisiert durch eine Polynomialzeitmaschine M. Zudem sei $S \in \mathcal{A}_+^{(d)}$ die dargestellte Menge und $q \in \mathbb{D}_n^d$, $n \in \mathbb{N}$ die diskreten Eingaben. Die Richtung $\boldsymbol{\delta}_{\mathsf{pt}}{}_{\|\cdot\|}^{(d)} \preceq_{\mathrm{p}} \boldsymbol{\delta}_{\|\cdot\|}^{(d)}$ ist leicht einzusehen: Ist ϕ ein $\boldsymbol{\delta}_{\mathsf{pt}}{}_{\|\cdot\|}^{(d)}$-Name von S, so ist $q' := \phi(q, 0^{n+1})$ ein Punkt nahe S. Da $\|\cdot\|$ die Dreiecksungleichung erfüllt, folgt $\left|M\big(q - q', 0^{n+1}\big) - \mathrm{d}_{\|\cdot\|,S}(q)\right| < 2^{-n}$.

Für die Umkehrung, $\boldsymbol{\delta}_{\|\cdot\|}^{(d)} \preceq_{\mathrm{p}} \boldsymbol{\delta}_{\mathsf{pt}}{}_{\|\cdot\|}^{(d)}$, führen wir eine 2^d-näre Suche nach einem Punkt nahe der Menge S durch, der zugleich den Abstand zu q minimiert. Ohne Einschränkung führen wir den Beweis für die Norm $\|\cdot\| := \|\cdot\|_\infty$.

Sei nun ϕ ein $\boldsymbol{\delta}^{(d)}_{\|\cdot\|_\infty}$-Name von S und setze $q_0 := q$. Mit $B := \phi(q_0, 0^{n+1})$ erhalten wir eine hinreichend gute Näherung an den Abstand von $\mathrm{d}_{\|\cdot\|_\infty,S}(q)$, den wir anschließend nutzen, um systematisch (wie veranschaulicht in Abbildung 3.1.9) nach einem Punkt nahe S suchen. Wähle dazu die Startgenauigkeit $b_0 := \lceil \log_2 B \rceil - 1$ und sei weiter $b_i := b_0 - i$ für $i \in \mathbb{N}_+$. Wähle nun aus dem Gitter $G_0 := \mathbb{D}^d_{-b_0} \cap \overline{\mathrm{B}}_{\|\cdot\|_\infty}(q_0, 2^{b_0+1})$ deterministisch einen Punkt $q_1 \in G_0$ aus, der $\phi(q_0, 0^{n+1})$ minimiert. Durch iterative Berechnung von b_i und Wahl von q_{i+1} aus $G_i := \mathbb{D}^d_{-b_i} \cap \overline{\mathrm{B}}_{\|\cdot\|_\infty}(q_i, 2^{b_i+1})$ haben wir ab $i' := b_0 + n + 2$ einen Punkt $q_{i'}$ gefunden, der

$$\mathrm{B}_{\|\cdot\|_\infty}(q_{i'}, 2^{-(n+1)}) \cap S \neq \emptyset\,; \qquad \left|\mathrm{d}_{\|\cdot\|_\infty}(q, q_{i'}) - \mathrm{d}_{\|\cdot\|_\infty,S}(q)\right| < 2^{-n}$$

erfüllt und ϕ' mit $\phi'(q, 0^n) := q_{i'}$ einen $\boldsymbol{\delta}_{\mathsf{pt}}{}^{(d)}_{\|\cdot\|_\infty}$-Namen von S darstellt. □

3.2 Die Distanzdarstellung trägt zu viel Information

In Abschnitt 3.1 hat sich $\boldsymbol{\delta}$ im Vergleich mit $\boldsymbol{\psi}$ als *stärkere* Darstellung herausgestellt. Warum allerdings sollte $\boldsymbol{\delta}$ soviel Information kodieren? Für das Zeichnen von Mengen beispielsweise, insbesondere von Fraktalen [RW03, Bra05a], genügt im Wesentlichen $\boldsymbol{\psi}$. In der Computergrafik ist es gängig, die Genauigkeit, mit der Mengen dargestellt werden, von ihrer Entfernung zum Bezugspunkt abhängig zu machen. Eine mögliche Modifikation von $\boldsymbol{\delta}$ ist es daher den Abstand mit *relativer* (statt bisher mit *absoluter*) Genauigkeit zu bestimmen.[14]

Definition 3.2.1 (Relative Distanzdarstellung $\boldsymbol{\delta}_{\mathsf{rel}}$, Spezialisierung von [Ret08, Def. 1.27]). Sei $S \in \mathcal{A}^{(d)}_+$ und $\|\cdot\|$ eine Norm auf $\mathbb{R}^d$. Ein $\boldsymbol{\delta}_{\mathsf{rel}}{}^{(d)}_{\|\cdot\|}$-Name $\phi \in \Sigma^{**}$ von S erfüllt

$$3/4 \cdot \mathrm{d}_{\|\cdot\|,S}(q) - 2^{-n} \le \phi(q, 0^n) \le 5/4 \cdot \mathrm{d}_{\|\cdot\|,S}(q) + 2^{-n} \tag{3.9}$$

für alle $q \in \mathbb{D}^d$ und $n \in \mathbb{N}$.

Der Unterschied von absolutem und relativem Fehler ist eine weitere Charakterisierung der zuvor beschriebenen Lücke zwischen $\boldsymbol{\delta}$ und $\boldsymbol{\psi}$.

Lemma 3.2.2. *Es gilt* $\boldsymbol{\psi}^{(d)}_{\|\cdot\|}|^{\mathcal{K}^{(d)}_+(0)} \equiv_{\mathsf{p}} \boldsymbol{\delta}_{\mathsf{rel}}{}^{(d)}_{\|\cdot\|}|^{\mathcal{K}^{(d)}_+(0)}$.

[14] Ein herzlicher Dank geht an Robert Rettinger für seinen Hinweis auf diese Darstellung und die vermeintliche Äquivalenz zur Darstellung $\boldsymbol{\psi}$.

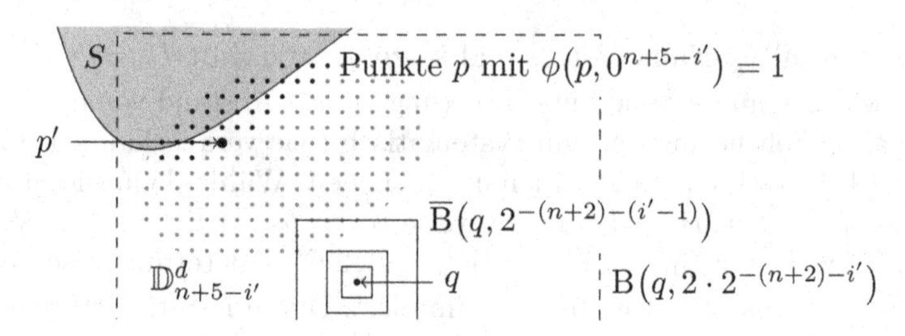

Abbildung 3.2.1. Suchstrategie in der Reduktion von ψ auf δ_{rel}. Bemerke: Zur Förderung der Übersichtlichkeit handelt es sich bei dem mit $\mathbb{D}^d_{n+5-i'}$ annotierten Gitter um $\mathbb{D}^d_{n+3-i'}$, im Beweis wird allerdings korrekt Ersteres verwendet.

Beweis. Wir beweisen die Aussage für $\|\cdot\| := \|\cdot\|_\infty$.

Aus einem $\delta_{\mathrm{rel}}{}^{(d)}_{\|\cdot\|}|^{\mathcal{K}^{(d)}_+(b)}$-Namen ϕ erhält man durch

$$\phi'(q, 0^n) := \begin{cases} 1, & \phi(q, 0^{n+4}) \leq 5/4 \cdot 2^{-n} + 2^{-(n+4)} \\ 0, & \phi(q, 0^{n+4}) \geq 3/4 \cdot 2^{-n} - 2^{-(n+4)} \end{cases}$$

einen $\psi^{(d)}_{\|\cdot\|}|^{\mathcal{K}^{(d)}_+(b)}$-Namen ϕ' der gleichen Menge.

Für die andere Richtung sei ϕ ein $\psi^{(d)}_{\|\cdot\|}|^{\mathcal{K}^{(d)}_+(0)}$-Name einer Menge S. Prüfe zunächst, ob $q \in [-4, 4]^d$.[15] Liegt q *nicht* in $[-4, 4]^d$, so ist bereits $\|q\|$ eine valide Näherung an den relativen Abstand von q zu S. Betrachte nun den zweiten Fall, in dem q in $[-4, 4]^d$ liegt. In diesem Fall suchen wir nach einem Radius einer Kugel um q, die S schneidet, um daraus den relativen Abstand von q zu S zu bestimmen. Für die Radiusbestimmung suche nun, beginnend bei $i' := 0$, nach dem kleinsten $i' \leq n + c + 2$ mit $c := \log_2(\max\{2, \|q\|\})$, das $\phi(q, 0^{n+1-i'}) = 1$ erfüllt.[16] Das ergibt die Schranke

$$\mathrm{d}_S(q) \in \left[2^{-(n+2)+i'}, 2^{-n+i'}\right] \tag{3.10}$$

die wir gleich zur Fehlerabschätzung verwenden werden. Berechne nun durch Anfragen an ϕ mit Punkten $p \in \mathbb{D}^d_{n+5-i'} \cap \overline{\mathrm{B}}(q, 2^{-n+i'}) \setminus \mathrm{B}(q, 2^{-(n+2)+i'})$ (konstant viele Punkte, da d fest ist) einen Punkt p' minimalem Abstands

[15] Dieser zusätzliche Schritt wird ab Abschnitt 3.3 durch die Verwendung *skalierungsinvarianter Darstellungen* obsolet.

[16] Zur Behandlung der negativen Genauigkeiten, nutze wieder die Einkodierung einer Überdeckungskonstante und eines Überdeckungsmusters; siehe auch Fußnote 8, S. 35.

sowohl zu S als auch zu q, d. h. mit $\phi(p', 0^{n+5-i'}) = 1$ und $\|q - p'\|$ minimal unter allen obigen Punkten. Dies liefert

$$\left|\mathrm{d}_S(q) - \|q - p'\|\right| \leq 2^{-(n+4)+i'} . \tag{3.11}$$

Behauptung: Durch $\phi'(q, 0^n) := \|q - p'\|$ ist ϕ' ein $\boldsymbol{\delta}_{\mathsf{rel}}{}^{(d)}_{\|\cdot\|}$-Name von S. Rechne dazu die Fehlerbedingung

$$3/4 \cdot \mathrm{d}_S(q) - 2^{-n} \leq \|q - p'\| \leq 5/4 \cdot \mathrm{d}_S(q) + 2^{-n}$$

von $\boldsymbol{\delta}_{\mathsf{rel}}$ durch Umformung nach. Für die untere Schranke verwende dazu (3.11) und forme

$$3/4 \cdot \mathrm{d}_S(q) - 2^{-n} \leq \mathrm{d}_S(q) - 2^{-(n+4)+i'}$$

zu

$$\mathrm{d}_S(q) \geq 2^{-(n+2)+i'} - 2^{-n+2}$$

um – eine nach (3.10) valide untere Schranke für $\mathrm{d}_S(q)$. Die Abschätzung der oberen Schranke folgt analog. □

Die Einschränkung auf nicht-leere kompakte Mengen $\mathcal{K}_+^{(d)}(b)$ mit fixierter Größenschranke ist wie zuvor im Vergleich von $\boldsymbol{\psi}$ und $\boldsymbol{\delta}$ notwendig. Erweitert auf ganz $\mathcal{K}_+^{(d)}$ ist Lemma 3.2.2 i. Allg. jedoch falsch: Die Funktionswerte von $\boldsymbol{\delta}_{\mathsf{rel}}$-Namen sind wie im Falle von $\boldsymbol{\delta}$ unbeschränkt, um $\boldsymbol{\psi}$ auf $\boldsymbol{\delta}_{\mathsf{rel}}$ zu reduzieren bedarf es daher notwendigerweise einer ausschöpfenden Suche, was nicht zu vollumfänglicher Polynomialzeitreduzierbarkeit, immerhin aber zu parametrisierter Reduzierbarkeit führt. Als Parameter dient eine Größenschranke. Genauer: Für eine Darstellung $\boldsymbol{\xi}^{(d)}_{\|\cdot\|}$ von $\mathcal{K}^{(d)}$ (oder einer Unterklasse davon) bezeichne $\boldsymbol{\xi}^{(d)}_{\|\cdot\|} \rtimes \mathsf{b}$ die Darstellung mit einer *Größenschranke* als *Zusatzinformation*:

$$\mathsf{b}\colon \mathcal{K}^{(d)} \rightrightarrows \Sigma^* , \quad \mathsf{b}\colon S \Mapsto \left\{\mathrm{un}_{\mathbb{Z}}(b) \mid b \in \mathbb{Z} \text{ und } S \subseteq \overline{\mathrm{B}}_{\|\cdot\|}\left(0, 2^b\right)\right\} .$$

Eine Größenschranke 2^b wird demnach binär kodiert. Bemerke, dass absolute Fehler $1/2^n$ im Gegensatz zu Größenschranken 2^b jedoch nicht durch $\mathrm{bin}_{\mathbb{D}}(1/2^n)$, sondern als $\mathrm{bin}_{\mathbb{D}}(2^n)$ kodiert werden. Diese Wahl wird sich in allen nachfolgenden Resultaten als sinnvoll herausstellen und b mit dem selben Komplexitätsverhalten wie n belegen: Größere obere Schranken (2^b)

und kleinere Fehler (2^{-n}) – sprich $n, b \to \infty$ – erlauben einem Algorithmus mehr Zeit zur Berechnung.

Bemerkung 3.2.3 (zur Form und Länge von Namen). Ein $\boldsymbol{\xi} \rtimes \mathsf{E}$-Name ϕ ist nach Definition 2.1.4 von der Form $\phi = \langle \psi, \psi' \rangle$, wobei ψ ein $\boldsymbol{\xi}$-Name und ψ' die Kodierung der Zusatzinformation gemäß E sei. Nach Konstruktion der Paarungsfunktion für Wortfunktionen (vgl. Gleichung (2.2)) kann ϕ auch explizit in der Form

$$\phi(\mathtt{0}\, s) = \mathtt{0}^{l(\psi(s))}\, \mathtt{1}\, \mathtt{0}^E \ ; \quad \phi(\mathtt{1}\, s) = \mathtt{0}^E\, \mathtt{1}\, \psi(s) \qquad (s \in \Sigma^*)$$

mit $\psi'(s) = \mathtt{0}^E$ angegeben werden. Damit hat ϕ für $t' \in \Sigma, t \in \Sigma^*$ die Länge

$$l(\phi(t'\, t)) = l(\mathtt{0}^E) + l(\psi(t)) + 1 \ ,$$

für durch ein Polynom $p \in \mathbb{N}[X]$ beschränkte ψ ist $l(\psi(t))$ somit insbesondere linear durch $p(l(t)) + l(\mathtt{0}^E)$ beschränkt.

Obige Bemerkungen rechtfertigen nun $\boldsymbol{\xi} \rtimes \mathsf{E}$-Namen $\phi = \langle \psi, \psi' \rangle$ fortan vereinfachend als $\langle \psi, \mathtt{0}^E \rangle$ zu notieren für unärkodierte Zusatzinformation E. Analog seien binärkodierte Zusatzinformationen E' in der Form $\langle \psi, E' \rangle$ notiert.

Mit einer Größenschranke als Zusatzinformation kann nun das allgemeine Verhältnis (vgl. Lemma 3.2.2) von $\boldsymbol{\psi}$ zur relativen Distanzdarstellung $\boldsymbol{\delta}_{\mathsf{rel}}$ beschrieben werden.

Proposition 3.2.4. $\boldsymbol{\psi}_{\|\cdot\|}^{(d)}|^{\mathcal{K}_+} \rtimes \mathsf{b} \preceq_{\mathrm{pp}} \boldsymbol{\delta}_{\mathsf{rel}}{}_{\|\cdot\|}^{(d)}|^{\mathcal{K}_+}$ *in Zeit* $\Theta(2^b + n)$.

Wir folgen von hier an der typographischen Konvention, einen Parameter zur assoziierten Zusatzinformation b mit b zu bezeichnen. Anders ausgedrückt: $\langle 2^b \rangle \in \mathsf{b}(S)$ für $S \in \mathcal{K}_+$ in $\boldsymbol{\psi}_{\|\cdot\|}^{(d)}|^{\mathcal{K}_+}$-Darstellung (vgl. mit Formulierung als Parameterfunktion in Abschnitt 2.3).

Beweis. Verfahre für die obere Schranke der Aussage wie in Lemma 3.2.2. Hat der Punkt q einen Abstand größer 1 von der Menge, d. h. gilt insbesondere $\phi(q, \mathtt{0}^0) = \mathtt{0}$ (also $i = n + 1$), so führe wie zuvor eine ausschöpfende Suche in $\mathbb{D}_5^d \cap \overline{\mathrm{B}}(q, 2^{b+1}) \setminus \mathrm{B}(q, 2^0)$ nach einem Punkt p', minimierend die Abstände zur Menge und zu q, durch.

Für die untere Schranke verwende die Gegenspielermengen

$$A_0 := \{2^b\} \ ; \quad A_i := A_0 \cup \{i\} \qquad (1 \le i \le 2^{b-2}) \ .$$

Um den relativen Abstand (gemäß Definition von $\boldsymbol{\delta}_{\mathsf{rel}}$) von $q := 0$ zur Menge A_i (für unbekanntes i) mittels eines $\boldsymbol{\psi}^{(d)}_{\|\cdot\|}$-Namens ϕ von A_i zu bestimmen, muss A_0 von $A_{j\neq 0}$ unterschieden werden. Ab $n \geq 2$ und $b \geq 1$ sind die Fehlerintervalle gemäß (3.9) der Mengen A_0 und $A_{2^{b-2}}$ disjunkt (damit insbesondere auch die Fehlerintervalle von A_0 und A_i für $i \leq 2^{b-2}$),

$$\underbrace{5/4 \cdot 2^{b-2} + 2^{-n}}_{\geq \mathrm{d}_{A_{2^{i-2}}}(q)} < \underbrace{3/4 \cdot 2^{b} - 2^{-n}}_{\leq \mathrm{d}_{A_0}(q)} \iff 2^{b-1} + 2^{b-4} + 2^{-n+1} < 2^{b} ,$$

weshalb ϕ auf allen 2^{b-2} Punkten ausgewertet werden muss, um den Abstand von q zu A_i korrekt zu approximieren. □

3.3 Skalierungsinvarianz

Sowohl die obere als auch die untere Schranke in Proposition 3.2.4 zeigt ein stets wiederkehrendes Dilemma auf: Namen abgeschlossener Mengen (bzgl. der bis hierhin definierter Darstellungen) erlauben per Definition nur Anfragen mit Genauigkeit $n \in \mathbb{N}$ – also ob ein Punkt q Abstand $< 2^{-0} = 1$ zur dargestellten Menge hat respektive die 2^{-0}-Approximation an $\mathrm{d}_S(q)$. Die Konsequenz war stets ein Wechsel der Suchstrategie: von binärer Suche bei Anfragen mit Genauigkeit $n \geq 0$ – also absolutem Fehler 2^{-n} – hin zu ausschöpfender Suche, wenn absolute Fehler $> 2^{-0}$ – also Genauigkeiten $n < 0$ – nötig gewesen wären (bspw. in Proposition 3.1.14(a) und Proposition 3.2.4). Die Einschränkung auf Genauigkeiten $n \geq 0$ ist historisch begründet: Unter anderem Ko und Friedman [KF82, Fri84, Ko91], Chou und Ko [ChK95, ChK05], Brattka und Weihrauch [BW99] diskutierten Darstellungen und Komplexität für Klassen von Teilmengen des Einheitshyperwürfels, oder beschränkten sich auf Unterklassen kompakter Mengen und betrachteten Komplexität parametrisiert in der Größenschranke (Zhao und Müller [ZM08, S. 105]). Der Rückzug auf Mengen im Einheitshyperwürfel mit der Einschränkung auf kompakte Mengen; und selbst dann ist das Skalieren einer kompakten Menge in den Einheitshyperwürfel nur parametrisiert, jedoch nicht vollumfänglich polynomialzeit $\boldsymbol{\psi}^{(d)}$-berechenbar [ZM08, Lem. 2.7(4)].

Der beschriebene Bruch in der Suchstrategie ist nur eine Ausprägung des Problems, dass die Skalierung einer Menge ihre Struktur nicht verändert – und damit auch keine mehr als polynomiell schlechtere Komplexität als die „Ursprungsmenge" haben sollte. Basierend auf $\boldsymbol{\psi}$ führen wir daher den Begriff der *skalierungsinvarianten* Darstellung $\widehat{\boldsymbol{\psi}}$ ein, bezüglich derer jede Menge polynomialzeitäquivalent zu all ihren skalierten Versionen sein wird.

Definition 3.3.1. Ein $\widehat{\psi}^{(d)}_{\|\cdot\|}$-Name $\phi \in \Sigma^{**}$ von S ist definiert als

$$\phi(q, 0^n) := \begin{cases} 1, & \text{wenn } \mathrm{B}_{\|\cdot\|}(q, 2^n) \cap S \neq \emptyset\,; \\ 0, & \text{wenn } \overline{\mathrm{B}}_{\|\cdot\|}(q, 2^{n+1}) \cap S = \emptyset \end{cases}$$

für alle $q \in \mathbb{D}^d$ und $n \in \mathbb{Z}$.

Analog lassen sich Reformulierungen der anderen Darstellungen über nun *ganzzahligen Genauigkeitsparametern* gewinnen.

Wir halten einige Eigenschaften von $\widehat{\psi}$ fest, inklusive der obig beschriebenen Skalierungsinvarianz.

Proposition 3.3.2. *Sei* $\|\cdot\|$ *eine Norm auf* $\mathbb{R}^d$.

(a) $\widehat{\psi}^{(d)}$ *ist norminvariant.*

(b) Es gilt $\psi^{(d)}_{\|\cdot\|} \preceq_{\mathrm{pp}} \widehat{\psi}^{(d)}_{\|\cdot\|} \preceq_{\mathrm{p}} \psi^{(d)}_{\|\cdot\|}$.

(c) $\widehat{\psi}^{(d)}$ *ist* skalierungsinvariant, *d. h. der Operator*

$$\textsc{Scale}\colon \mathcal{A}^{(d)} \times \mathbb{Z} \to \mathcal{A}^{(d)}\,, \quad (S, k) \mapsto \{2^k x \mid x \in S\}\,,$$

ist polynomialzeit $(\widehat{\psi}^{(d)} \times \mathbf{un}_{\mathbb{Z}}, \widehat{\psi}^{(d)})$*-berechenbar.*

Beweis. Aussage (a) folgt analog zum Beweis der Norminvarianz von ψ (Lemma 3.1.6). In (b) ist die zweite Reduktion mit $\widehat{\psi}$ als Verallgemeinerung von ψ direkt einzusehen, die erste Reduktion erfordert die eingangs zur Motivation von $\widehat{\psi}$ beschriebene Zerteilung des Suchraums in Einheitshyperwürfel. Aussage (c) folgt, indem Anfragen an $\widehat{\psi}^{(d)}$-Namen für S mit Genauigkeit $n + k$ gestellt und als $\widehat{\psi}^{(d)}$-Antworten für $\textsc{Scale}(S)$ verwendet werden. □

Die skalierungsinvariante Darstellung $\widehat{\psi}$ liefert zudem eine Charakterisierung von $\boldsymbol{\delta}_{\mathsf{rel}}$, die wir nachfolgend nutzen um den Bruch im Übergang von Lemma 3.2.2 zu Proposition 3.2.4 (von vollumfänglicher Polynomialzeitreduzierbarkeit hin zu „nur" parametrisierter Reduzierbarkeit) zu erklären.

Korollar 3.3.3. *Es gelten* $\widehat{\psi}^{(d)}_{\|\cdot\|}|^{\mathcal{K}_+} \rtimes \mathsf{b} \preceq_{\mathrm{pp}} \boldsymbol{\delta}_{\mathsf{rel}}{}^{(d)}_{\|\cdot\|}|^{\mathcal{K}_+}$ *und* $\boldsymbol{\delta}_{\mathsf{rel}}{}^{(d)}_{\|\cdot\|} \preceq_{\mathrm{p}} \widehat{\psi}^{(d)}_{\|\cdot\|}|^{\mathcal{A}_+}$.

Konvention. Fortan betrachten wir nur mehr die skalierungsinvarianten Verallgemeinerungen aller in dieser Arbeit beschriebenen Darstellungen. Zur Vereinfachung der Notation schreiben wir $\boldsymbol{\xi}$ statt $\widehat{\boldsymbol{\xi}}$ für das skalierungsinvariante Pendant zur Darstellung $\boldsymbol{\xi}$. Genauigkeiten sind fortan insbesondere *ganzzahlig.*

3.4 Kompakte Mengen

Bezeichne mit $\mathcal{K}^{(d)}$ die Klasse der *kompakten Teilmengen* im $\mathbb{R}^d$. Im Vergleich von $\boldsymbol{\psi}$ mit $\boldsymbol{\delta}$ war die Einschränkung auf kompakte Mengen notwendig zur Beschränkung der Komplexität, parametrisiert in einer Größenschranke 2^b. Im normierten Vektorraum $\mathbb{R}^d$ liefert der *Hausdorff-Abstand* $\mathrm{d}_{\mathrm{H},\|\cdot\|}$ eine weitere Darstellung kompakter Mengen.

Der Hausdorff-Abstand $\mathrm{d}_{\mathrm{H},\|\cdot\|}(S,T)$ zweier nicht-leerer kompakter Mengen $S,T \subset \mathbb{R}^d$ ist definiert durch

$$\mathrm{d}_{\mathrm{H},\|\cdot\|}(S,T) := \max\big\{\sup_{x\in S}\inf_{y\in T}\mathrm{d}(x,y),\ \sup_{y\in T}\inf_{x\in S}\mathrm{d}(x,y)\big\}\ ;$$

$$\mathrm{d}_{\mathrm{H},\|\cdot\|}(S,\emptyset),\ \mathrm{d}_{\mathrm{H},\|\cdot\|}(\emptyset,T) := +\infty\ ,$$

Definiere, der Vollständigkeit halber, zudem

$$\mathrm{d}_{\mathrm{H},\|\cdot\|}(\emptyset,\emptyset) := 0\ .$$

Ist $S \in \mathcal{K}^{(d)}$ weiterhin beliebig, T jedoch gewählt als $T := \{q\} \subset \mathbb{D}_n^d$, so erhalten wir eine Charakterisierung von $\mathrm{d}_{\mathrm{H},\|\cdot\|}(S,\{q\})$, die wir anschließend zur Definition der Darstellung $\boldsymbol{\kappa}$ nutzen:[17]

$$\mathrm{d}_{\mathrm{H},\|\cdot\|}(S,\{q\}) \le 2^{-n} \iff \overline{\mathrm{B}}_{\|\cdot\|}(q,2^{-n}) \cap S \neq \emptyset\ .$$

Definition 3.4.1 (Hausdorff-Darstellung $\boldsymbol{\kappa}$). Ein $\boldsymbol{\kappa}^{(d)}_{\|\cdot\|}$-Name $\phi \in \Sigma^{**}$ von $S \in \mathcal{K}^{(d)}$

(a) kodiert eine *(obere) Größenschranke* an S, d. h. $b := \mathrm{un}_{\mathbb{Z}}^{-1}(\phi(\varepsilon))$, so dass $S \subseteq \overline{\mathrm{B}}_{\|\cdot\|}(0,2^b)$;

(b) S wird bei gegebener Genauigkeit $n \in \mathbb{Z}$ durch eine Teilmenge des Gitters $\mathbb{D}_n^d$ angenähert, d. h.

$$\forall n\in\mathbb{Z}\,.\,\forall x\in S\,.\,\exists q\in\mathbb{D}_n^d,\ \phi(q,0^n)=1\,.\,\|x-q\| \le 2^{-n}\ ,$$

[17] Darstellung $\boldsymbol{\kappa}$ ist das Stufe-2 Pendant zu [Wei00, Def. 7.4.1] und wurde in einer Form ähnlich der hier präsentierten bereits von Zhao und Müller in [ZM08, Def. 2.2] betrachtet. Der wesentliche Teil in letztgenannter Darstellung, ein *grid indicator* h: $\{(n,q) \mid q \in \mathbb{D}_n^d\} \to \{0,1\}$, kann durch $h(n,q) := \phi(q,0^n)$ für $q \in \mathbb{D}_n^d$ aus einem $\boldsymbol{\kappa}^{(d)}_{\|\cdot\|_\infty}$-Namen ϕ gewonnen werden.

(c) wobei jeder Punkt $q \in \mathbb{D}_n^d$ mit $\phi(q, 0^n) = 1$ nahe S ist, d. h.

$$\forall n \in \mathbb{Z} . \forall q \in \mathbb{D}_n^d, \phi(q, 0^n) = 1 . \exists x \in S . \|x - q\| \leq 2^{-n} .$$

Anders ausgedrückt: Ist ϕ ein $\boldsymbol{\kappa}_{\|\cdot\|}^{(d)}$-Name von $S \in \mathcal{K}^{(d)}$, so gilt:

$$\forall n \in \mathbb{Z} . \mathrm{d}_{\mathrm{H},\|\cdot\|}(S, T_n) \leq 2^{-n} , \quad T_n := \{q \in \mathbb{D}_n^d \mid \phi(q, 0^n) = 1\} .$$

Analog zum Beweis von Lemma 3.1.6 folgt die Norminvarianz von $\boldsymbol{\kappa}^{(d)}$. Beachte, dass die Größenschranke auch bezüglich der gewählten Norm kodiert wird. Zudem entspricht das in der Definition von $\boldsymbol{\kappa}_{\|\cdot\|}^{(d)}$ verwendete Gitter $\mathbb{D}_n^d$ von Mittelpunkten dem Gitter der $\|\cdot\|_\infty$-Norm, was bei jeder Orakelanfrage berücksichtigt werden muss; vgl. Bemerkungen 3.1.5 and 3.1.15.

Wird die obere Größenschranke 2^b, $b \in \mathbb{Z}$, in Definition 3.4.1 durch die Forderung einer *minimalen* Größenschranke ersetzt, so ergibt sich eine weitere, jedoch *nicht äquivalente*, Darstellung kompakter Mengen, die wir mit $\boldsymbol{\kappa}_{\mathsf{min}}$ bezeichnen wollen.

Proposition 3.4.2. *Es gilt* $\boldsymbol{\kappa}_{\mathsf{min}}{}^{(d)} \preceq_{\mathrm{p}} \boldsymbol{\kappa}^{(d)}$, *aber* $\boldsymbol{\kappa}^{(d)} \not\preceq_{\mathrm{t}} \boldsymbol{\kappa}_{\mathsf{min}}{}^{(d)}$.

Beweis. Die erste Aussage folgt sofort aus den Definitionen.

Die zweite Aussage beweisen wir ohne Einschränkung in Dimension $d = 1$ und bezüglich der Maximumsnorm $\|\cdot\|_\infty$. Betrachte dazu die Menge $S := [-1, 1]$ mit nicht-minimaler Größenschranke 2^b, $b := 2$, und einen $\boldsymbol{\kappa}_{\|\cdot\|_\infty}$-Namen $\phi \in \Sigma^{**}$, definiert durch $\phi(\varepsilon) = \mathrm{un}_{\mathbb{Z}}(b)$ und $\phi(q, 0^n) = 1 \;:\Longleftrightarrow\; q \in S \cap \mathbb{D}$ für alle $q \in \mathbb{D}$, $n \in \mathbb{Z}$. Sei $M^?$ eine hypothetische die Reduktion $\boldsymbol{\kappa}_{\|\cdot\|_\infty} \preceq_{\mathrm{t}} \boldsymbol{\kappa}_{\mathsf{min}\,\|\cdot\|_\infty}$ realisierende OTM, die mit Orakel ϕ und dem leeren Wort ε als Eingabe die minimale Größenschranke $2^{b_{\mathrm{min}}}$ mit $b_{\mathrm{min}} = 1$ liefere. Ist $m \in \mathbb{Z}$ die größte in der Berechnung von $M^\phi(\varepsilon)$ verwendete Genauigkeit, so ist ϕ',

$$\phi' \in \mathrm{B}_{\mathcal{N}}(\phi, m) \text{ mit } \phi'\big(1 + 2^{-(m+1)}, 0^{m+1+k}\big) := 1 \text{ für alle } k \in \mathbb{Z} ,$$

ein $\boldsymbol{\kappa}_{\|\cdot\|_\infty}$-Name der Menge $S' := S \cup \{1 + 2^{-(m+1)}\}$. Wegen der vorausgesetzten Stetigkeit von M folgt $M^{\phi'}(\varepsilon) = M^\phi(\varepsilon) = 1$. Ein Widerspruch. □

Die Minimalitätsforderung an die Größenschranke ist also zu stark. Erlauben wir hingegen die Kodierung einer um maximal den Faktor 2 vom Minimum abweichenden Schranke, so ist die resultierende Darstellung berechenbar äquivalent zu $\boldsymbol{\kappa}$ – allerdings weiterhin nicht polynomialzeitäquivalent. Das gilt übrigens für alle fixierten Faktoren $k \in \mathbb{N}_{\geq 2}$.

Es ist leicht einzusehen, wie $\psi^{(d)}_{\|\cdot\|}|^{\mathcal{K}} \rtimes \mathsf{b}$ (Stufe-2 Pendant zur Darstellung κ in [Wei00, Def. 5.2.1]) auf $\boldsymbol{\kappa}^{(d)}_{\|\cdot\|}$ in Polynomialzeit reduziert werden kann. Die Umkehrung bedarf einer etwas detaillierteren Betrachtung, gilt dann aber ebenso (wie wir im nachfolgenden Beweis sehen werden). Auch wegen dieser beinahe „kanonischen Äquivalenz" zur Darstellung ψ abgeschlossener Mengen plus Größenschranke verwerfen wir $\boldsymbol{\kappa}_{\mathsf{min}}$ wieder.

Proposition 3.4.3. *Es gilt* $\psi^{(d)}_{\|\cdot\|}|^{\mathcal{K}} \rtimes \mathsf{b} \equiv_{\mathsf{p}} \boldsymbol{\kappa}^{(d)}_{\|\cdot\|}$ *(vgl. [Wei00, Lem. 7.4.2]); und* $\boldsymbol{\kappa}$ *ist damit insbesondere norminvariant.*

Die Anreicherung von ψ mit einer Größenschranke 2^b ist für die Reduktion auf $\boldsymbol{\kappa}$ tatsächlich notwendig (selbst für die Typ-2 Pendants zu ψ und $\boldsymbol{\kappa}$; vgl. [Wei00, Lem. 5.2.2(2)]).

Beweis von Proposition 3.4.3. Die Reduktion von $\psi \rtimes \mathsf{b}$ auf $\boldsymbol{\kappa}$ haben wir zuvor bereits skizziert, es verbleibt damit noch die Umkehrung zu zeigen.

Sei dazu $q \in \mathbb{D}^d$, $n \in \mathbb{Z}$ und ϕ ein $\boldsymbol{\kappa}^{(d)}_{\|\cdot\|}$-Name einer Menge $S \in \mathcal{K}^{(d)}$. Weiter sei $b := \phi(\varepsilon)$. Behauptung: Durch $\phi'(q, 0^n) := \max_{p \in P} \phi(p, 0^{n+2})$ mit $P := \overline{\mathrm{B}}_{\|\cdot\|}(q, 3 \cdot 2^{-n+1}) \cap \mathbb{D}^d_{n+2}$ ist $\langle \phi', 0^b \rangle$ ein $\psi^{(d)}_{\|\cdot\|} \rtimes \mathsf{b}$-Name für S. Unterscheide zwei Fälle für den Beweis: $\mathrm{B}_{\|\cdot\|}(q, 2^{-n}) \cap S \neq \emptyset$ und $\overline{\mathrm{B}}_{\|\cdot\|}(q, 2^{-n+1}) \cap S = \emptyset$.

Im ersten Fall existiert wegen Definition 3.4.1(b) ein Punkt $p \in P$ mit $\phi(p, 0^{n+2}) = 1$. Nach Konstruktion von ϕ' folgt $\phi'(q, 0^n) = 1$.

Die Korrektheit im zweiten Fall beweisen wir durch Widerspruch. Angenommen es gilt $\phi'(q, 0^n) = 1$. Dann gibt es nach Konstruktion von ϕ' ein $p \in P$ mit $\phi(p, 0^{n+2}) = 1$. Nach Definition 3.4.1(c) gibt es somit weiter ein $x \in S \cap \overline{\mathrm{B}}_{\|\cdot\|}(p, 2^{-(n+2)})$. Wegen $\overline{\mathrm{B}}_{\|\cdot\|}(p, 2^{-(n+2)}) \subset \overline{\mathrm{B}}_{\|\cdot\|}(q, 2^{-n+1})$ folgt daraus schließlich der Widerspruch. □

3.5 Reguläre und konvexe Mengen

In praktischen Anwendungen der Optimierung und algorithmischen Geometrie (z. B. Ellipsoidmethode) sind *konvexe Mengen* sowie innere Punkte von besonderem Interesse. Selbst für konvexe Mengen S charakterisiert S° (im Gegensatz zu ∂S) jedoch nicht zwangsläufig S: für $S := [-1, 1]$ eingebettet in $\mathbb{R}^d$ ist $\partial S = S$, jedoch $S^\circ = \emptyset$ ab $d \geq 2$. Zur Umgehung solcher Fälle beschränken wir uns auf *reguläre Mengen.*[18]

[18] Alternativer Ansatz: Verwende das *relative innere* einer Menge S, d. h. das Innere bzgl. der durch die affine Hülle von S induzierten relativen Topologie; siehe [HL01, §A.2.1].

Definition 3.5.1. Eine Menge $S \in \mathcal{A}^{(d)}$ heiße

- *regulär*, wenn sie der Abschluss ihres Inneren ist; kurz $S = \overline{S^\circ}$;
- *konvex*, wenn für je zwei Punkte $x, y \in S$ das verbindende Geradensegment auch in S liegt; kurz $\{x + \lambda(y - x) \mid \lambda \in [0, 1]\} \subseteq S$.

Konvexität ist ein von der Abgeschlossenheit unabhängiges Konzept, zur sprachlichen Vereinfachung assoziieren wir jedoch fortan „konvex" mit „abgeschlossen und konvex". Bezeichne mit $\mathcal{R}^{(d)}$ die Klasse aller regulären, mit

$$\mathcal{C}^{(d)} := \left\{ S \in \mathcal{A}^{(d)} \cap (\mathbb{R}^d, \|\cdot\|_2) \;\middle|\; \forall\, x, y \in S \,.\, \forall\, \lambda \in [0,1] \,.\, \lambda x + (1-\lambda) y \in S \right\}$$

die Klasse aller konvexen Mengen in $\mathcal{A}^{(d)}$ und ihre Vereinigung (über d) mit $\mathcal{R}$ respektive $\mathcal{C}$.

Bemerkung 3.5.2. Zur reinen Betrachtung von Konvexität ist es nicht notwendig den Raum $\mathbb{R}^d$ mit der Euklidischen Norm zu versehen: die Definition von Konvexität über Geradensegmente ist unabhängig von der gewählten Norm. Allerdings werden wir im Verlauf dieses Abschnittes Ergebnisse der konvexen Optimierung benötigen, die stets einen *Prähilbertraum* voraussetzen. Unter allen normierten Räumen $(\mathbb{R}^d, \|\cdot\|)$ sind genau die Prähilberträume, deren Norm ein Skalarprodukt $\langle \cdot, \cdot \rangle$ (auch: inneres Produkt) induziert. Bemerke: Erfüllt $\|\cdot\|$ die Parallelogrammgleichung, so kann mit Hilfe der Polarisationsformel ein Skalarprodukt bestimmt werden. Unter den p-Normen beispielsweise ist $\|\cdot\|_2$ die einzige die Parallelogrammgleichung erfüllende Norm – ein Grund für die Beschränkung auf $\mathbb{R}^d$ mit Norm $\|\cdot\|_2$.

Eine Anmerkung zur Notation: Die Skalarproduktnotation ist identisch mit der von uns gewählten Notation für Kodierungs- und Paarungsfunktionen. Da sich die Verwendung des Skalarproduktes auf dieses Teilkapitel beschränkt, nehmen wir diese notationelle Überlappung (zumal in disjunkten Kontexten auftretend) in Kauf.

Die Begriffe der inneren Punkte, der Regularität und Konvexität stehen in einer Beziehung, die es uns später erlauben wird über Ergebnisse aus der konvexen Optimierung eine Verbindung zwischen einer Darstellung auf $\mathcal{R}^{(d)}$ und ψ bei Kenntnis über *eine innere Kugel* herzustellen.

Proposition 3.5.3. *Für jede konvexe Menge $S \in \mathcal{C}^{(d)}$ sind äquivalent:*

(a) S ist regulär;

(b) S besitzt einen inneren Punkt, d. h. $\exists\, x \in \mathbb{R}^d \,.\, x \in S^\circ$;

(c) *S enthält eine dyadische abgeschlossene Kugel, d. h. es existieren ein Punkt $a \in \mathbb{D}^d$ und eine Genauigkeit $r \in \mathbb{Z}$, so dass $\overline{\mathrm{B}}(a, 2^{-r}) \subseteq S$.*

Eine ebenfalls naheliegende sowie übliche[19] Forderung stellt die *Volldimensionalität* einer Menge dar. Volldimensionalität ist ein relatives Konzept, d. h. es bezieht sich stets auf die Dimension des Raumes, in dem die Menge (allgemeiner: das Objekt) existiert. Konkreter sind genau die Teilmengen $S \in \mathbb{R}^d$ der Dimension d volldimensional in $\mathbb{R}^d$. Beide Begriffe, *regulär* und *volldimensional*, stimmen i. Allg. jedoch nicht überein.

Bemerkung 3.5.4. Über topologischen Räumen gilt i. Allg.

$$\text{regulär} \implies \text{volldimensional} \not\Longrightarrow \text{regulär}\,.$$

Betrachte für Teil Zwei der Aussage den *metrischen Raum* $(\mathbb{Z}^2, d)$ mit der Metrik $d(a,b) := \|a-b\|_\infty$:[20] Die in $(\mathbb{Z}^2, d)$ volldimensionale Menge

$$S := \overline{\mathrm{B}}_{\|\cdot\|_\infty}\big((0,0),1\big) = \big\{(i,j) \in \mathbb{Z}^2 \;\big|\; -1 \le i,j \le 1\big\}$$

ist jedoch *nicht regulär*, denn es gilt:

$$S^\circ = \{(0,0)\} \quad \text{und} \quad \overline{S^\circ} = \overline{\{(0,0)\}} = \{(0,0)\} \neq S\,.$$

Über *normierten Räumen* (auf die wir uns beschränken) stimmen beide Begriffe allerdings stets überein.[21]

Die Überprüfung, ob ein Punkt im Inneren einer Menge liegt, ist unstetig, jedoch lässt sich durch Abschwächung die *weak membership* Darstellung ω gewinnen.

Definition 3.5.5 (Darstellung ω). Ein $\omega^{(d)}_{\|\cdot\|}$-Name $\phi \in \Sigma^{**}$ von $S \in \mathcal{R}^{(d)}$ erfüllt

$$\phi(q, 0^n) := \begin{cases} 1, & \text{wenn } \mathrm{B}_{\|\cdot\|}\big(q, 2^{-n}\big) \subset S \\ 0, & \text{wenn } \overline{\mathrm{B}}_{\|\cdot\|}\big(q, 2^{-n}\big) \cap S = \emptyset \end{cases}$$

für alle $q \in \mathbb{D}^d$ und $n \in \mathbb{Z}$.

[19] Volldimensionalität ist eine notwendige Voraussetzung zur Anwendung der Ellipsoidmethode; vgl. [GLS88, §3].

[20] Achtung: Mit der diskreten Metrik funktioniert das Argument natürlich *nicht*. Das Beispiel ist aus [Hoy12, §2.1, Fußnote 1] entliehen.

[21] Folgt vermittels der Körpereigenschaften (Abschluss unter Skalarmultiplikation) und der absoluten Homogenität von Normen.

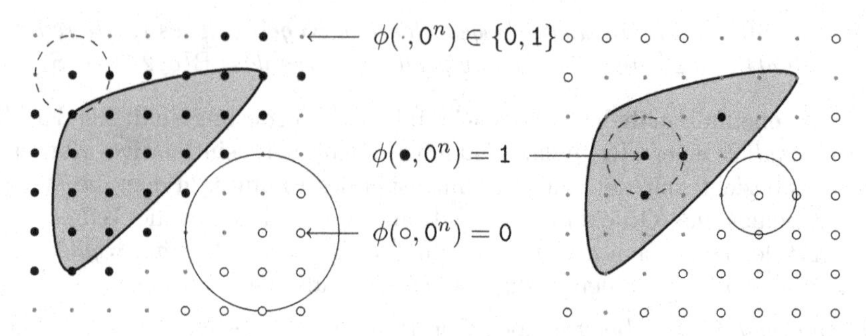

Abbildung 3.5.1. Abhängigkeit der ω-Namen von inneren Radien: ψ-Namen (links) im Vergleich mit ω-Namen (rechts). In grau hervorgehobene Punkte bilden die Unschärfe, sowohl 0 als auch 1 kann dort von Namen ϕ zurückgegeben werden.

Im Gegensatz zu ψ ist die Definition von ω symmetrisch: Eine Menge S wird dargestellt durch Ausschöpfung von S (positive Information) sowie des Komplements $\mathbb{R}^d \setminus S$ (negative Information). Weiter ist, Analog zu Lemma 3.1.6, leicht die Norminvarianz von ω einzusehen. Zudem gilt $\psi^{(d)} \preceq_{\mathrm{p}} \omega^{(d)}$ über $\mathcal{R}^{(d)}$: Ist ϕ ein $\psi^{(d)}$-Name einer Menge $S \in \mathcal{R}^{(d)}$, so ist $\phi'(q, 0^n) := \phi(q, 0^{n+1})$ ein $\omega^{(d)}$-Name von S. Für $\mathrm{B}(q, 2^{-n}) \subseteq S$ ist $\phi(q, 0^{n+1})$ garantiert 1, da $\mathrm{B}(q, 2^{-(n+1)})$ die Menge S schneidet. Sind $\overline{\mathrm{B}}(q, 2^{-n})$ und S hingegen disjunkt, so liefert $\phi(q, 0^{n+1})$ garantiert 0 als Ergebnis.

Die $\preceq_{\mathrm{p}}$-Reduktion von ω auf ψ gilt allerdings nicht ohne Weiteres. Betrachte dazu zwei Namen der selben Menge S (siehe Abbildung 3.5.1), je in ψ- und ω-Darstellung. Es fällt auf: Jeder ω-Name kann für Fehler kleiner einem lokalen inneren Radius mit der Nullfunktion übereinstimmen – man gewinnt also keinerlei Information lokal um den Anfragepunkt, sofern nicht bereits Information über die Menge selbst gegeben ist. Wie wir später sehen werden kann dieser scheinbare Widerspruch jedoch mit genügend Zusatzinformation aufgelöst werden; genauer: durch Kenntnis von Parametern b, r, beschreibend eine *Größenschranke* 2^b (auch: *äußerer Radius*) und einen *inneren Radius* 2^{-r}, sowie eines *inneren Punktes* a. Die korrespondierenden Parameterfunktionen $\mathsf{r}, \mathsf{a} \colon \mathcal{R}^{(d)} \rightrightarrows \Sigma^*$ beider letztgenannter Parameter sind definiert durch

$$\mathsf{r}\colon S \mapsto \left\{ \mathrm{un}_{\mathbb{Z}}(r) \;\middle|\; r \in \mathbb{Z},\ \exists x \in S^\circ \,.\, \mathrm{B}_{\|\cdot\|}\left(x, 2^{-r}\right) \subset S \right\} ;$$
$$\mathsf{a}\colon S \mapsto \left\{ \mathrm{bin}_{\mathbb{D}}(a) \;\middle|\; a \in \mathbb{D}^d,\ \exists \delta > 0 \,.\, \mathrm{B}_{\|\cdot\|}(a, \delta) \subset S \right\} .$$

Manchmal wird es notwendig sein Zusatzinformationen r und a zur Zusatzinformation ar zu kombinieren – als Mittelpunkt und Radius *der selben* inneren Kugeln zu kodieren.

Mit Ziel der Reduktion von $\boldsymbol{\omega}$ auf $\boldsymbol{\psi}$ beleuchten wir nun die Frage, welche Forderungen an und Informationen über Mengen zusätzlich zu $\boldsymbol{\omega}$-Namen *notwendig* sind.

Proposition 3.5.6.

(a) Konvexität ist notwendig für $\preceq_{\mathrm{P}}$, *d. h.* $\boldsymbol{\omega}^{(d)}_{\|\cdot\|}|^{\mathcal{K}} \rtimes \mathsf{ar} \rtimes \mathsf{b} \not\preceq_{\mathrm{P}} \boldsymbol{\psi}^{(d)}_{\|\cdot\|}|^{\mathcal{KR}}$.

(b) Die Zusatzinformationen (d. h. Parameterfunktionen für) a, r und b sind über $\boldsymbol{\omega}$ nicht paarweise polynomialzeitäquivalent, d. h. für jede Permutation (e_1, e_2, e_3) von $\{a, r, b\}$ gilt $\boldsymbol{\omega}^{(d)}|^{\mathcal{KCR}} \rtimes \mathsf{e}_1 \rtimes \mathsf{e}_2 \not\preceq_{\mathrm{P}} \boldsymbol{\omega}^{(d)}|^{\mathcal{KCR}} \rtimes \mathsf{e}_3$.

Unter all den obigen Einschränkungen und Zusatzinformationen ist $\boldsymbol{\omega}$ allerdings doch auf $\boldsymbol{\psi}$ polynomialzeitreduzierbar.

Theorem 3.5.7. *Es gilt* $\boldsymbol{\omega}^{(d)}_{\|\cdot\|}|^{\mathcal{KC}} \rtimes \mathsf{ar} \rtimes \mathsf{b} \preceq_{\mathrm{P}} \boldsymbol{\psi}^{(d)}_{\|\cdot\|}|^{\mathcal{KCR}}$.

Eine mögliche Herangehensweise an den Beweis könnte wie folgt aussehen: Da $\boldsymbol{\omega}$-Namen nur für Punkte in der Menge mit Genauigkeiten abhängig vom lokalen inneren Radius verwendbare Information liefern, müssen wir garantieren, die Menge S selbst nie zu verlassen. Von der vollständig in S enthaltenen Kugel $\mathrm{B}(a, 2^{-r})$ aus bewegen wir uns unter Ausnutzung der Konvexität in Richtung Punkt q.[22] Bestimme (falls existent) den Schnittpunkt des Geradensegments zwischen a und q mit S. Verschiebe den Schnittpunkt ein wenig in die Menge (kann aus a, r, b und d errechnet werden) und wiederhole den vorigen Schritt mit diesem neuen Punkt a'.

Diese Herangehensweise ist jedoch wenig intuitiv (wieso sollten bspw. polynomiell viele Schnittpunktberechnungen ausreichen?), insbesondere lehrt sie uns nichts über die Struktur des Problems. Wir wählen stattdessen einen anderen Weg über die Konstruktion und Struktur *polarer Mengen*.[23]

Definition 3.5.8. Definiere den Operator $\textsc{Polar}\colon \mathcal{A}^{(d)} \to \mathcal{A}^{(d)}$ durch

$$\textsc{Polar}\colon S \mapsto \left\{x \in \mathbb{R}^d \;\middle|\; \forall y \in S\,.\, x^{\mathsf{T}} y \leq 1\right\}.$$

[22] Ein Ansatz nicht unähnlich der Idee des Simplex-Verfahrens der Optimierung.

[23] Der Ansatz, zu einer „dualen“ Problemformulierung zur Gewinnung von Einsichten über die Problemstruktur überzugehen, ist nicht neu, sondern wir u. a. in der konvexen Optimierung ([GLS88], [BL00, §4.1]) und der algorithmischen Geometrie [BCKO08, §8.2] genutzt.

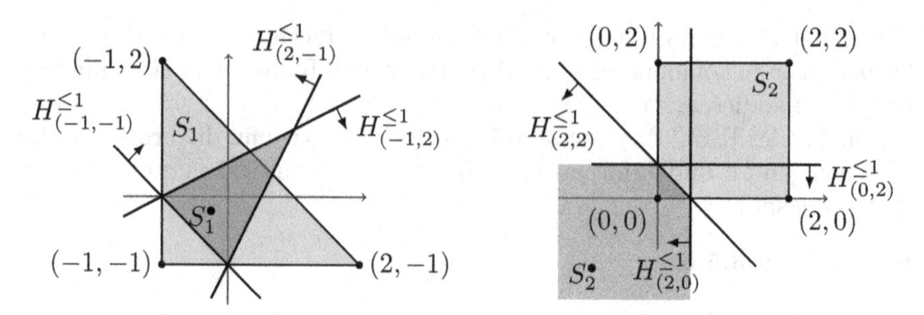

Abbildung 3.5.2. Beispiele polarer Mengen $S_1^\bullet, S_2^\bullet$ für die Fälle $0 \in S_1^\circ$ und $0 \notin S_2^\circ$.

Die Menge $\textsc{Polar}(S)$ nennen wir *Polar von/polar zu* S und notieren sie als $S^\bullet$. Bezeichne S als *zentriert*, falls $0 \in S^\circ$.

Notation. Im Rest dieses Kapitels benötigen wir die Konzepte von *Halbräumen* und *Hyperebenen.* Sei $x \in \mathbb{R}^d$ und $c \in \mathbb{R}$ Bezeichne mit $H_x^{\diamond c} := \{y \in \mathbb{R}^d \mid x^\intercal y \diamond c\}$ für $\diamond \in \{<, >\}$ *offene* und für $\diamond \in \{\le, \ge\}$ *abgeschlossene Halbräume.* Weiter bezeichne $H_x^c := H_x^{=c} := H_x^{\le c} \cap H_x^{\ge c}$ eine *Hyperebene.*

Abbildung 3.5.2 veranschaulicht diese Definition. Das Polare $S^\bullet$ hat viele Eigenschaften mit seiner Ursprungsmenge S gemein und liefert insbesondere eine andere Perspektive auf sie. Nachfolgend halten wir einige Zusammenhänge zwischen S und $S^\bullet$ fest.

Lemma 3.5.9 (Eigenschaften polarer Mengen).

(a) *Innere Radien werden im Polaren zu Größenschranken, d. h.* $\overline{\mathrm{B}}(0, 2^{-r}) \subseteq S$ *impliziert* $S^\bullet \subseteq \overline{\mathrm{B}}(0, 2^r)$.

(b) *Für Größenschranken* 2^b *gilt die zu vorigem Punkt analoge Aussage:* $S \subseteq \overline{\mathrm{B}}(0, 2^b)$ *impliziert* $\overline{\mathrm{B}}(0, 2^{-b}) \subseteq S^\bullet$.

(c) *Ist* $S \in \mathcal{KCR}^{(d)}$ *und zentriert, dann ist auch* $S^\bullet \in \mathcal{KCR}^{(d)}$ *und zentriert. Außerdem folgt* $S = (S^\bullet)^\bullet$.

(d) *Für zentrierte* $S \in \mathcal{CR}^{(d)}$ *kann* $S^\bullet$ *über die Randpunkte von* S *charakterisiert werden:* $S^\bullet = \{x \in \mathbb{R}^d \mid \forall y \in \partial S \,.\, x^\intercal y \le 1\}$.

Insbesondere der letzte Punkt wurde in Abbildung 3.5.2 verwendet, um über die Ecken von S die Form von $S^\bullet$ zu bestimmen.

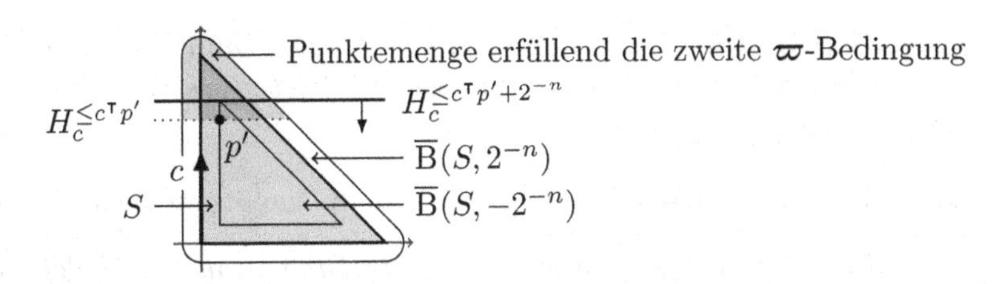

Abbildung 3.5.3. Zweiter Fall der Definition von ϖ: Punkt $p := \phi(c, 0^n)$ und Menge valider anderer Punkte, die diese Anfrage hätte produzieren können.

Aussage (c) ist ein Spezialfall des *Bipolar Theorems* (vgl. [BL00, Thm. 4.1.5]), Aussagen (a) und (b) folgen durch genauere Betrachtung der Beweisdetails des vorgenannten Theorems (vgl. [BL00, Exercise 4.1(5)]). Nichtsdestotrotz beweisen wir alle drei Aussagen am Ende des Abschnitts noch einmal explizit.

Um Theorem 3.5.7 zu beweisen werden wir die obigen Eigenschaften polarer Mengen mit der Berechnung beschränkender Hyperebenen kombinieren: Gegeben ein Punkt q (Optimierungsrichtung, Kostenvektor), kann aus einem ω-Namen für S mit Zusatzinformationen eine beschränkende Hyperebene H_q für $S^\bullet$ in Polynomialzeit berechnet werden. Diese Möglichkeit der Berechnung von Hyperebenen erhalten wir aus einer Reduktion von ω auf eine Zwischendarstellung, ϖ [GLS88, Def. 2.1.10], die wir (analog zu [GLS88]) über $\|\cdot\|_2$ formulieren wollen.[24]

Zu gegebenem Punkt $c \in \mathbb{D}^d$ (Optimierungsrichtung) und einer Genauigkeit $n \in \mathbb{Z}$ ist $\phi \in \Sigma^{**}$ genau dann ein $\varpi^{(d)}_{\|\cdot\|_2}$-Name einer kompakten, konvexen Menge $S \in \mathcal{KC}^{(d)}$, wenn

(a) $\phi(c, 0^n) = \varepsilon$, falls $\overline{\mathrm{B}}(S, -2^{-n})$ leer ist; oder

(b) $\phi(c, 0^n) = p$, falls ein $p \in \overline{\mathrm{B}}(S, 2^{-n})$ existiert, so dass $c^\intercal x \leq c^\intercal p + 2^{-n}$ für alle $x \in \overline{\mathrm{B}}(S, -2^{-n})$ gilt[25] (siehe auch Abbildung 3.5.3).

Bemerke, dass im Falle von $\overline{\mathrm{B}}(c, -2^{-n}) = \emptyset$ jeder Punkt $p \in \overline{\mathrm{B}}(c, 2^{-n})$ die zweite Bedingung erfüllt. Bei Verwendung von ϖ ist demnach ebenso wie bei ω auf die Wahl der Genauigkeit zu achten.

[24] Zur Formulierung der Optimalitätsbedingung $\langle c, x\rangle \leq \langle c, p\rangle + 2^{-n}$ in der Definition von ϖ auf $(\mathbb{R}^d, \|\cdot\|)$ muss notwendigerweise die Norm $\|\cdot\|$ ein Skalarprodukt $\langle\cdot,\cdot\rangle$ induzieren; vgl. Bemerkung 3.5.2. Darstellung ϖ sei daher an die 2-Norm gebunden und wir schreiben verkürzend $\varpi := \varpi_{\|\cdot\|_2}$.

[25] Bemerke, dass für die 2-Norm gilt: $\langle x, y\rangle = 1/4\big(\|x+y\|_2^2 - \|x-y\|_2^2\big) = x^\intercal y$.

Fakt 3.5.10 ([GLS88, Cor. 4.3.12]). *Mit ω-Namen kann über kompakten, konvexen, regulären Mengen Optimierung betrieben werden; genauer:* $\omega^{(d)}_{\|\cdot\|_2}|^{\mathcal{KC}} \rtimes \mathsf{ar} \rtimes \mathsf{b} \preceq_{\mathrm{p}} \varpi^{(d)}_{\|\cdot\|_2}|^{\mathcal{KCR}}$.

Aus einem ϖ-Namen kann nun ein ψ-Name des polaren gewonnen werden.

Lemma 3.5.11 (ψ ist polar zu ω). *Für feste Dimension $d \in \mathbb{N}$ definiere $\mathcal{Z} := \{S \in \mathcal{KCR}^{(d)} \mid 0 \in S^\circ\}$ als die Menge der kompakten, konvexen, regulären, zentrierten Teilmengen des $\mathbb{R}^d$. Definiere weiter $\mathsf{r}_0 \colon S \Mapsto \{\mathrm{un}_{\mathbb{Z}}(r) \mid \overline{\mathrm{B}}(0, 2^{-r}) \subseteq S\}$. Dann gilt:* $\mathrm{POLAR}|_{\mathcal{Z}}$ *ist polynomialzeit $(\omega^{(d)} \rtimes \mathsf{r}_0 \rtimes \mathsf{b}, \psi^{(d)} \rtimes \mathsf{r}'_0 \rtimes \mathsf{b}')$-berechenbar mit $r'_0 := -b$ und $b' := -r_0$.*

Nach der Vorarbeit gestaltet sich der Beweis von Theorem 3.5.7 nun sehr einfach.

Beweis von Theorem 3.5.7. Sei ϕ ein $\omega^{(d)} \rtimes \mathsf{ar} \rtimes \mathsf{b}$-Name einer Menge $S \in \mathcal{KCR}^{(d)}$. Dieser kann leicht zu einem $\omega^{(d)} \rtimes \mathsf{r} \rtimes \mathsf{b}$-Namen der zentrierten Menge $S_0 := S \setminus \{a\}$ modifiziert werden. Damit ist Lemma 3.5.11 anwendbar und liefert in Polynomialzeit einen $\psi^{(d)} \rtimes \mathsf{r}' \rtimes \mathsf{b}'$-Namen von $S_0^\bullet \in \mathcal{Z}$. Durch $\psi^{(d)} \preceq_{\mathrm{p}} \omega^{(d)}$ kann obiges Lemma analog auf $S_0^\bullet$ angewandt werden. Die anfängliche Translation des nun erhaltenen $\psi^{(d)} \rtimes \mathsf{r} \rtimes \mathsf{b}$-Names von $(S_0^\bullet)^\bullet$ muss nun nur noch rückgängig gemacht werden. □

Technisch etwas schwieriger ist hingegen der Beweis des vorigen Lemmas. Er folgt im wesentlichen (ohne nötige Rücksichtnahme auf die korrekte Wahl von Genauigkeiten) folgender Struktur: Zu gegebener Menge S, einem Punkt q und einer Genauigkeit n, bestimme vermittels eines $\varpi^{(d)}$-Namens ϕ' von S einen in Optimierungsrichtung q nahezu optimalen Punkt p. Da S konvex und zentriert ist, liegt p selbst nah am polaren zu S und beschreibt zudem eine $S^\bullet$ beschränkende Hyperebene $H^{=1}$. Über den Abstand von q zu $H^{=1}$ kann dann bestimmt werden, ob q nahe $S^\bullet$ ist – und liefert damit die Reduktion von ϕ' auf einen $\psi^{(d)}$-Namen von $S^\bullet$.

Die Schwierigkeit besteht in der korrekten Wahl der Genauigkeiten, der Stabilität einer $\varpi^{(d)}$-Antwort p und dem damit verbundenen Problem, dass die dazu assoziierten Hyperebenen nicht zwangsläufig dieselbe Orientierung wie der ursprüngliche Kostenvektor aufweisen – was schlussendlich die Approximation von $\mathrm{d}_{S^\bullet}(q)$ erschwert. Abbildung 3.5.4 illustriert letztgenanntes Problem: Liegt q im Bereich einer starken Änderung des Randes von $S^\bullet$, so gibt es potentiell viele Kandidaten für (im ϖ-Sinne) beinahe optimale Punkte p.

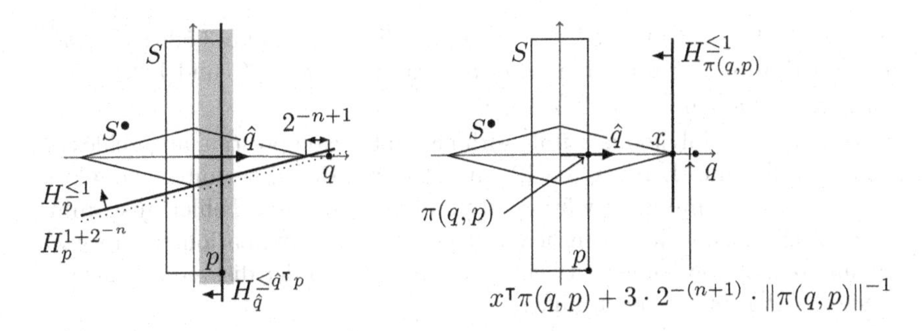

Abbildung 3.5.4. ϖ-Antworten können in folgendem Sinne instabil sein: Die zur Optimierungsrichtung $\hat{q}$ gehörige Menge beinahe optimaler Punkte (in ϖ-Semantik) (links, grau hervorgehoben) kann (in Abhängigkeit von $\hat{q}$ und dem Durchmesser von S) sehr groß sein. Die zu einem beinahe optimalen Punkt p (links) assoziierte Hyperebene H_p^1 und deren Abstand zu q liefert jedoch i. Allg. nur eine untere Schranke an $d_{S^\bullet}(\hat{q})$. Eine korrekte Näherung dieses Abstandes erhält man jedoch, wenn $\pi(q,p)$ statt p zur Bildung der Hyperebenen verwendet wird (rechts).

Lemma 3.5.12. *Sei $S \in \mathcal{KCR}^{(d)}$ zentriert mit Parametern von inneren/äußeren Radien $r, b \in \mathbb{Z}$. Weiter seien $q \in \mathbb{D}$ und $n \in \mathbb{Z}$.*

(a) Sei ϕ ein $\varpi^{(d)}$-Name für S. Setze überdies $p := \phi(q, 0^m)$ mit $m \geq n + |b| + |r| + 1$. Dann gilt

$$\exists\, p_* \in S \,.\, \big(p_* \in \overline{\mathrm{B}}(q, 2^{-n}) \text{ und } \forall\, x \in S \,.\, q^\intercal x \leq q^\intercal p_*\big)\,.$$

Der Punkt p liegt also in einer 2^{-n}-Umgebung eines optimalen Punktes p_* bzgl. der Optimierungsrichtung q.

(b) Bezeichne mit $\pi\colon (x,y) \mapsto x^\intercal y \cdot 1/(y^\intercal y) \cdot y$ die Projektion von $x \in \mathbb{R}^d$ auf $y \in \mathbb{R}^d$. Gilt $p \in \partial S$ und wird $\pi(p,q)$ durch ein $p' \in \mathbb{D}^d$ mit Fehler $m \geq n + |b| + |r| + 1$ approximiert, so gilt

$$\mathrm{d_H}\Big(H_{p'}^{=1} \cap \overline{\mathrm{B}}\big(0, 2^b + 2^r\big),\ H_{\pi(p,q)}^{=1} \cap \overline{\mathrm{B}}\big(0, 2^b + 2^r\big)\Big) \leq 2^{-n}\,.$$

Die Hyperebenen $H_{p'}^{=1}$ und $H_{\pi(p,q)}^{=1}$ weichen in $\overline{\mathrm{B}}\big(0, 2^b + 2^r\big)$ also um nicht mehr als einen Fehler 2^{-n} voneinander ab.

Beweis von Lemma 3.5.11. Sei $\langle \phi, 0^r, 0^b \rangle$ ein $\boldsymbol{\omega}_{\|\cdot\|}^{(d)}|^{\mathcal{Z}} \rtimes \mathsf{r}_0 \rtimes \mathsf{b}$-Name einer Menge $S \in \mathcal{Z}$, $q \in \mathbb{D}^d$ und $n \in \mathbb{Z}$ (ohne Einschränkung: $n \geq 0$). Nach

Lemma 3.5.9(a) ist auch $S^\bullet \in \mathcal{Z}$. Überdies liefern Lemma 3.5.9(c,d) einen inneren Radius 2^{-b} und eine Größenschranke 2^r von $S^\bullet$, und Fakt 3.5.10 einen $\varpi^{(d)}_{\|\cdot\|}$-Namen $\langle \phi', 0^r, 0^b \rangle$ von S.

Bemerke: Da Polynomialzeitalgorithmen unter Komposition abgeschlossen sind, erlaubt uns Lemma 3.5.12 im Rest des Beweises unter Annahme zu führen, Berechnungen würden stets exakt und ohne Fehler ausgeführt werden. Die Fehler der eigentlich auftretenden Approximationen sind nach Lemma 3.5.12 polynomiell in den Kodierungslängen der diskreten Eingaben sowie der Parameter beschränkt.

Normiere nun zunächst q, d. h. sei $q' := q/\|q\|$. Wird eine Genauigkeit m gemäß Lemma 3.5.12(a) gewählt, so liefert ϕ' durch $\phi'(q', 0^m)$ eine hinreichend gute Näherung an *einen* optimalen Punkt p_*. Projiziere p_* anschließend orthogonal auf die durch q beschriebene Gerade (siehe dazu auch Abbildung 3.5.4). Notiere das (exakte: verwende Lemma 3.5.12(b)) Ergebnis als $p := \pi(p_*, q)$.

Aus der Nähe von q zu $H^{=1}_p = \{y \in \mathbb{R}^d \mid y^\mathsf{T} p = 1\}$ lässt sich auf den Abstand von q zu $S^\bullet$ schließen. Genauer: Um einen $\boldsymbol{\delta}^{(d)}|^{\mathcal{Z}}$-Namen ϕ'' für $S^\bullet$ zu erhalten, setze

$$\phi''(q, 0^n) := 0 \qquad \text{falls } q^\mathsf{T} p \leq 1 + 3 \cdot 2^{-(n+1)} \cdot \|p\| ;$$
$$\phi''(q, 0^n) := (q^\mathsf{T} p - 1) \cdot \|p\|^{-1} \text{ sonst .} \qquad \square$$

Der Beweis von Lemma 3.5.11 liefert außerdem den folgenden Zusammenhang.

Korollar 3.5.13. *Über $\mathcal{KCR}^{(d)}$ ist $\boldsymbol{\omega}^{(d)}_{\|\cdot\|_2}$ mit Zusatzinformation auf $\boldsymbol{\delta}^{(d)}_{\|\cdot\|_2}$ reduzierbar. Genauer: $\boldsymbol{\omega}^{(d)}_{\|\cdot\|_2}|^{\mathcal{KC}} \rtimes \mathsf{ar} \rtimes \mathsf{b} \preceq_\mathrm{p} \boldsymbol{\delta}^{(d)}_{\|\cdot\|_2}|^{\mathcal{KCR}}$. Kombiniert mit Lemma 3.5.11 gilt auch analoges Ergebnis mit allen zu $\boldsymbol{\psi}^{(d)}$-äquivalenten Darstellungen (statt $\boldsymbol{\omega}^{(d)}$).*

Noch ausstehende Beweise.

Beweis von Lemma 3.5.9. Das Polare zu $S \in \mathcal{A}^{(d)}$ kann äquivalent geschrieben werden als $S^\bullet = \bigcap_{x \in S} H^{\leq 1}_x$. Die Linearität des Skalarproduktes liefert sofort die nützliche Eigenschaft

$$H^{\leq 1}_{(1+\lambda)x} \subseteq H^{\leq 1}_x \,, \quad x \in \mathbb{R}^d \,, \, \lambda \in \mathbb{R} \setminus \mathbb{R}_- \tag{3.12}$$

Ist nun $S \subseteq \overline{\mathrm{B}}(0, 2^b)$, so impliziert (3.12) zunächst

$$\forall x \in S \setminus \{0\} \,.\, \exists \lambda \in \mathbb{R} \setminus \mathbb{R}_- \,.\, (1+\lambda)x \in \partial \overline{\mathrm{B}}(0, 2^b)$$

und folglich

$$S^\bullet = \bigcap_{x \in S} H_x^{\leq 1} \supseteq \bigcap_{x \in \partial \overline{\mathrm{B}}(0,2^b)} H_x^{\leq 1} = \overline{\mathrm{B}}(0, 2^{-b}) \,.$$

Analog folgt, dass innere Radien 2^{-r} für S zu Größenschranken 2^r für $S^\bullet$ werden.

Zu Aussage (c): Sei $S \in \mathcal{KCR}^{(d)}$ zentriert. Dann ist $S^\bullet$ als Durchschnitt abgeschlossener Halbräume ebenfalls konvex. Die Abgeschlossenheit folgt unter Zusatz der Zentrierung von S. Weiter folgt aus der Regularität von S die Zentrierung von $S^\bullet$ sowie die Beschränktheit von $S^\bullet$ aus der Zentrierung von S.

Den Beweis für $S = (S^\bullet)^\bullet$ teilen wir in beide Inklusionen auf. Die einfache Richtung, $S \subseteq (S^\bullet)^\bullet$, folgt unmittelbar aus der Definition polarer Mengen: Für $x \in S$ gilt $x^\mathsf{T} y \leq 1$ für alle $y \in S^\bullet$, ebenso gilt $y^\mathsf{T} z \leq 1$ für $z \in (S^\bullet)^\bullet$ für alle $y \in S^\bullet$. Mit $z := x$ sind beide Aussagen erfüllt und es folgt die behauptete Inklusion.

Die Umkehrung beweisen wir mittels Widerspruchsbeweis: Angenommen $(S^\bullet)^\bullet \backslash S$ sei nicht leer, es gibt demnach ein $x_0 \in (S^\bullet)^\bullet \backslash S$. Da S in $\mathcal{KCR}^{(d)}$ und zentriert ist, gibt es einen „maximalen Zeugen“ $w \in S$ für $x_0 \notin S$; präziser: $\{w\} = \{\lambda x_0 \mid \lambda \in (0,1)\} \cap \partial S$. Wegen $H_{x_0}^{\leq 1} \subsetneq H_w^{\leq 1}$ gibt es einen Punkt $y \in H_{x_0}^{\leq 1} \setminus H_w^{\leq 1}$ mit $y^\mathsf{T} x_0 > 1$. Genauer gilt $y^\mathsf{T} x_0 > 1$ *für alle* $y \in S^\bullet \setminus H_{x_0}^{\leq 1}$. Nach Definition des Polaren folgt $x_0 \notin (S^\bullet)^\bullet \setminus S$; ein Widerspruch. □

Beweis von Lemma 3.5.12. Wir zeigen eine Zwischenaussage, die wir in den folgenden beiden Beweisen verwenden werden: für $m \geq n + |b| + |r| + 1$ gilt $\mathrm{d_H}(S, \overline{\mathrm{B}}(S, -2^{-m})) \leq 2^{-(n+1)}$. Betrachte dazu eine Teilmenge $T \subseteq S$ folgender Form: T sei ein gefülltes rechtwinkliges Dreieck mit Ankathete der Länge $\leq 2^b$ und Gegenkathete der Länge $\geq 2^{-r}$. Das Verhältnis von Gegen- zu Ankathete ($\geq 2^{-r}/2^b$) ist eine Schranke dafür, wie „steil“ das Dreieck T maximal sein kann. Durch obige Bedingung an die Wahl von m kann nun durch einfache Rechnungen gezeigt werden, dass für alle $x \in \partial T$ ein $y \in \overline{\mathrm{B}}(T, -2^{-m})$ erfüllend $\|x - y\| \leq 2^{-(n+1)}$ existiert. Daraus folgt die initiale Aussage über den maximalen Hausdorff-Abstand von S und $\overline{\mathrm{B}}(S, -2^{-m})$ in Abhängigkeit von m.

Aussage (a): Die Optimierungsrichtung sei normiert, d. h. es sei $\|q\| = 1$. Weiter sei ϕ ein $\varpi^{(d)}$-Name von S und $p := \phi(q, 0^m)$ ein beinahe optimaler Punkt in Optimierungsrichtung q. Nach Definition von ϖ gilt $q^\intercal x \leq q^\intercal p + 2^{-m}$ für alle $x \in \overline{\mathrm{B}}(S, -2^{-m})$. Insbesondere ist damit $\|p\| \geq \|x\| - 2^{-m}\|q\|^{-1}$, also $\|p\| \geq \|x\| - 2^{-m}$ wegen $\|q\| = 1$. Verwende die eingangs bewiesene Aussage $\mathrm{d_H}\big(S, \overline{\mathrm{B}}(S, -2^{-m})\big) \leq 2^{-(n+1)}$ zusammen mit $\|p\| \geq \|x\| - 2^{-m}$ für alle $x \in \overline{\mathrm{B}}(S, -2^{-m})$ und folgere, dass $S \cap \overline{\mathrm{B}}(p, \delta)$ mit $\delta := \max\big\{2^{-m}, 2^{-(n+1)} + 2^{-m}\|q\|^{-1}\big\}$ nicht-leer ist. Wegen $\delta \leq 2^{-n}$ existiert nun ein bzgl. der Optimierungsrichtung q optimaler Punkt p_* in der 2^{-n}-Umgebung von p.

Aussage (b): Für $p \in S$ gilt $2^{-r} \leq \|p\| \leq 2^b$. Rotiere ohne Einschränkung die gegebene Optimierungsrichtung q derart, dass $\pi(p, q) =: (\lambda, 0, \ldots, 0)$ mit $2^{-r} \leq \lambda \leq 2^b$. Weiter sei p' eine 2^{-m}-Approximation an $\pi(p, q)$, konkret wählen wir $p' := (\lambda + 2^{-m}, 0, \ldots, 0)$ anstatt des allgemeinen Falls $p' \in \overline{\mathrm{B}}(\pi(p, q), 2^{-n})$. Letzterer folgt jedoch durch Anpassung der nachfolgenden Argumente. Betrachte nun die durch $\pi(p, q)$ und p' beschriebenen Hyperebenen $H^{=1}_{\pi(p,q)}$ respektive $H^{=1}_{p'}$: Für $x = (x_1, \ldots, x_d)$, $x' = (x'_1, \ldots, x'_d) \in \mathbb{R}^d$ gelten genau dann $\pi(p, q)^\intercal x = 1$ und $p'^\intercal x' = 1$, wenn $x_1 = 1/\lambda$ und $x'_1 = 1/(\lambda + 2^{-m})$. Nach Konstruktion sind $\pi(p, q)$ und p' kollinear, die Hyperebenen $H^{=1}_{\pi(p,q)}$ und $H^{=1}_{p'}$ sind entsprechend parallel zueinander. Daraus, sowie aus x_1 und x'_1, lässt sich der Hausdorff-Abstand $|1/\lambda - 1/(\lambda + 2^{-m})|$ beider Hyperebenen ablesen. Unter Verwendung des eingangs formulierten Ergebnisses gilt für $m \geq n + |b| + |r| + 1$ die Schranke $|1/\lambda + 1/(\lambda + 2^{-m})| \leq 2^{-n}$ und impliziert schlussendlich die Aussage von (b). □

3.6 Zusammenfassung und weitere Bemerkungen

Benennung. Die zuvor diskutierten Darstellungen abgeschlossener Mengen wurden, wie auch in [BW99] bemerkt, teils in verschiedenen Kontexten definiert und oftmals auch arbeitenübergreifend unterschiedlich benannt.

Das Konzept der *(Turing) located sets* [GN94, GS00] (abgeschlossene Mengen, deren Abstandsfunktion berechenbar ist) wurde bspw. in [BW99, $\delta^{=}_{\mathrm{dist}}$: Def. 3.7] und [Wei00, ψ^{dist}: Def. 5.1.6] zur Distanzdarstellung $\boldsymbol{\delta}$ verfeinert. Eingeführt wurde es jedoch von Brouwer als Konzept der *katalogisierten Mengen* [Bro19].

Darstellung $\boldsymbol{\omega}$ ist aufgrund ihrer symmetrischen Definition in verschiedenen Kontexten betrachtet worden: In der konvexen Optimierung als Kodierung des *membership problems* (also der Frage, ob ein Punkt in gegebener Menge enthalten ist) [GLS88, Def. 2.1.14], als *recognizable sets* [ChK95, Def. 3.5] zur Bestimmung der Komplexität des Randes von Mengen sowie in [KS95, Def. 4.1+4.2]. Eine Verschärfung von $\boldsymbol{\omega}$ mit einseitigem Fehler (die Ausschöpfung des Inneren wird durch das Enthaltensein in der Menge selbst ersetzt) wurde in [GLS88, Lem. 4.3.3] unter Beigabe von Zusatzinformation als polynomialzeitäquivalent zu $\boldsymbol{\omega}$ über *konvexen* regulären Mengen nachgewiesen. Das selbe Konzept taucht auch in [ChK95, Def. 4.1] als *strong recognizability* und in [Bra05b, Def. 3/Thm. 4] als *weak computability* auf.

Darstellung $\boldsymbol{\kappa}$ wurde vor allem in [Wei00, §5.2, §7.4] und in [ZM08] (dort jedoch mit der Verschärfung, die Größenschranke möge minimal sein) betrachtet. Darstellung $\boldsymbol{\psi}$ entspricht dem Konzept der lokalen Berechenbarkeit in [Bra04, KY07] und fand u. a. in [KaC12, $\psi_{\circledcirc}$: §2.2.3] Verwendung.

Die Suche nach der sinnvollsten Mengendarstellung. Welche der in diesem Kapitel betrachteten Darstellungen ist die „Sinnvollste“ für die Klasse abgeschlossener Mengen $\mathcal{A}^{(d)}$? Die Beantwortung dieser Frage richtet sich danach, was im Rahmen des angestrebten Verwendungszwecks als sinnvoll angesehen wird. Konkreter sind wir an dieser Stelle an der Darstellung (resp. einem Repräsentanten einer $\preceq_{\mathrm{P}}$-Äquivalenzklasse von Darstellungen) dieses Kapitels interessiert, die möglichst wenig Information trägt, es gleichwohl aber erlaubt rudimentäre Mengenoperatoren in Polynomialzeit zu berechnen. Für den Raum stetiger Funktionen $f\colon \subseteq\mathbb{R}^d \to \mathbb{R}^e$ wird der Auswertungsoperator $(f, x) \mapsto f(x)$ Kapitel 5 eine Charakterisierung einer sinnvollsten Darstellung erlauben. Für die Klasse $\mathcal{A}$ ergibt sich leider keine ähnlich kanonische Wahl: Elementare geometrische Operationen wie bspw. Skalierung, Translation und Rotation, aber auch Vereinigung, Durchschnitt und Komplement werden sich in Kapitel 4 als keine Kandidaten für ein solches Pendant zum Auswertungsoperator herausstellen.

Auch die Prüfung auf Enthaltensein eines Punktes in einer Menge scheidet als mögliches Pendant zum Auswertungsoperator stetiger Funktionen schon aus Unstetigkeitsgründen aus. Für diese Argument benötigen wir Darstellungen offener Mengen.

Auf der Klasse $\mathcal{O}^{(d)}$ der offenen Teilmengen von $\mathbb{R}^d$ kann durch Komplementbildung eine Darstellung definiert werden [Wei00, S. 136]: Ist $\boldsymbol{\xi}^{(d)}$ eine Darstellung für $\mathcal{A}^{(d)}$, so geht durch

$$\boldsymbol{\xi}_{\mathcal{O}}^{(d)}(\phi) = O \in \mathcal{O}^{(d)} \quad :\Longleftrightarrow \quad \boldsymbol{\xi}^{(d)}(\phi) = \mathbb{R}^d \setminus O \in \mathcal{A}^{(d)}$$

eine Darstellung $\boldsymbol{\xi}_{\mathcal{O}}^{(d)}$ für $\mathcal{O}^{(d)}$ hervor. Konkreter erfüllt jeder $\boldsymbol{\theta}^{(d)} := \boldsymbol{\psi}_{\mathcal{O}}^{(d)}$-Name ϕ einer Menge $O \in \mathcal{O}^{(d)}$ die Bedingungen

$$\begin{aligned}\phi(q, 0^n) &= 1, \quad \text{wenn } \overline{\mathrm{B}}(q, 2^{-n+1}) \subseteq O\,;\\ \phi(q, 0^n) &= 0, \quad \text{wenn } \mathrm{B}(q, 2^{-n}) \cap \mathbb{R}^d \setminus O \neq \emptyset\end{aligned}$$

für alle $q \in \mathbb{D}^d$ und $n \in \mathbb{Z}$.

Die beiden Darstellungen $\boldsymbol{\psi}$ und $\boldsymbol{\theta}$ abgeschlossener resp. offener Mengen kodieren bei genauer Betrachtung nicht genug Information, um für einen gegebenen Punkt zu *entscheiden*, ob er in der jeweilig dargestellten Menge enthalten ist. Genauer (vgl. [Wei00, Ex. 5.1(25)]): Für beliebige Darstellungen $\boldsymbol{\zeta}$ offener Mengen ist die Menge

$$\{(x, O) \mid O \in \mathcal{O}^{(d)},\, x \in A\}$$

genau dann $(\boldsymbol{\rho}_{\mathbb{R}}^d, \boldsymbol{\zeta}^{(d)})$-aufzählbar, wenn $\boldsymbol{\zeta}^{(d)} \preceq \boldsymbol{\theta}_{>}^{(d)}$. Analog ist das *Komplement* von

$$\{(x, A) \mid A \in \mathcal{A}^{(d)},\, x \in A\}$$

genau dann $(\boldsymbol{\rho}_{\mathbb{R}}^d, \boldsymbol{\xi}^{(d)})$-aufzählbar (kurz: co-aufzählbar) für eine Darstellung $\boldsymbol{\xi}$ abgeschlossener Mengen, wenn $\boldsymbol{\xi}^{(d)} \preceq \boldsymbol{\psi}_{<}^{(d)}$.

Aufgrund dieser Unstetigkeit schlagen wir einen gänzlich anderen Operator vor: das Bestimmen *irgendeines* Punktes in einer nicht-leeren abgeschlossenen (offenen) Menge. Formal ist der zugehörige Operator, AUSWAHL, damit mehrwertig:

$$\text{AUSWAHL}\colon \mathcal{A}_{+}^{(d)} \rightrightarrows \mathbb{R}^d\,, \quad S \Rrightarrow S\,.$$

Abgeschwächt auf konvexe Mengen ergibt sich durch AUSWAHL ein erster Ansatz einer Charakterisierung „der" Darstellung für $\mathcal{K}$.

Bemerkung 3.6.1. Sei $\boldsymbol{\xi}^{(d)}$ für festes $d \in \mathbb{N}$ eine Darstellung von $\mathcal{K}^{(d)}$. Es gilt: Der Operator AUSWAHL$|_{\mathcal{K}}$ ist polynomialzeit $(\boldsymbol{\xi}^{(d)}, \boldsymbol{\rho}_{\mathbb{R}}^d)$-berechenbar, wenn $\boldsymbol{\xi}^{(d)} \preceq_{\mathrm{p}} \boldsymbol{\kappa}^{(d)}$.

Beweis. Ist ϕ ein $\boldsymbol{\xi}^{(d)}$-Name einer Menge $S \in \mathcal{K}^{(d)}$ und gilt $\boldsymbol{\xi}^{(d)} \preceq_{\mathrm{p}} \boldsymbol{\kappa}^{(d)}$, dann genügt es wegen letztgenannter Reduktion und der Norminvarianz von $\boldsymbol{\kappa}^{(d)}$ die polynomialzeit $(\boldsymbol{\kappa}_{\|\cdot\|_\infty}^{(d)}, \boldsymbol{\delta}^d)$-Berechenbarkeit von AUSWAHL zu zeigen. Setze $p_0 := (0, \ldots, 0) \in \mathbb{R}^d$ und wähle iterativ für $i = 1, 2, \ldots, b+n+1$ jeweils einen Punkt $p_i \in \mathbb{D}_{-b+i}^d \cap \overline{\mathrm{B}}(p_{i-1}, 2^{b-(i-1)})$ erfüllend $\phi(p_i, \mathrm{un}_{\mathbb{Z}}(-b+i)) = 1$

aus. Durch $\phi'(0^n) := p_{n+1}$ erhalten wir dann einen $\boldsymbol{\rho}^d_{\mathbb{R}}$-Namen ϕ' eines Punktes in S. □

Offen ist, ob ein zu Bemerkung 3.6.1 analoges Resultat für $\mathcal{A}^{(d)}$ formuliert werden kann.

4 Berechenbarkeit und Komplexität geometrischer und topologischer Operatoren

In diesem Kapitel widmen wir uns Beispielen von Mengenoperationen: den elementaren mengentheoretischen/topologischen Operationen Durchschnitt, Vereinigung und Komplement sowie der geometrischen Operation der Projektion. Die in Kapitel 3 gewonnenen Erkenntnisse um (Nicht-)Äquivalenzen zwischen Darstellungen werden hier eine Anwendung finden.

Eine Auswahl topologischer Operatoren wurde u. a. in [Zie04, BG09] betrachtet und in letztgenannter Arbeit hinsichtlich ihrer Borel-Komplexität untersucht, d. h. in welcher Stufe der Borel-Hierarchie das Ergebnis eines Operators in Abhängigkeit von der Borel-Stufe seiner Argumente liegt. Die Borel-Stufe beschreibt dabei die „topologische Komplexität" des Operators. Um Aussagen über die Zeitkomplexität treffen zu können, sind wir daher nur an den (in diesem Sinne) „topologisch einfachsten" Objekten[1], den stetigen Operationen, interessiert. Angewandt im Kontext von Mengenoperationen zeigen die ebenso aus der Borel-Stufe abzulesenden Unstetigkeitsergebnisse [BG09, §10] zum einen die Notwendigkeit der Einschränkung von abgeschlossenen auf *konvexe* Mengen auf, zum anderen die Notwendigkeit der Zugabe diskreter Zusatzinformation. Zhao und Müller liefern uns dazu eine Blaupause: Nebst einigem geometrischen Handwerkszeug [ZM08, Lem. 2.7] wiesen sie u. a. die Projektion von $\mathbb{R}^2$ auf $\mathbb{R}^1$ als polynomialzeitberechenbar bzgl. der Darstellung $\boldsymbol{\kappa}$ nach.

Wir werden zeigen: Binärer Mengendurchschnitt und -vereinigung haben bzgl. den Darstellungen $\boldsymbol{\psi}$ und $\boldsymbol{\omega}$ duale Berechenbarkeitseigenschaften und Komplexitätsschranken (Abschnitt 4.1). Die $\boldsymbol{\psi}$-unstetige Operation des abgeschlossenen Komplements wird sich über $\boldsymbol{\omega}$ als berechenbar, bei Einschränkung auf konvexe Mengen sogar als polynomialzeitberechenbar herausstellen (Abschnitt 4.2). Zhao und Müller wiesen Konvexität bereits

[1] Kurz: den $\boldsymbol{\Sigma}^0_{k=1}$-messbaren Funktionen, für die Urbilder offener Mengen $\boldsymbol{\Sigma}^0_1$-Mengen, also selbst offen, sind.

als eine notwendige Eigenschaft für die Polynomialzeitberechenbarkeit des Projektionsoperators zweidimensionaler Mengen nach. In Abschnitt 4.3 verallgemeinern wir ihr Ergebnis auf Projektionen in beliebiger endlicher Dimension.

4.1 Binärer Durchschnitt und binäre Vereinigung

Mengendurchschnitt und -vereinigung sind zueinander duale topologische Konzepte. Diese Dualität manifestiert sich auch in ihrer Berechenbarkeit: Binäre Mengenvereinigung ist $(\psi \times \psi, \psi)$-berechenbar, der binäre Mengendurchschnitt hingegen ist $(\psi \times \psi, \psi)$-unstetig [Wei00, Thm. 5.1.3]. Für die Darstellung ω ist die Situation hingegen umgekehrt [Wei00, Cor. 5.1.8]. Diese Dualität überträgt sich auf die Zeitkomplexität.

Proposition 4.1.1. *Betrachte die Operatoren* DURCHSCHNITT: $(S_1, S_2) \mapsto S_1 \cap S_2$ *und* VEREINIGUNG: $(S_1, S_2) \mapsto S_1 \cup S_2$.

(a) VEREINIGUNG *über* $\mathcal{A}$ *ist polynomialzeit* $(\psi \times \psi, \psi)$*-berechenbar.*

(b) Eingeschränkt auf

$$\mathcal{D} := \left\{(S_1, S_2) \in \mathcal{KCR}^{(d)} \times \mathcal{KCR}^{(d)} \;\middle|\; S_1 \cap S_2 \in \mathcal{KCR}_+^{(d)}\right\}$$

und mit Parameterfunktion

$$\mathsf{r}'\colon (S_1, S_2) \rightrightarrows \left\{\mathrm{un}_{\mathbb{Z}}(r) \;\middle|\; \exists a \in \mathbb{R}^d \,.\, \overline{\mathrm{B}}(a, 2^{-r}) \subseteq S_1 \cap S_2\right\}$$

ist DURCHSCHNITT *in Polynomialzeit* $(((\omega^{(d)} \rtimes \mathsf{b}) \times (\omega^{(d)} \rtimes \mathsf{b})) \rtimes \mathsf{r}', \omega^{(d)})$*-berechenbar.*

(c) VEREINIGUNG *ist* $((\omega^{(d)} \rtimes \mathsf{r} \rtimes \mathsf{b}) \times (\omega^{(d)} \rtimes \mathsf{r} \rtimes \mathsf{b}), \omega^{(d)})$*-unstetig über* $\mathcal{KR}^{(d)}$*, aber polynomialzeit* $(\omega^{(d)} \times \omega^{(d)}, \omega^{(d)})$*-berechenbar über* $\mathcal{CR}^{(d)}$.

(d) DURCHSCHNITT *ist* $(\psi^{(d)} \times \psi^{(d)}, \psi^{(d)})$*-unstetig über* $\mathcal{KR}^{(d)}$*, aber eingeschränkt auf* $\mathcal{D}$ *und mit Parameterfunktion* r *wie in (b)* $(((\psi^{(d)} \rtimes \mathsf{b}) \times (\psi^{(d)} \rtimes \mathsf{b})) \rtimes \mathsf{r}', \psi^{(d)})$*-berechenbar in Zeit polynomiell in* n*, aber exponentiell in* $r' + \max\{b_1, b_2\}$*. (Parameter* b_1 *und* b_2 *gehen aus der ersten resp. zweiten Parameterfunktion* b *hervor.)*

Beweis.

(a) Aus gegebenen $\psi^{(d)}$-Namen ϕ_i für $S_i \in \mathcal{A}^{(d)}$, konstruiere vermittels $\phi(q, 0^n) := \max\{\phi_1(q, 0^n), \phi_2(q, 0^n)\}$ einen $\psi^{(d)}$-Namen ϕ für $S_1 \cup S_2$.

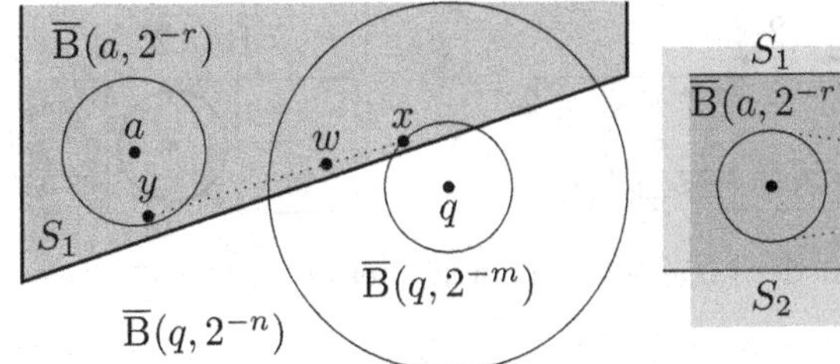

Abbildung 4.1.1. Mengendurchschnitt über ω für konvexe Mengen

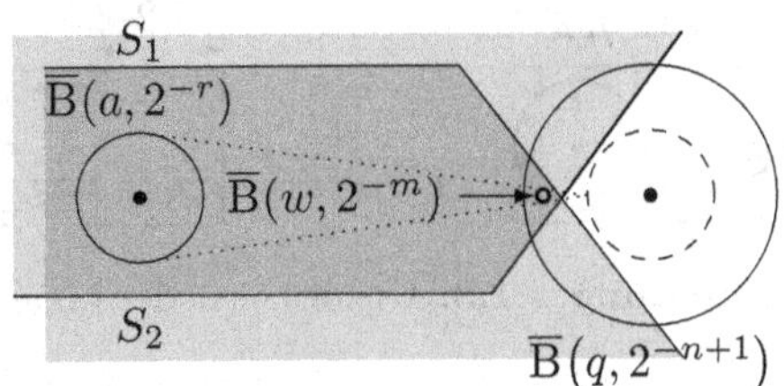

Abbildung 4.1.2. Mengendurchschnitt über ψ für konvexe Mengen

(b) Die Schwierigkeit bei der Berechnung des Mengendurchschnitts liegt darin zu verifizieren, ob Punkte nahe beiden Mengen auch nahe ihrem Durchschnitt liegen. Die Darstellung ω erleichtert diese Aufgabe signifikant: Wir nutzen dazu, dass die Orakelanfragen mit einer viel höheren Genauigkeit (verglichen mit n) ausgeführt werden können und das Ergebnis trotzdem brauchbar sein wird.[2]

Grötschel et al. geben in [GLS88, §4.7] einen sehr schönen Beweis für die Polynomialzeitberechenbarkeit von DURCHSCHNITT: Sei $m := n + r + b + 1$ die Genauigkeit für die Orakelanfragen an ω-Namen ϕ_i für S_i. Die Parameter b_1, b_2 und r seien wie nach Voraussetzung, und $b := \max\{b_1, b_2\}$. Ist $\phi_i(q, 0^m) = 0$ für mindestens eine der beiden Anfragen mit, so folgt $q \notin \overline{\mathrm{B}}(S_1 \cap S_2, -2^{-n})$. Liefern andererseits beide Anfragen 1, dann argumentiere wie folgt: Zum inneren Radius r gibt es einen Punkt $a \in \mathbb{R}^d$ mit $\overline{\mathrm{B}}(a, 2^{-r}) \subseteq S_1 \cap S_2$. Die Gerade zwischen a und q (bemerke: a ist unbekannt und wird auch nicht bestimmt) ist nach Konvexität (zum Teil) in $S_1 \cap S_2$ enthalten. Nach geringfügiger Verschiebung der Endpunkte, a in Richtung y und q in Richtung x, ist die Gerade zwischen x und y vollständig in $S_1 \cap S_2$ enthalten und es findet sich ein Punkt w auf dieser Gerade (sozusagen ein Zeuge für die Nähe von q zum Durchschnitt) mit Abstand höchstens 2^{-n} zu q. Präziser (siehe auch Abbildung 4.1.1): Wegen

[2] Für ψ-Namen gilt diese Schlussfolgerung nicht: Bezeichne das durch die Punktemenge $\{(0, 1/2), (c, 1/2), (c, -1/2)\}$ für $c \in \mathbb{N}_+$ beschriebene Dreieck als D_1 und Spiegelung von D_1 an der x-Achse als D_2. Dann hat $q := (c, 0)$ Abstand $1/2$ von $D_1 \cap D_2$, ein $\psi^{(2)}$-Name ϕ_i von D_i liefert bei Auswertung $\phi_i(q, 0^0)$ somit 1 als Antwort, jedoch gilt $\mathrm{d}_{D_1 \cap D_2}(q) = c/2$. Für $c \geq 4$ ist aus obigen Antworten demnach nicht unmittelbar auf die tatsächliche Nähe von q zu $D_1 \cap D_2$ zu schließen.

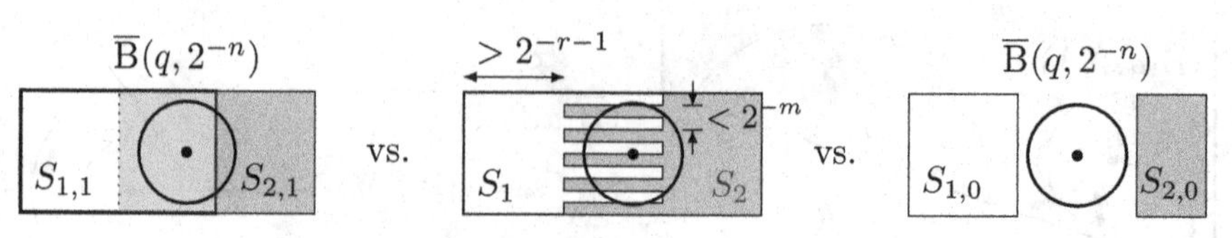

Abbildung 4.1.3. Unstetigkeit der Mengenvereinigung über ω

$$w := 2^{-m}/\Delta \cdot y + 2^{-r}/\Delta \cdot x = 2^{-m}/\Delta \cdot a + 2^{-r}/\Delta \cdot q \in S_1 \ ,$$

mit $\Delta := 2^{-r} + 2^{-m}$ und

$$x \in \overline{\mathrm{B}}\big(q, 2^{-m}\big) \cap S_1 \ , \quad y := a + 2^{-r+m}(x-q) \in \overline{\mathrm{B}}\big(a, 2^{-r}\big)$$

(und analog für S_2) folgt $q \in \overline{\mathrm{B}}(S_1 \cap S_2, 2^{-n})$.

(c) Gegeben seien $\omega \rtimes \mathsf{r} \rtimes \mathsf{b}$-Namen ϕ_i für S_i wie in Abbildung 4.1.3 sowie $\langle q, 0^n\rangle$ als diskrete Eingabe. Die S_i sind konkret wie folgt konstruiert: a) r_i ist ein innerer Radius für S_i, b) der Bereich der Verzahnung von S_1 mit S_2 enthält $\overline{\mathrm{B}}(q, 2^{-n+1})$, und c) jede Zacke in der Verzahnung hat Höhe kleiner $2^{-(m+1)}$, wobei $m \in \mathbb{N}$ die maximale Genauigkeit bei Orakelanfragen und Berechnungen sei, die eine hypothetische OTM $M^?$ für VEREINIGUNG bei Eingabe $\langle q, 0^n\rangle$ verwendet. Ist $M^{\langle\phi_1,\phi_2\rangle}(q, 0^n) = 1$, so ändere S_i zu $S_{i,0}$; andernfalls zu $S_{i,1}$. Bezüglich der geänderten Mengen liefert $M^?$ nun eine falsche Antwort, woraus die Unstetigkeit des Operators folgt.

Für die Polynomialzeitberechenbarkeit über $\mathcal{CR}$, berechne einen ω-Namen ϕ für $S := S_1 \cup S_2$ durch

$$\phi(q, 0^n) := \max_{i=1,2} \Big\{ \phi_i\big(p, 0^{n+2}\big) \ \Big| \ p \in B := \overline{\mathrm{B}}\big(q, 3 \cdot 2^{-(n+2)}\big) \cap \mathbb{D}^d_{n+2} \Big\}. \tag{4.1}$$

Für $\overline{\mathrm{B}}(q, 2^{-n}) \cap S = \emptyset$ folgt damit $\phi(q, 0^n) = 0$. Im anderen Fall hilft die Konvexität beider Mengen: Gilt $\mathrm{B}(q, 2^{-n}) \subset S$, so ist $\mathrm{B}(p, 2^{-(n+2)})$ für mindestens ein $p \in B$ vollständig in entweder $S_1 \cap S_2$, $S_1 \setminus S_2$ oder $S_2 \setminus S_1$ enthalten (bemerke: S ist die disjunkte Vereinigung dieser drei Mengen). Nach Konstruktion (4.1) folgt somit $\phi(q, 0^n) = 1$.

(d) Der Unstetigkeitsbeweis verläuft ähnlich zur $\omega^{(d)}$-Unstetigkeit des Operators VEREINIGUNG (vgl. auch [Wei00, Thm. 5.1.13]): Starte mit zwei identischen Mengen und schneide abwechselnd um q herum Stücke der Breite 2^{-m} heraus, wobei $2^{-(m+1)}$ die maximal verwendete Genauigkeit einer hypothetischen DURCHSCHNITT berechnenden OTM sei. Dann liegt q weiterhin nahe beiden Mengen, aber weit entfernt von ihrem Durchschnitt.

Für die Polynomialzeitberechenbarkeit nutzen wir die Konvexität wie folgt (siehe auch Abbildung 4.1.2): Eine Kugel mit Mittelpunkt a und Radius 2^{-r} ist maximal 2^{b+1} weit von q entfernt. Hat q Abstand $< 2^{-n}$ von $S := S_1 \cap S_2$, dann gibt es auf der Gerade zwischen a und q, die teilweise in S enthalten ist, einen Punkt $w \in S$ und Genauigkeit $m := n + r + b + 1$, so dass $\overline{\mathrm{B}}(w, 2^{-m}) \subseteq \overline{\mathrm{B}}(q, 2^{-n+1}) \cap S$. Somit ist

$$\phi(q, 0^n) := \max\left\{ \min_{i=1,2} \phi_i(p, 0^m) \;\middle|\; p \in \overline{\mathrm{B}}\big(q, 3/2 \cdot 2^{-n+1}\big) \cap \mathbb{D}^d_m \right\}$$

ein $\psi^{(d)}$-Name für S – zu dessen Konstruktion allerdings exponentiell in $d(m-n)$ viele Punkte zu prüfen sind. □

4.2 Abgeschlossenes Komplement

Für $\mathbb{R}^d$, versehen mit der Standardtopologie, ist das Komplement $\mathbb{R}^d \setminus S$ für $\emptyset \neq S \subset \mathbb{R}^d$ offen. Betrachten wir hingegen den Abschluss des Komplements, so legt die Symmetrie in der Definition von ω zumindest nahe, dass der Operator

$$\mathrm{CC}\colon \mathcal{A} \to \mathcal{A}\,, \quad \mathrm{CC}\colon S \mapsto \overline{\mathbb{R}^d \setminus S}\,.$$

bezüglich ω polynomialzeitberechenbar sein könnte. Für ψ gilt diese Intuition nicht. Vielmehr gilt [BG09, Thm. 8.1(1,4)]: Über $\mathcal{A}$ ist CC zwar $(\psi^{(d)}_>, \psi^{(d)}_<)$-berechenbar[3], aber $(\psi^{(d)}, \psi^{(d)}_>)$-unstetig. Allerdings ist CC als für die zweite Stufe der Borel-Hierarchie vollständige Funktion nicht „zu unstetig"

Das Hauptproblem liegt in der „Zugabe" von Information durch den Mengenabschluss. Betrachte als Beispiel die Menge $S := \{0\} \in \mathcal{A}^{(1)}$. Aus der $\psi^{(1)}$-Nähe eines Punktes auf die Entfernung von $\overline{\mathbb{R}^d \setminus S} = \mathbb{R}^d \setminus (S^\circ) = \mathbb{R}$ zu schließen ist unstetig: Die Menge S kann nicht stetig von $S' := [-\epsilon, \epsilon]$ unterschieden werden. Kurzum: Die negative Information $\psi_>$ über das abge-

[3] Aus negativer Information über S, d. h. q ist weit von S entfernt, kann positive Information über $\overline{\mathbb{R}^d \setminus S}$, d. h. q ist tief in $\overline{\mathbb{R}^d \setminus S}$, gewonnen werden.

schlossene Komplement ist nicht stetig aus der Ursprungsmenge ableitbar. Wünschenswert ist daher die Eigenschaft

$$\mathrm{B}(x,\delta)\cap S \neq \emptyset \implies \mathrm{B}(x,\delta) \not\subseteq \overline{\mathbb{R}^d \setminus S}\,, \tag{4.2}$$

die obige Unstetigkeit behebt, von abgeschlossenen Mengen allerdings i. Allg. nicht erfüllt wird – von regulären jedoch schon: Ist S regulär, gilt also $S = \overline{S^\circ}$, so gibt zu jedem Paar (x,δ) mit $\mathrm{B}(x,\delta)\cap S \neq \emptyset$ ein $x' \in S^\circ \cap \mathrm{B}(x,\delta)$. Durch $x' \notin \mathbb{R}^d \setminus (S^\circ) = \overline{\mathbb{R}^d \setminus S}$ folgt somit (4.2). Bemerke zusätzlich, dass die Klasse $\mathcal{R}^{(d)}$ unter abgeschlossenem Komplement abgeschlossen ist.

Einfach einzusehen ist nun die Zeitkomplexität (und damit Berechenbarkeit) bzgl. ω aufgrund erwähnter Symmetrieeigenschaften.

Proposition 4.2.1. $\mathrm{CC}|_{\mathcal{R}}$ *ist polynomialzeit* $(\omega^{(d)},\omega^{(d)})$*-berechenbar.*

Beweis. Zu gegebenem $\omega^{(d)}$-Namen ϕ von $S \in \mathcal{R}^{(d)}$, Punkt $q \in \mathbb{D}^d$ und Genauigkeit $n \in \mathbb{Z}$, konstruiere einen $\omega^{(d)}$-Namen ϕ' von $\overline{\mathbb{R}^d \setminus S}$ durch

$$\phi'(q, 0^n) := 1 - \phi(q, 0^{n+1})\,.$$

Korrektheit: Es gilt $q \notin \overline{\mathrm{B}}\big(\overline{\mathbb{R}^d \setminus S}, 2^{-n}\big)$ genau dann, wenn $\mathrm{B}(q,2^{-n}) \subseteq \mathbb{R}^d \setminus \overline{\mathbb{R}^d \setminus S}$. Im Falle von $\mathrm{B}(q,2^{-(n+1)}) \subset \mathrm{B}(q,2^{-n}) \subseteq \overline{\mathbb{R}^d \setminus S}$ folgt $q \notin \overline{\mathrm{B}}(S,2^{-(n+1)})$ und damit $\mathrm{B}(q,2^{-n}) \not\subseteq S$. □

Die Verschärfung der Ergebnisseite zur Darstellung ψ, wenngleich nicht ganz offensichtlich, gilt ebenfalls. Insbesondere markiert damit Regularität wegen [BG09, Thm. 8.1(4)] die Grenze zwischen Polynomialzeitberechenbarkeit und Unstetigkeit!

Proposition 4.2.2. $\mathrm{CC}|_{\mathcal{CR}}$ *ist polynomialzeit* $(\omega^{(d)},\psi^{(d)})$*-berechenbar.*

Es folgt damit insbesondere die Polynomialzeitberechenbarkeit von $\mathrm{CC}|_{\mathcal{CR}}$ bzgl. $(\psi^{(d)},\psi^{(d)})$ und $(\psi^{(d)},\omega^{(d)})$.

Bemerkung 4.2.3. Trotz $S = \mathrm{CC}(\mathrm{CC}(S))$ folgt aus Proposition 4.2.2 *nicht* die Polynomialzeitreduzierbarkeit von ω auf ψ: Konvexität kann als notwendige Bedingung für die Polynomialzeitreduzierbarkeit von $\omega \rtimes \mathsf{ar} \rtimes \mathsf{b}$ auf ψ nachgewiesen werden.[4] Das abgeschlossene Komplement einer konvexen Menge ist jedoch i. Allg. nicht konvex, eine Anwendung von Proposition 4.2.2 auf $\mathrm{CC}(S)$ ist demnach nicht möglich.

[4] Idee: Konstruiere eine Gegenspielermenge als disjunkte Vereinigung von $\overline{\mathrm{B}}(a,2^{-r})$ mit Kugeln vom Radius $2^{-(m+1)}$, wobei $m = m(n)$ die maximal von einer hypothetischen OTM M verwendete Genauigkeit bei Eingabegenauigkeit n sei. Für Anfragepunkte q nahe den Kugeln vom Radius $2^{-(m+1)}$ kann M nun nicht die korrekte Antwort liefern.

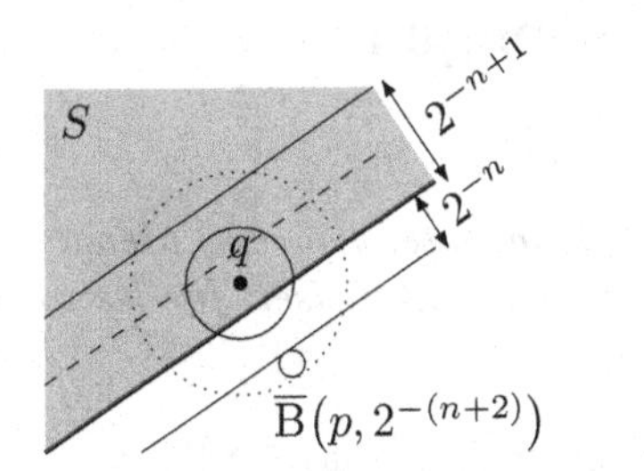

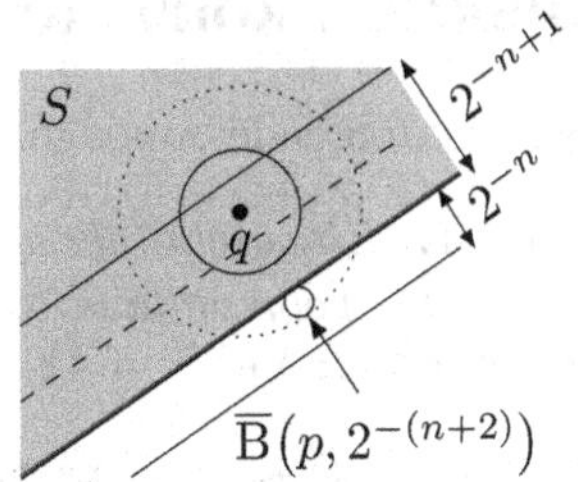

Abbildung 4.2.1. Zu unterscheidende Situation im $(\omega^{(d)}, \psi^{(d)})$-Polynomialzeitbeweis von CC: Kugel $\overline{\mathrm{B}}(q, 2^{-n})$ ist nicht nah genug an $\overline{\mathbb{R}^d \setminus S}$ (links) versus $\overline{\mathrm{B}}(q, 2^{-n})$ schneidet $\overline{\mathbb{R}^d \setminus S}$ (rechts).

Beweis von Proposition 4.2.2. Sei ϕ ein $\omega^{(d)}$-Name für $S \in \mathcal{CR}^{(d)}$, $q \in \mathbb{D}^d$ und $n \in \mathbb{Z}$. Konstruiere einen $\psi^{(d)}$-Namen ϕ' für $\overline{\mathbb{R}^d \setminus S}$ wie folgt: Mit $B := \overline{\mathrm{B}}(q, 2^{-n+1})$ setze $\phi'(q, 0^n) := 1$ im Fall $\phi(q, 0^n) = 0$ und

$$\phi'(q, 0^n) := 1 - \min\left\{\phi\left(p, 0^{n+2}\right) \mid p \in \mathbb{D}^d_{n+2}, \overline{\mathrm{B}}\left(p, 2^{-(n+2)}\right) \subseteq B\right\}$$

wenn $\phi(q, 0^n) = 1$. Der zweite Fall besagt: Gibt es eine kleine in B enthaltene Kugel, die *nicht* vollständig in S enthalten ist, so wird $\overline{\mathbb{R}^d \setminus S}$ von $\overline{\mathrm{B}}\left(q, 2^{-n+1}\right)$ geschnitten – 1 ist demnach eine valide Antwort. Die Überdeckung von B dient zur Unterscheidung zwischen (a) alle B überdeckenden Kugeln sind nahe (oder in) S und q damit $> 2^{-n}$ weit von S entfernt; (b) mindestens eine Kugel ist nicht in S enthalten, wodurch $\overline{\mathbb{R} \setminus S}$ von B geschnitten wird (siehe auch Abbildung 4.2.1 für beide Situationen). Es verbleibt noch zu zeigen, dass Genauigkeit $n + 2$ zur Unterscheidung beider Konstellationen ausreicht: Ist $B \cap \overline{\mathbb{R}^d \setminus S} = \emptyset$, dann ist $\phi(p, 0^{n+2}) = 1$ für alle der in B enthaltenen Kugeln $\overline{\mathrm{B}}(p, 2^{-(n+2)})$. Gilt andererseits $\mathrm{B}(q, 2^{-n}) \cap \overline{\mathbb{R}^d \setminus S} \neq \emptyset$, dann gibt es eine in B enthaltene Kugel mit Mittelpunkt p und Abstand $\mathrm{d}(q, p) > 2^{-n} + 2^{-(n+2)}$, so dass $\overline{\mathrm{B}}(p, 2^{-(n+2)}) \cap S = \emptyset$, folglich $\phi(p, 0^{n+2}) = 0$. □

4.3 Projektion konvexer Mengen

Wir beweisen die folgende Aussage.

Theorem 4.3.1. *Eingeschränkt auf kompakte, konvexe Mengen ist der Projektionsoperator polynomialzeitberechenbar; präziser: für feste $d, e \in \mathbb{N}_+$ mit $d \geq e$ ist $\text{PROJ}_{d,e} \colon \mathcal{KC}^{(d)} \to \mathcal{KC}^{(e)}$,*

$$S \mapsto \text{PROJ}_{d,e}(S) := \{x \in \mathbb{R}^e \mid \exists y \in \mathbb{R}^{d-e} . (x, y) \in S\} ,$$

in polynomialzeit $(\boldsymbol{\kappa}^{(d)}|^{\mathcal{C}}, \boldsymbol{\kappa}^{(e)}|^{\mathcal{C}})$-berechenbar.

Diese Aussage verallgemeinert [ZM08, Lem. 3.3] auf allgemeine Projektionen vom d- in den e-dimensionalen Raum. Zhao und Müller nutzen im Beweis von [ZM08, Lem. 3.3] aus, dass die Projektion einer zweidimensionalen kompakten konvexen Menge ein abgeschlossenes Intervall ist. In diesem Fall ist es möglich die Projektion durch Bestimmung der Intervallgrenzen anzunähern und durch Überprüfung, ob ein Punkt q innerhalb dieser Grenzen liegt, festzustellen, ob q nahe der Projektion liegt.

Im Eindimensionalen genügen also zwei Punkte (die Intervallgrenzen) zur Charakterisierung der Projektion einer zweidimensionalen kompakten konvexen Menge, allgemeiner also der Rand der Projektion. Im Gegensatz zu obigem Ergebnis von Zhao und Müller ist ab Dimension $d = 2$ hingegen nichts über die Komplexität von Parametrisierungen des Randes der Projektion in Abhängigkeit der zu projizierenden kompakten konvexen Menge bekannt. Nicht-uniforme Betrachtungen der Umkehrung in Dimension zwei (d. h. gegeben der polynomialzeitberechenbare Rand einer Menge S, bestimme die Komplexität von S bzgl. Darstellung $\boldsymbol{\psi}/\boldsymbol{\omega}$) finden sich in [KY07]. Der naivere Versuch, im d-dimensionalen die Ecken eines die Menge S umschließenden d-dimensionalen Rechtecks minimalen Volumens zu bestimmen, ist i. Allg. bereits ab $d = 2$ schwierig [KCY06].

Wir zeigen nun Theorem 4.3.1 für $e = d - 1$; der allgemeine Fall folgt dann durch Anwendung von

$$\text{PROJ}_{d,e} = \text{PROJ}_{e+1,e} \circ \cdots \circ \text{PROJ}_{d-1,d-2} \circ \text{PROJ}_{d,d-1} .$$

Beweis von Theorem 4.3.1. Sei $\langle \phi, 0^b \rangle$ ein $\boldsymbol{\psi}^{(d)}|^{\mathcal{KC}} \rtimes \mathsf{b}$-Name für $S \in \mathcal{KC}^{(d)}$, $q \in \mathbb{D}^e$ und $n \in \mathbb{N}$. Wegen $e = d - 1$ genügt es $\{q\} \times \mathbb{D}_{n+1}$ nach einem Punkt

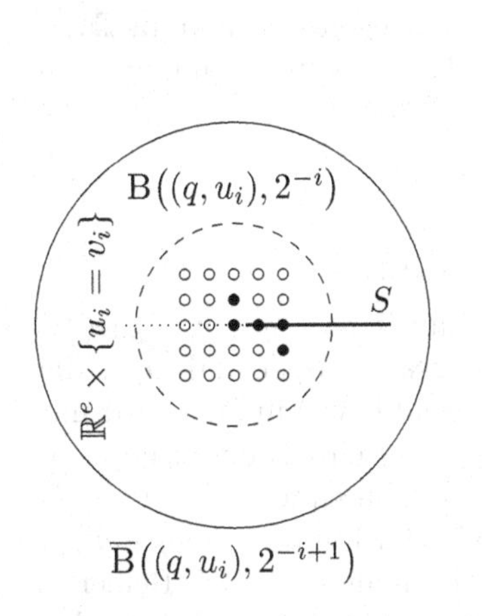

Abbildung 4.3.1. Gitter mit 5^d Punkten aus $\mathbb{D}^d_{i+2}$ um (q, u_i). Markiert • sind Punkte mit $\phi(\bullet, 0^{i+2}) = 1$.

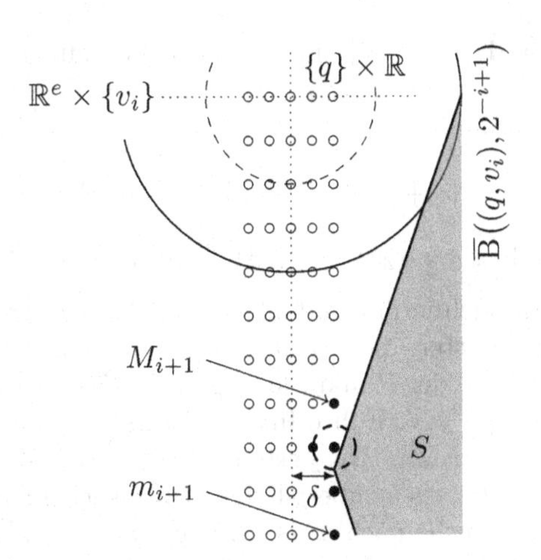

Abbildung 4.3.2. Ausschnitt des $5^e \times 17$ Gitters in Iteration $i+1$. Ist $\mathrm{d}_{\mathrm{PROJ}(S)}(q) =: \delta < 2^{-(i+1)}$, so gibt es einen Punkt im Gitter mit Abstand $< 2^{-(i+2)}$ zur Menge S. Markiert • sind Punkte mit $\phi(\bullet, 0^{i+2}) = 1$.

p nahe der Menge S zu durchsuchen. Setze initial

$$u_{-b} := \min\{w \in \mathbb{D}_{-b} \mid \phi((q, w), 0^{-b}) = 1\} ;$$
$$v_{-b} := \max\{w \in \mathbb{D}_{-b} \mid \phi((q, w), 0^{-b}) = 1\} .$$

Invariante: u_i ist minimal in $\mathbb{D}_i$, so dass $\mathrm{d}_S((q, u_i)) < 2^{-i+1}$; analog ist v_i maximal mit selbiger Eigenschaft.

Sei nun $-b \leq i \leq n$ und u_i sowie v_i gegeben. Zerlege für die $(i+1)$-te Iteration den Bereich um das Geradensegment zwischen (q, u_i) und (q, v_i) wie folgt:

- Ist $u_i = v_i$ (Abbildung 4.3.1), so betrachte

$$Q_{i+1} := \{(p, w) \in \overline{\mathrm{B}}((q, u_i), 2^{-i}) \cap \mathbb{D}^d_{i+2} \mid \phi((p, w), 0^{i+2}) = 1\} .$$

  Setze u_{i+1} als minimales $w \in \mathbb{D}_{i+2}$, so dass ein p mit $(p, w) \in Q_{i+1}$ existiert; analog für v_{i+1} als Maximum.

- Spanne im Falle von $u_i < v_i$ ein $5^e \times 17$ Gitter zwischen (q, u_i) und (q, v_i) (Abbildung 4.3.2): Bezeichne $w_{i+1,\alpha} := u_i + \alpha(v_i - u_i)$ für $\alpha \in$

$\{0, 1, 2, \ldots, 16\}$ und runde diese zum nächstgelegenen Punkt in $\mathbb{D}_{i+2}$; dieser sei mit $\lfloor w_{i+1,\alpha} \rceil_{\mathbb{D}_{i+2}}$ notiert. Besagtes Gitter besteht dann aus den Punkten

$$\left(q + k \cdot 2^{-(i+2)}, \lfloor w_{i+1,\alpha} \rceil_{\mathbb{D}_{i+2}}\right)$$

mit $k \in \{-2, -1, 0, 1, 2\}^e$ und $\alpha \in \{0, 1, 2, \ldots, 16\}$.

Bezeichne nun mit $P_{i+1,\alpha}$ die Menge der Punkte $p = (q', \lfloor w_{i+1,\alpha} \rceil_{\mathbb{D}_{i+2}})$ im Gitter, die $\phi(p, 0^{i+2}) = 1$ erfüllen. Überdies sei M_{i+1} und m_{i+1} die Menge der Punkte in $P_{i+1,\alpha}$, so dass α maximal bzw. minimal wird mit $P_{i+1,\alpha} \neq \emptyset$. Führe für alle Punkte $(q', w) \in M_{i+1}$ eine Binärsuche nach $w' \in [w, 2^b] \cap \mathbb{D}_{i+2}$ erfüllend $\phi\big((q', w'), 0^{i+2}\big) = 1$ durch und setze v_{i+1} als maximales w' über all diese Binärsuchen; analog für Punkte $(q', w) \in m_{i+1}$ mit Suche nach $w' \in [-2^b, w]$ und v_{i+1} als Minimum dieser w'. Bemerke, dass in jeder Iteration nur konstant viele Binärsuchen ausgeführt werden und jede Suche polynomiell in $n + b$ beschränkt ist.

Ist $\delta := \mathrm{d}_{\mathrm{PROJ}(S)}(q) < 2^{-(i+1)}$, so impliziert die Konvexität von S zusammen mit die Wahl von 17 Ebenen, dass ein Punkt in $P_{i+1,\alpha}$ mit Abstand $< 2^{-(i+2)}$ zu S existiert, da

$$\mathrm{d}_S\big((q, \lfloor w_{i+1,\alpha} \rceil_{\mathbb{D}_{i+2}})\big) < \delta + 1/8 \cdot 2^{-i+1} < 3 \cdot 2^{-(i+2)}$$

für mindestens ein α. Die Iteration wird somit nicht abgebrochen.

In beiden Fällen kann die Iteration abgebrochen werden, sofern Q_{i+1} respektive P_{i+1} leer ist. Setze $\phi'(q, 0^n) := 1$ sofern $Q_n \neq \emptyset$ respektive $P_n \neq \emptyset$; andernfalls $\phi'(q, 0^n) := 0$. □

5 Höherstufige Komplexität

In Polynomialzeit berechenbar, kurz in FP, sind nach der Cobham-Edmonds These [Cob65, Edm65] genau die Typ-1 Objekte (Funktionen $\mathbb{N} \to \mathbb{N}$), die durch eine polynomiell zeitbeschränkte Turingmaschine berechenbar sind; kurz, falls sie *effizient* berechenbar (engl. *feasible*) sind.[1] Die Akzeptanz dieser These beruht u. a. auf den Abschlusseigenschaften von FP, der Erkenntnis, dass in der Praxis relevante Probleme in FP für gewöhnlich eine niedrige Komplexität aufweisen[2], sowie auf der Äquivalenz aller als sinnvoll erachteten Rechenmodelle für Wortfunktionen. Bisher konnten wir noch der Betrachtung höherstufiger Komplexität ausweichen: Die in Kapitel 3 and 4 verwendeten Namen sind allesamt von der Form $\phi\colon \Sigma^* \to \Sigma$ und tragen wegen $l(\phi(s)) \in l(s) + \mathrm{O}(1)$ nur einen pro Orakelanfrage maximal *linearen* Term zur Komplexität bei. Für Komplexitätsuntersuchungen numerischer Operatoren auf Teilklassen von $\mathrm{C}[-1,1]$ ist diese Einschränkung nicht weiter zu rechtfertigen; allem voran, da die Kodierungslänge von Funktionswerten eines $\rho_{\mathbb{R}}^{\rightarrow}$-Namens nicht a priori beschränkt ist.

In diesem Kapitel betrachten wir daher die Frage nach einer höherstufigen Formulierung effizient realisierbarer Funktionen – somit auch nach einem Pendant zur Cobham-Edmonds These (Abschnitt 5.1) – sowie nach einer Definition von *Stufe-2 Komplexität.* Des Weiteren werden wir eine in gewissem Sinne minimale Darstellung für $\mathrm{C}[-1,1]$ definieren (Abschnitt 5.2) und schlussendlich *Stufe-2 Komplexitätsklassen*, vor allem **FP**, definieren (Abschnitt 5.3).

5.1 Historie

Die Frage nach der effizienten Realisierbarkeit von Funktionalen endlichen Typs (und insbesondere den *Typ-2 Funktionalen* $(\mathbb{N} \to \mathbb{N}) \times \mathbb{N} \to \mathbb{N})$ existiert (mindestens) seit den Arbeiten von Constable und Mehlhorn [Con73,

---

[1] Effizienz ist hier als theoretischer Begriff gebraucht und stimmt nicht zwangsläufig mit dem Effizienzbegriff in der Praxis überein.

[2] Das ist ein starkes Argument gegen die Kritik, dass der Exponent einer polynomiellen Laufzeitschranke im Prinzip beliebig groß und das zugehörige Problem keineswegs als praktisch effizient angesehen werden könne.

Meh76]; und darauf aufbauend der Charakterisierung beliebig-stufiger effizienter Realisierbarkeit. Das heißt konkret: Wann kann ein Typ-k Funktional als effizient realisierbar angesehen werden? Für Typ-1 Funktionale existiert besagte Charakterisierung durch FP. Diese basiert auf der sog. *erweiterten Church-Turing These*[3], dass alle als sinnvoll erachteten Berechnungsmodelle zueinander polynomialzeitäquivalent sind, FP somit robust unter Modellwechseln seien. Letzteres ist wesentlich, da Effizienz ein vom Modell unabhängiges Konzept sein sollte.

Schon ab Typ-2 Funktionalen gibt es, wie wir in Kapitel 2 ergründet haben, kein Pendant zur Church-Turing These. Auf die Frage von Cobham [Cob65] gab Mehlhorn [Meh76] zunächst eine rekursionstheoretische Definition einer Klasse $\mathcal{L}()$ von Typ-2 Funktionalen als Charakterisierung effizient realisierbarer Typ-2 Funktionale. Buss führte später [Bus86] eine Familie von Klassen von Funktionalen endlichen Typs ein, deren Definition von Cook und Kapron [CK90] um Charakterisierungen erweitert und zur Familie BFF_i der *Typ-i basic feasible functionals* vereinfacht wurde [KC91]. Die Klasse BFF_2 entspricht dabei der von Mehlhorn betrachteten Klasse $\mathcal{L}()$. Offen blieb allerdings die Frage nach einer *einfachen* Maschinen-basierten Charakterisierung. Kapron und Cook [KC91, KC96] gaben eine OTM-basierte Formulierung von Stufe-2 Polynomialzeit durch *Stufe-2 Polynome* und wiesen die Klasse der sog. *Stufe-2 polynomialzeitberechenbaren Funktionen* als äquivalent zu BFF_2 nach [KC96, Thm. 5.1+5.12]. Es besteht weitestgehend Einigkeit über das Enthaltensein von BFF_2 in der Menge der effizient berechenbaren Typ-2 Funktionale. Über die Umkehrung jedoch herrschte zunächst weniger Einigkeit, ein Stufe-2 Pendant zur Cobham-Edmonds These (Erinnerung: Abschnitt 2.2) ist nicht bekannt. Ein wesentlicher Teil des Diskurses (siehe bspw. [Set94, Pez97, FeH13]) zentrierte sich darum, welche nicht in BFF_i enthaltenen Funktionale jedoch als effizient Typ-i berechenbar angesehen werden sollten. Für BFF_2 scheint nun jedoch Übereinstimmung zu herrschen, dass dies eine korrekte Formalisierung von Stufe-2 Effizienz darstellt.[4] Ab Stufe 3 ist das Problem allerdings weiter offen (vgl. [IRK02, Appendix A], [FeH13, §4]).

Für eine sehr detaillierte Ergründung der historischen Entwicklung und Probleme bei der Formalisierung höherstufiger effizienter Realisierbarkeit, siehe bspw. [IRK01, §2].

---

[3] siehe [Par86]

[4] Dieser Feststellung schließt sich direkt die Frage nach den Räumen an, die eine Betrachtung von Stufe-2 Komplexitätstheorie erlauben. Ergebnisse in dieser Richtung finden sich in [KaP14].

Stufe-2 Polynome. Um Stufe-2 Polynomialzeitberechenbarkeit durch Orakelmaschinen und analog zur Stufe-1 Komplexitätstheorie zu definieren, bedarf es eines Begriffs von *Länge für Typ-1 Objekte.* Die Länge eines Typ-1 Objektes $\phi\colon \Sigma^* \to \Sigma^*$ kann i. Allg. nicht durch eine Konstante beschränkt werden; vgl. Beispiel 2.3.7. Stattdessen definieren Kapron und Cook [KC96, Def. 4.1] die Länge als Funktion:[5]

$$l(\text{-})\colon \mathbb{N} \to \mathbb{N}\,, \quad l(\phi)(n) := \max_{x \in \Sigma^{\leq n}} l(\phi(s))\,. \tag{5.1}$$

Stufe-2 Polynome $P\colon (\mathbb{N} \to \mathbb{N}) \times \mathbb{N} \to \mathbb{N}$ in einer Typ-1 Variable φ und einer Typ-0 Variable n sind wie folgt induktiv definiert.

Definition 5.1.1 ([KC96, Def. 4.2]). Jede Typ-0 Konstante $k \in \mathbb{N}$ ist ein Stufe-2 Polynom, ebenso wie jede Typ-0 Variable n. Sind P und Q Stufe-2 Polynome, dann sind es auch $P + Q$, $P \cdot Q$ und $\varphi \circ P$.

Intuitiv spiegelt sich in dieser Definition die Berechnungsstruktur auf Orakelmaschinen wieder: Eine OTM kann sowohl polynomiell viele Schritte im Typ-0 Argument durchführen, als auch polynomiell viele Orakelanfragen mit konstanter *Verschachtelungstiefe*, d. h. $\phi^k(s)$ mit k konstant, stellen. Da insbesondere auch als Anfrageargumente zuvor erhaltene Orakelantworten eingesetzt werden können (ein sehr natürlicher Vorgang: vgl. Newton-Iteration), ist die Einschränkung an die Verschachtelungstiefe essentiell: Ohne sie könnte sich jede OTM selbst für polynomiell-beschränkte Orakel, bspw. $\phi[\Sigma^n] \subseteq \Sigma^{n^2}$ für alle $n \in \mathbb{N}$, durch *logarithmisch* viele Iterationen von ϕ exponentielle Laufzeit „erkaufen": $\phi^{\log_2(n)}[\Sigma^n] \subseteq \Sigma^{n^n}$ für alle $n \in \mathbb{N}$.

Ein Kritikpunkt[6] an der Charakterisierung effizienter Typ-2 Realisierbarkeit durch Stufe-2 Polynomialzeitberechenbarkeit ist das mögliche „erkaufen" von Berechnungszeit durch das „Auffüllen" (engl. *padding*) von Orakelantworten. Ersetze dazu bspw. ein Orakel ϕ durch ϕ' mit $\phi'\colon \Sigma^n \ni s \mapsto 0^{2^{l(s)}}1\,\phi(s)$ für alle $n \in \mathbb{N}$. Diese Kritik kann jedoch durch zwei Argumente entkräftet werden: Zum einen ist die Stufe-2 Polynomialzeitberechenbarkeit eines Operators über die Existenz einer OTM $M^?$ und eines Stufe-2 Polynoms als Zeitschranke an $M^?$ derart definiert, dass $M^?$ *für alle* Typ-0 und Typ-1 Argumente innerhalb der Zeitschranke eine valide Lösung liefert. Die Zeitschranke muss also nicht nur für „sehr lange" Argumente, sondern insbesondere auch

[5] Wir verwenden an dieser Stelle die gleiche Notation für die Länge von Typ-1 Objekten wie für die Länge von Typ-0 Objekten – was aber kein Problem ist, da jedes Wort $s \in \Sigma^*$ als konstante Funktion $\phi_s\colon t \mapsto s$ mit $l(\phi_s) = l(s)$ aufgefasst werden kann.

[6] wie beispielsweise in [Ret13] geäußert

für „sehr kurze" gelten. Zum anderen hängt die Form der Typ-1 Argumente (Orakel) von der gewählten Darstellung ab. Folgt durch die Wahl der Darstellung, dass Orakel stets sehr lang sind (bspw. wie obiges ϕ'), so ist die Darstellung meist selbst nicht sinnvoll. Betrachte dazu ein Analogon in der diskreten Komplexität: Wähle eine übliche Darstellung für Graphen (Adjazenzlisten oder Adjazenzmatrizen). Fülle nun für jeden Graphen mit Knotenmenge V einen Namen in einer dieser Graphendarstellungen mit $0^{|V|^2}$ auf. In dieser modifizierten Darstellung sind vormals (in den „sinnvollen" Darstellungen) nicht effizient berechenbare Probleme wie Clique auf einmal in Polynomialzeit lösbar. Ob Stufe-2 Komplexitätsschranken als sinnvoll angesehen werden können, hängt entsprechend von der Wahl natürlicher Darstellungen ab.

5.2 Minimale Darstellung für $\mathrm{C}[-1,1]$

Bisher haben wir nur die Darstellung $\rho_{\mathbb{R}}^{\rightarrow}$ für $\mathrm{C}[-1,1]$ kennengelernt (Beispiel 2.1.2). Diese hat einen entscheidenden Nachteil: Wegen fehlender Stetigkeitsinformation ist nicht einmal der elementare Auswertungsoperator $(\rho_{\mathbb{R}}^{\rightarrow} \times \rho_{\mathbb{R}}, \rho_{\mathbb{R}})$-berechenbar. Reichere also $\rho_{\mathbb{R}}^{\rightarrow}$ mit Stetigkeitsinformation an und notiere die so hervorgehende Darstellung mit $\tilde{\rho}_{\mathbb{R}}^{\rightarrow}$.[7] Der elementare Auswertungsoperator ist nun zwar $(\tilde{\rho}_{\mathbb{R}}^{\rightarrow} \times \rho_{\mathbb{R}}, \rho_{\mathbb{R}})$-berechenbar [Wei00, Lem. 6.1.2], jedoch nicht *effizient* berechenbar, da $\tilde{\rho}_{\mathbb{R}}^{\rightarrow}$-Namen keinen effizienten Zugriff auf einen *Stetigkeitsmodul* der dargestellten Funktion gewähren.

Definition 5.2.1. Sei $f \in \mathrm{C}[-1,1]$. Eine Funktion $\overline{\mu}\colon \mathbb{N} \to \mathbb{N}$ heißt *Stetigkeitsmodul*[8] (auch: *Modul der gleichmäßigen Stetigkeit*) für f, sofern für alle $n \in \mathbb{N}$ und $x, y \in [-1,1]$ gilt: $|x-y| \leq 2^{-\overline{\mu}(n)}$ impliziert $|f(x) - f(y)| \leq 2^{-n}$.

Insbesondere gilt für f mit Stetigkeitsmodul $\overline{\mu}$

$$\mathrm{B}\big(x, 2^{-\overline{\mu}(n)}\big) \cap \mathrm{Dom}(f) \subseteq f^{-1}\big[\mathrm{B}\big(f(x), 2^{-n}\big)\big]$$

[7] Ein $\tilde{\rho}_{\mathbb{R}}^{\rightarrow}$-Name φ für f ist von der Form $\varphi = \langle M^?, \sigma\rangle$ mit einer Orakelmaschine $M^?$ und $\sigma \in \Sigma^{**}$ derart, dass M^σ eine Folge *aller* Viertupel $(q, \delta, p, \epsilon) \in \mathbb{D}^4$ generiere, die $[q-\delta, q+\delta] \subseteq f^{-1}[p-\epsilon, p+\epsilon]$ erfüllen.
Bemerke außerdem: $\tilde{\rho}_{\mathbb{R}}^{\rightarrow}$ entspricht Darstellung $[\rho_{\mathbb{R}} \to \rho_{\mathbb{R}}]_{\mathbb{R}} =: \delta_{\rightarrow}^{\mathbb{R}}$ in [Wei00]. Grzegorczyk hat neben $\tilde{\rho}_{\mathbb{R}}^{\rightarrow}$ in [Grz57, (27), S. 66] noch drei weitere Darstellungen stetiger Funktionen formuliert und als zu $\tilde{\rho}_{\mathbb{R}}^{\rightarrow}$ äquivalent nachgewiesen.

[8] Zur Notation: Das Überstreichen soll die Beschränkung des Wachstums der Funktion f nach oben andeuten. In Kapitel 7 werden wir das Gegenstück, eine Funktion liefernd eine untere Schranke an das Mindestwachstum, einführen.

für alle $x \in \mathrm{Dom}(f)$ und $n \in \mathbb{N}$.[9] Ein Stetigkeitsmodul für f gemäß obiger Definition existiert folglich genau dann, wenn f *gleichmäßig stetig* ist.

Es gilt: Jede $\tilde{\boldsymbol{\rho}}_{\mathbb{R}}^{\rightarrow}$-berechenbare Funktion hat einen berechenbaren Stetigkeitsmodul (vgl. [Ko91, Thm. 2.13]); ein $\overline{\mu}$ kann überdies *mehrwertig* aus der Darstellung $\tilde{\boldsymbol{\rho}}_{\mathbb{R}}^{\rightarrow}$ berechnet werden, jedoch nicht *einwertig* [Wei00, Thm. 6.2.7] (heißt: $f \rightrightarrows \overline{\mu}$ ist berechenbar, $f \mapsto \overline{\mu}$ jedoch unstetig). Jedoch gilt folgende Charakterisierung: Eine Funktion $f \in \mathrm{C}[-1,1]$ ist genau dann $(\boldsymbol{\rho}_{\mathbb{R}}, \boldsymbol{\rho}_{\mathbb{R}})$-berechenbar, wenn sie auf $\mathbb{D} \cap \mathrm{Dom}(f)$ berechenbar ist und einen berechenbaren Stetigkeitsmodul besitzt (diese Charakterisierung geht auf [Grz57, (5), S. 62] zurück; siehe außerdem [Ko91, Cor. 2.14]). Für die nachfolgend definierte Darstellung $\boldsymbol{\lambda}$ gilt die Polynomialzeitverfeinerung voriger Charakterisierung: Eine Funktion ist genau dann polynomialzeit $(\boldsymbol{\rho}_{\mathbb{R}}, \boldsymbol{\rho}_{\mathbb{R}})$-berechenbar, wenn sie polynomialzeit $\boldsymbol{\lambda}$-berechenbar ist [Lam06].

Definition 5.2.2. Ein $\phi \in \Sigma^{**}$ ist ein $\boldsymbol{\lambda}$-Name für $f \in \mathrm{C}[-1,1]$, wenn $\phi = \langle \varphi, \varphi' \rangle$, so dass (a) $|f(q) - \varphi(q, 0^n)| < 2^{-n}$ für alle $q \in \mathbb{D} \cap \mathrm{Dom}(f)$ und Genauigkeiten n, sowie (b) φ' einen Stetigkeitsmodul $\overline{\mu}$ für f kodiert, d. h. $\varphi' \colon s \mapsto 0^{\overline{\mu}(l(s))}$. Fortan schreiben wir $\boldsymbol{\lambda}$-Namen vereinfachend als $\langle \varphi, \overline{\mu} \rangle$, obgleich $\overline{\mu}$ keine Wortfunktion ist.

Für $\boldsymbol{\lambda}$ gilt: Sie ist (bis auf $\preceq$-Äquivalenz) die schwächste Darstellung für $\mathrm{C}[-1,1]$, für die der Auswertungsoperator $(f, x) \mapsto f(x)$ berechenbar ist (vgl. mit [Wei00, Thm. 6.1.2(3)] für Darstellung $\tilde{\boldsymbol{\rho}}_{\mathbb{R}}^{\rightarrow}$). Die Aussage gilt sogar für Stufe-2 Polynomialzeitberechenbarkeit.

Fakt 5.2.3 ([KaC12, Lem. 4.9]). *Sei $\boldsymbol{\xi}$ eine Darstellung für* $\mathrm{C}[-1,1]$. *Der Auswertungsoperator ist genau dann Stufe-2 polynomialzeit* $(\boldsymbol{\xi} \times \boldsymbol{\rho}_{\mathbb{R}}|^{[-1,1]}, \boldsymbol{\rho}_{\mathbb{R}})$-*berechenbar, wenn* $\boldsymbol{\xi} \preceq_{\mathrm{p}} \boldsymbol{\lambda}$.

Eine Verallgemeinerung obigen Ergebnisses auf $\mathrm{C}(X, \mathbb{R})$ für beliebige Räume X hängt wesentlich von den Eigenschaften von X ab [FeH13, Thm. 3.1]. Im Falle, dass Objekte in X zu *informationsreich* sind, ist eine höherstufige Komplexität [FeH13, §4.4] (und damit auch ein höherstufiger Darstellungs- und Berechenbarkeitsbegriff) vonnöten. Für diese Arbeit werden wir uns allerdings auf Stufe-2 Komplexität beschränken können.

[9] Für den weiteren Verlauf dieser Arbeit werden uns für gewöhnlich Moduln mit Genauigkeiten in $\mathbb{N}$ genügen, vor allem ob der Einschränkung auf Funktionen mit Definitionsbereich in $[-1,1]^d$. Die Verallgemeinerung auf Moduln mit ganzzahligen Genauigkeiten ergibt sich jedoch natürlich aus der hier gegebenen Definition.

5.3 Stufe-2 Komplexitätsklassen

Einen wichtigen Schritt hin zur strukturellen Stufe-2 Komplexitätstheorie markiert die Arbeit von Kawamura und Cook [KaC12], die aus rekursionstheoretischer Sicht eine unproblematische, aber aus Komplexitätssicht kritische Lücke schließt: Im Allgemeinen ist die Länge $l(\phi)$ einer Funktion $\phi \in \Sigma^{**}$ nach (5.1) nicht zeitkonstruierbar[10], denn zur Berechnung von $l(\phi)(n)$ bedarf es der Auswertung von ϕ in exponentiell in n vielen Argumenten. Kawamura und Cook beschränken sich daher auf die Klasse $\Sigma^{**}_{\mathrm{LM}} \subset \Sigma^{**}$ der *längenmonotonen* Wortfunktionen als Namen: Eine Funktion $\phi \in \Sigma^{**}$ heiße *längenmonoton*, wenn

$$\forall\, s,t \in \Sigma^* \,.\, l(s) \leq l(t) \implies l(\phi(s)) \leq l(\phi(t)) \,.$$

Die Länge eines $\phi \in \Sigma^{**}_{\mathrm{LM}}$ (und somit auch eines Stufe-2 Polynoms) ist damit zeitkonstruierbar:[11] Gegeben $n \in \mathbb{N}$ genügt es, ϕ auf 0^n auszuwerten, um $l(\phi)(n)$ zu konstruieren.

Die Klasse $\mathbf{FP}$ als Stufe-2 Analogon zu FP sei nun definiert als die Menge der Stufe-2 polynomialzeitberechenbaren Funktionen $\phi\colon \subseteq\Sigma^{**} \to \Sigma^{**}$. Eine Funktion $f\colon \subseteq X \to X'$ auf Räumen X, X' mit Darstellungen $\boldsymbol{\xi}$ respektive $\boldsymbol{\xi}'$ ist folglich in $(\boldsymbol{\xi}, \boldsymbol{\xi}')$-$\mathbf{FP}$, wenn sie von einer $\mathbf{FP}$-Funktion $(\boldsymbol{\xi}, \boldsymbol{\xi}')$-realisiert wird. Definiere analog $\mathbf{P}$ (in Stufe-2 Polynomialzeit berechenbare Funktionale $\phi\colon \subseteq\Sigma^{\omega} \to \Sigma^{**}$), $\mathbf{NP}$ und $\mathbf{PSPACE}$ sowie -Berechenbarkeit.

Die Polynomialzeitreduktionen in Kapitel 3 können also äquivalent als $(\boldsymbol{\xi}, \boldsymbol{\xi}')$-$\mathbf{P}$-Berechenbarkeit der Identität id_X ausgedrückt werden (vgl. Definition 2.3.10), ebenso wie das Polynomialzeitresultat für die Projektion (Theorem 4.3.1): der Operator $\textsc{Proj}_{d,e}|_{\mathcal{C}^{(d)}}$ ist in $(\boldsymbol{\kappa}^{(d)}, \boldsymbol{\kappa}^{(e)})$-$\mathbf{FP}$.

[10] Eine Funktion t (hier: $t := l(\phi)$) heißt *zeitkonstruierbar*, wenn es eine $\mathrm{O}(t)$-zeitbeschränkte deterministische Turingmaschine gibt, die die Funktion $\Sigma^* \ni s \mapsto 0^{l(\phi)(l(s))}$ berechnet.

[11] In der diskreten Komplexität notwendig zur Formulierung von Hierarchietheormen (beispielsweise: Die Klasse der in Zeit $\mathrm{O}(n^k)$ entscheidbaren Probleme ist echt in der in Zeit $\mathrm{O}(n^{k+1})$ entscheidbaren enthalten; vgl. [AB09, §3.1]).

6 Berechenbarkeit und Komplexität numerischer Operatoren

Basierend auf [KMRZ12] widmen wir uns in diesem Kapitel u. a. der Uniformisierung einiger Ergebnisse von Labhalla et al. [LLM01]. Konkreter beantworten wir Fragen zur Komplexität einiger Standardoperatoren auf dem Raum der stetigen, mehrfach-differentierbaren, glatten sowie analytischen Funktionen; Operatoren wie Addition und Multiplikation von Funktionen, sowie Integration, Differentiation und Komposition.[1] In Abschnitt 6.1 werden zunächst einige aus der Literatur bekannte nicht-uniforme obere Schranken wiederholt, die bereits zeigen, dass die Beschränkung auf glatte Funktionen selbst im nicht-uniformen Fall nicht zu polynomiellen oberen Schranken führt. Analytizität hingegen liefert nicht-uniforme polynomielle Schranken durch Einkodierung geeigneter Parameter (Abschnitt 6.1.4). Genau solche Parameter, beispielsweise das Wachstum von Ableitungen glatter Funktionen beschränkender Konstanten, gilt es fortan in Darstellungen als Zusatzinformation einzukodieren (Abschnitt 6.2.2) – ohne diese Zusatzinformation liefert sonst nicht einmal die Einschränkung auf analytische Funktionen polynomielle uniforme Schranken (Abschnitt 6.2.1). Die so erhaltenen Darstellungen werden sich als polynomialzeitäquivalent herausstellen (Abschnitte 6.2.3 and 6.2.4). Die daraus resultierende Freiheit in der Darstellungswahl wird es anschließend (Abschnitt 6.2.3) erlauben obig benannte Operatoren als polynomialzeitberechenbar nachzuweisen.

Zur Erklärung des Bruchs zwischen polynomiellen oberen Schranken über der Klasse analytischer Funktionen auf der einen und exponentiellen unteren Schranken über der Klasse glatter Funktionen auf der anderen Seite betrachten wir zum Abschluss des Kapitels (Abschnitt 6.3) sog. Gevrey-Funktionen. Diese gehen durch Relaxierung von Wachstumsschranken der Ableitungen glatter Funktionen, die bereits zur Charakterisierung analytischer Funk-

[1] Für Berechenbarkeitsbetrachtungen numerischer Operatoren auf $C^k[-1,1]$, $C^\infty[-1,1]$ und L_p-Räumen, siehe [PR89].

tionen dienten, hervor. Den Grad besagter Relaxierung beschreibt die sog. *Gevrey-Stufe*. Die quantitative Verfeinerung der Komplexitätsschranken aus Abschnitt 6.2.3 wird schlussendlich eine *exponentielle* Abhängigkeit von der Gevrey-Stufe aufdecken – die sowohl für den Maximierungs-, als auch für den Integrationsoperator optimal ist.

Notation. Bezeichne mit $\mathrm{C}^i(D) := \mathrm{C}^i(D, \mathbb{R}^e)$ die Klasse der i-mal stetig differenzierbaren Funktionen $f\colon D \to \mathbb{R}^e$. Für $D := [a, b]$ schreiben wir verkürzend $\mathrm{C}^i[a, b]$. Mit $i = 0$ sei $\mathrm{C}(D) := \mathrm{C}^0(D)$ die Klasse stetiger Funktionen. Weiter bezeichne $\|\cdot\|$ in diesem Kapitel stets die Supremumsnorm auf der jeweilig betrachteten Funktionenklasse.[2]

Eine typographische Randnotiz:[3] (Mathematische) Konstanten werden wir stets gerade setzen, d. h. die Kreiszahl als π, die Eulersche Zahl als e und die imaginäre Einheit als i.

6.1 Nicht-uniforme Schranken

Ein Operator F auf dem Raum stetiger Funktionen $f\colon [-1, 1] \to \mathbb{R}$ ist *nicht-uniform* in Polynomialzeit berechenbar, wenn F polynomialzeitberechenbare Argumente f auf polynomialzeitberechenbare Werte $F(f)$ abbildet. Auf analoge Weise sind allgemeinere nicht-uniforme Zeit- und Platzschranken definierbar.

Ko und Friedman [KF82, Fri84, Ko91] betrachteten die (in obigem Sinne) nicht-uniforme Komplexität numerischer Operatoren wie Maximierung, Integration, Differentiation, dem Lösen gewöhnlicher Differentialgleichungen sowie der Funktionsinversion. Sie bemerkten: Die Nichtuniformität erlaubt es stetige Funktionen f derart zu konstruieren, so dass $F(f)$ (genau) dann polynomialzeitberechenbar ist, wenn in der klassischen diskreten Komplexitätstheorie als nicht identisch angenommene Komplexitätsklassen zusammenfallen. Genauer: Für einen Operator F sind einige der durch Ko und Friedman identifizierten Charakterisierungsresultate von der Form

$$F \text{ ist nicht-uniform in Polynomialzeit berechenbar} \iff \mathsf{K} = \mathsf{K}' \tag{6.1}$$

[2] Da im Kontext dieses Kapitels keine Verwechslungsgefahr mit den in Kapitel 3 betrachteten Normen besteht, nehmen wir diese semantische Überladung in Kauf.

[3] ...ganz im Sinne von [Hal70, §5]; siehe auch [Bec97].

für zwei nicht als polynomialzeitäquivalent *angenommene* Komplexitätsklassen K, K'. In diesem Abschnitt wiederholen wir einige dieser Ergebnisse für Maximierung (Abschnitt 6.1.1), Integration (Abschnitt 6.1.2) und Differentiation (Abschnitt 6.1.3), reformuliert über bisherig definierten Darstellungen, als Vorbereitung auf die ab Abschnitt 6.2 folgenden *uniformen* Zeitschranken.

6.1.1 Maximierung

Parametrisierte Maximierung,

$$\textsc{PMax}\colon \mathrm{C}[-1,1] \to \mathrm{C}[-1,1]\,, \quad f \mapsto \big(c \mapsto \max\{f(x) \mid -1 \le x \le c\}\big)\,,$$

ist nicht-uniform formuliert äquivalent zum P vs. NP-Problem [Fri84, Thm. 2.6+2.7]:

$$\text{es gibt ein } f \in \boldsymbol{\lambda}|^{\mathrm{C}[-1,1]}\text{-}\mathsf{FP} \text{ mit } \textsc{PMax}(f) \notin \boldsymbol{\lambda}\text{-}\mathsf{FP} \iff \mathsf{P} \neq \mathsf{NP}\,.$$

Die nicht-uniforme Komplexität des Funktionals

$$\textsc{Max}\colon \mathrm{C}[-1,1] \to \mathbb{R}\,, \quad f \mapsto \max\{f(x) \mid -1 \le x \le 1\}$$

hingegen ist abhängig von der Antwort auf das unäre Pendant zur P vs. NP-Frage.

Definition 6.1.1 (Unäre Komplexitätsklassen)**.** Sei K eine Komplexitätsklasse von Entscheidungs- und FK eine Klasse von Funktionsberechnungsproblemen. Definiere ihre unären Pendants K_1 respektive FK_1 als

$$\mathsf{K}_1 := \big\{K \cap \{0\}^* \mid K \in \mathsf{K}\big\} \quad \text{und} \quad \mathsf{FK}_1 := \big\{\phi|_{\{0\}^*} \mid \phi \in \mathsf{FK}\big\}\,.$$

Klassen der Form FK_1 werden in Abschnitt 6.1.2 Verwendung finden.

Fakt 6.1.2 ([KF82, Thm. 7.2] und [Fri84, Cor. 2.4])**.** *Es gilt*

$$\begin{aligned}\mathsf{P} = \mathsf{NP} \implies \Big(f \in \boldsymbol{\lambda}|^{\mathrm{C}[-1,1]}\text{-}\mathsf{FP} \implies \textsc{Max}(f) \in \rho_{\mathbb{R}}\text{-}\mathsf{FP}\Big) \\ \implies \mathsf{P}_1 = \mathsf{NP}_1\,.\end{aligned}$$

Beweisskizze. Die erste Implikation folgt durch binäre Suche: Aus der gegebenen Polynomialzeitschranke an f kann zunächst der damit ebenfalls polynomiell beschränkte Bildbereich von f beschränkt werden. Ist M eine Polynomialzeitmaschine für f, so kann nun Näherung an $\textsc{Max}(f)$ vermittels binärer Suche über diese grobe Approximation an Bild(f) durch polynomiell viele Anfragen an eine NP-Menge (die nach Voraussetzung auch in P enthalten ist) der Form „zu gegebenem Maximumskandidaten $q \in \mathbb{D}$ und Genauigkeit $n \in \mathbb{N}$ gibt es ein Argument $p \in \mathbb{D}$ mit $M(p, 0^n) \geq q$“ gewonnen werden.

Zur zweiten Implikation: Konstruiere zu gegebener NP_1-Menge A und beliebiger Genauigkeit $n \in \mathbb{N}$ eine polynomialzeitberechenbare stückweise stetige Funktion f_n, für die gilt: sei $f_n(i/2^n) := 1 + \text{bin}_{\mathbb{N}}(w)$ mit $i \leq 2^n$ genau dann, wenn das lexikographisch i-te Wort $w = w(i)$ in Σ^n ein Zeuge für $0^n \in A$ ist; und 0 sonst. Teile nun $[-1, 1]$ in Intervalle $[1 - 2^{-n+1}, 1 - 2^{-n}]$, skaliere f_n auf das Teilintervall mit Breite 2^{-n} und betrachte die so gewonnene und ebenfalls polynomialzeitberechenbare Funktion $f := \sum_{n \in \mathbb{N}} f_n$. Das Maximum von f_n als polynomialzeitberechenbare Zahl ist nun mit Fehler $2^{-(n+2)}$ zu berechnen und liefert damit einen Zeugen für $0^n \in A$; andernfalls 0. Damit ist A polynomialzeitentscheidbar, kurz $A \in \mathsf{P}_1$. □

6.1.2 Integration

Betrachte das Integrationsfunktional und den zugehörigen Operator,

$$\begin{aligned} \text{INT}: \ & C[-1,1] \to \mathbb{R}, && f \mapsto \int_{-1}^{1} f(x)\,\mathrm{d}x ; \\ \text{PINT}: \ & C[-1,1] \to C[-1,1], && f \mapsto \left(c \mapsto \int_{-1}^{c} f(x)\,\mathrm{d}x\right), \end{aligned}$$

die das Riemann-Integrationsfunktional resp. das unbestimmte Integral einer stetigen Funktion f berechnen. Die naive Berechnung von INT mittels Rechteckregel über exponentiell vielen äquidistant gewählten Punkten im Definitionsbereich $[-1, 1]$ liefert für in polynomieller Zeit[4] $\boldsymbol{\lambda}|^{C[-1,1]}$-berechenbare Funktionen $f \in C[-1, 1]$ einen PSPACE-Algorithmus [KF82, Thm. 6.2]: Sei M eine OTM, die f auf Platz beschränkt durch ein Polynom p berechnet. Für die äquidistanten Intervallmittelpunkte $q_i := i \cdot 2^{-p(n+1)} + 2^{-p(n+1)-1} \in \mathbb{D}_{p(n+1)+1}$ mit $-2^{p(n+1)} \leq i < 2^{p(n+1)}$ ist die Differenz von Ober- und Untersummen klein, d. h. mit $p_{i,\pm} := M(\langle q_i, 0^{n+2} \rangle) \pm 2^{-(n+2)}$ gilt

$$\sum_{q_i} 2^{-p(n+1)}(p_{i,+} - p_{i,-}) = 2^{-(n+1)} \sum_{q_i} 2^{-p(n+1)} = 2^{-n} .$$

[4] gilt allgemeiner sogar für Funktionen mit polynomieller Platzschranke

Die Kodierungslänge der Approximationen $p_{i,\pm}$ an den Funktionswert $f(q_i)$ sind linear in $p(n)$ beschränkt, eine Approximation an $\mathrm{INT}(f)(1)$ ist als Summe von $p_{i,+} \cdot 2^{-p(n+1)-1}$ für $-2^{p(n+1)} \leq i < 2^{p(n+1)}$ auf polynomiellem Platz berechenbar. Die allgemeinere Berechnung von $\mathrm{INT}(f)(c)$ mit $c \in [-1,1]$ folgt unmittelbar.

Ist PSPACE das letzte Wort in der nicht-uniformen Komplexitätsschranke für INT, oder geht es doch besser? Zur Beantwortung dieser Frage benötigen wir die Klasse der *Zählprobleme.*

Definition 6.1.3 (Zählklasse #P)**.** Sei P ein beliebiges Problem in P. Eine Wortfunktion $\varphi\colon \Sigma^* \to \Sigma^*$, ist genau dann in #P, wenn

$$\varphi(s) = \mathrm{bin}_{\mathbb{N}}\big(|\{w \in \Sigma^* \mid \langle s, w\rangle \in P\}|\big) \tag{6.2}$$

für alle $s \in \Sigma^*$ gilt – die Wortfunktion φ also die Anzahl der Zeugen polynomieller Länge *zählt.*[5]

Nachfolgend fassen wir ein paar Fakten zu dieser (von Leslie Valiant eingeführten) Komplexitätsklasse zusammen (siehe auch [AB09, §17]).

Bemerkung 6.1.4. Polynomialzeitfunktionen sind in #P enthalten, d. h. FP $\subseteq$ #P, denn jedes $\varphi \in$ FP kann als Zeugenfunktion einer Sprache

$$P_\varphi := \big\{\langle s, w\rangle \mid s \in \Sigma^*,\ w <_{\mathrm{lex}} \varphi(s)\big\} \tag{6.3}$$

aufgefasst werden. Würde zudem die Umkehrung gelten, d. h. FP $\supseteq$ #P, so folgte P = NP (und somit auch P = PH nach Abschnitt 2.2): Wähle ein NP-vollständiges[6] Problem N, nutze die nach der Charakterisierung von NP-Problemen existente Menge $P \in$ P zur Definition einer Zeugenfunktion φ gemäß (6.2). Unter Annahme von #P = FP ist φ polynomialzeitberechenbar, wodurch das Prädikat

$$s \mapsto 1, \text{ wenn } \mathrm{bin}_{\mathbb{N}}^{-1}(\varphi(s)) > 0\,; \quad \text{andernfalls } s \mapsto 0$$

ebenfalls in Polynomialzeit berechnet werden kann.

Ein analoges Argument zeigt, dass jedes $N \in$ NP von einer P-Maschine mit Orakelzugriff auf #P in konstanter Zeit entschieden werden kann. Nach Todas Theorem [Tod91, For09] kann mit Orakelzugriff auf #P nicht nur NP, sondern

[5] vgl. Fußnote 17, S. 19, für die Beschränkung auf Zeugen polynomieller Länge.

[6] Das heißt: Mittels gegebener Lösungsroutine für N als Unterprogramm kann jedes Problem in NP effizient gelöst werden. Damit gehört N zur Äquivalenzklasse der am „schwierigsten" zu lösenden Probleme in NP.

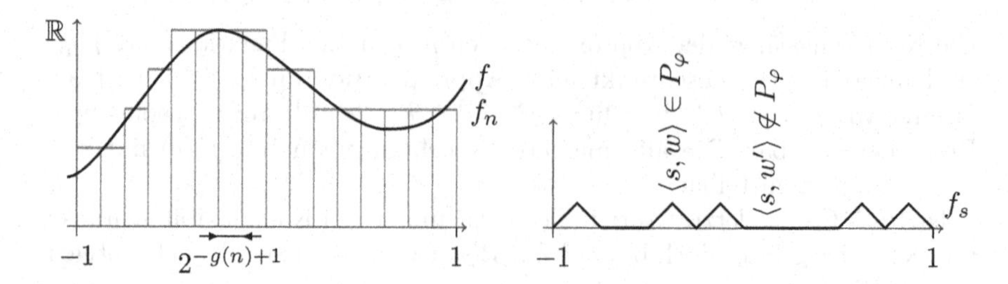

Abbildung 6.1.1. Links: Konstruiere zu gegebener polynomialzeitberechenbarer stetiger Funktion f eine Wortfunktion $\varphi \in \#\mathsf{P}$ derart, dass φ in einem Punkt q im Wesentlichen dem Integral von f_n auf $[-1, q]$ entspricht. Rechts: Zu $\varphi \in \#\mathsf{P}$, charakterisiert durch $P_\varphi \subseteq \Sigma^*$ gemäß Definition 6.1.3, kodiere P_φ in eine stückweise lineare und polynomialzeitberechenbare Funktion f_s ein. Mit angenommener Polynomialzeitintegrierbarkeit von f_s folgt dann $\varphi \in \mathsf{FP}$.

gar ganz PH entschieden werden! Da zudem alle Zeugen einer $\#\mathsf{P}$-Menge auf polynomiellem Platz aufgezählt werden können, folgt $\mathsf{PH} \subseteq \mathsf{P}^{\#\mathsf{P}} \subseteq \mathsf{PSPACE}$.

Intuitiv gewinnt man folgendes Ergebnis, indem der Funktionswert von $\mathrm{PINT}(f)$ in einem Intervallmittelpunkt q_i der Anzahl der Lösungen einer in f einkodierten $\#\mathsf{P}$-harten Funktion entspricht. Um das korrekte Integral zu bestimmen muss die Kastenhöhe hinreichend genau bestimmt werden – was der Berechnung der $\#\mathsf{P}$-Funktion gleichkommt und damit eine (abhängig vom hypothetischen „Abstand“ zwischen $\mathsf{P}^{\#\mathsf{P}}$ und PSPACE) bessere obere nicht-uniforme Schranke an INT liefert.

Fakt 6.1.5 ([Fri84, Thm. 3.7]; [Ko91, Thm. 5.33]). *Es gilt genau dann* $\mathsf{FP} = \#\mathsf{P}$, *wenn* $\mathrm{PINT}(f) \in \boldsymbol{\lambda}\text{-}\mathsf{FP}$ *für alle* $f \in \boldsymbol{\lambda}|^{C[-1,1]}\text{-}\mathsf{FP}$.

Beweisskizze. Angenommen es gelte $\mathsf{FP} = \#\mathsf{P}$. Gegeben ein $\boldsymbol{\lambda}$-Name $\langle \phi, \overline{\mu} \rangle$ einer Funktion $f \in \boldsymbol{\lambda}|^{C[-1,1]}\text{-}\mathsf{FP}$. Weiter sei g ein linear von $\overline{\mu}$ und logarithmisch von einer (beliebig schlechten) *oberen Schranke* an $\|f\|$ abhängiges Polynom. Wir nehmen weiter ohne Einschränkung an, dass $\phi(q, 0^n) \in \mathbb{D}_{g(n)}$ für alle $n \in \mathbb{N}$ und $q \in \mathbb{D}$ gelte. Aus ϕ geht eine Familie von Stufenfunktionen $\{f_n\}$ hervor: Setze $f_n(x) := \phi(q, 0^n)$ für $x \in [q, q + 2^{-g(n)+1}] \cap [-1, 1]$

mit $q \in \mathbb{D}_{g(n)}$, die $\|f - f_n\| < 2^{-n}$ erfüllen (siehe auch 6.1.1 (links)).[7] Zur folgenden P-Menge P,

$$P := \big\{\langle q, 0^n, w\rangle \in \Sigma^* \,\big|\, \exists\, q' \in \mathbb{D}_{g(n)-1} \cap [-1,1] \,.\, \exists\, p \in \mathbb{D}_{g(n)} \,. \\ q' < q,\ w = \langle q', p\rangle,\ p \leq f_n(q')\big\}$$

sei φ nach (6.2) die assoziierte Funktion in #P. Durch Auswertung von φ erhält man damit Zugriff auf die Stammfunktion von f_n, denn es gilt

$$\varphi(q, 0^n) = 2^{2g(n)-1} \int_{-1}^{q} f_n(x)\,\mathrm{d}x \\ = 2^{2g(n)-1} \sum_{q' \in \mathbb{D}_{g(n)-1} \cap [-1,q)} f_n(q') \cdot 2^{-g(n)+1}$$

für $q \in \mathbb{D}_{g(n)-1}$. (Der Vorfaktor $2^{g(n)-1}$ setzt sich aus dem Kehrwert der Intervallbreite, $2^{g(n)-1}$, und der Skalierung der Funktionswerte um den Faktor $2^{g(n)}$, die nach Voraussetzung in $\mathbb{D}_{g(n)}$ liegen, zusammen.) Nach Voraussetzung von FP = #P gilt $\varphi \in$ FP und es folgt somit $\text{PINT}(f) \in \boldsymbol{\lambda}$-FP.

Für die Umkehrung sei $\varphi \in$ #P und $P_\varphi \in$ P wie in (6.3). Konstruiere aus P_φ für jedes $n \in \mathbb{N}$ und $s \in \Sigma^n$ eine stückweise stetige Funktion wie in Abbildung 6.1.1 (rechts). Jedes f_s ist wegen $P_\varphi \in$ P polynomialzeitberechenbar und es gilt $f := \sum \tilde{f}_s$ für aus f_s durch geeignete Skalierung und Verschiebung auf Teilintervalle von $[-1,1]$ hervorgehende Funktionen $\tilde{f}_s$. Die resultierende Funktion f ist ebenfalls polynomialzeitberechenbar. Bezeichne mit $[u_s, v_s]$ das zu s assoziierte und in der Transformation von f_s zu $\tilde{f}_s$ verwendete Intervall. Nach vorausgesetzter Polynomialzeitintegrierbarkeit von $\boldsymbol{\lambda}$-FP-Funktionen kann nun aus der Differenz $\text{PINT}(f)(v_s) - \text{PINT}(f)(u_s)$ die Anzahl der Zeugen zu s in Polynomialzeit extrahiert werden. Es folgt $\varphi \in$ FP. □

Analog zu Fakt 6.1.2 für MAX kann auch INT im Verhältnis zu unären Komplexitätsklassen charakterisiert werden.

Fakt 6.1.6 ([Ko91, Thm. 5.32]). *Es gilt genau dann* $\mathsf{FP}_1 = \#\mathsf{P}_1$, *wenn* $\text{INT}(f) \in \boldsymbol{\rho}_{\mathbb{R}}$-FP *für alle* $f \in \boldsymbol{\lambda}|^{C[-1,1]}$-FP.

[7] siehe [KF82, Thm. 3.2] für die Polynomialzeitäquivalenz von $\boldsymbol{\lambda}$ und der Darstellung von f durch Folgen $\{f_n\}$ gleichmäßig gegen f konvergierender einfacher stückweise stetiger Funktionen f_n.

Beweis. Folgt aus einer Kombination der Beweisideen von Fakt 6.1.2 and 6.1.5. □

6.1.3 Differentiation

Für $f \in \boldsymbol{\lambda}|^{\mathrm{C}^2[-1,1]}\text{-}\mathsf{FP}$ ist auch die Ableitung f' polynomialzeitberechenbar, was sich auf beliebige Ableitungen verallgemeinert [KF82, Thm. 5.2]:

$$f \in \boldsymbol{\lambda}|^{\mathrm{C}^{k+1}[-1,1]}\text{-}\mathsf{FP} \implies \forall i \in \mathbb{N}_{\leq k} \,.\, f^{(i)} \in \boldsymbol{\lambda}|^{\mathrm{C}^{k-i+1}[-1,1]}\text{-}\mathsf{FP}\,. \tag{6.4}$$

Existiert $f^{(k+1)}$ und ist stetig auf $[-1,1]$, so ist $L := \|f^{(k+1)}\|$ beschränkt und liefert einen polynomiellen Stetigkeitsmodul $\overline{\mu}$ für $f^{(k)}$:

$$\left|f^{(k)}(x) - f^{(k)}(y)\right| \leq L \cdot |x-y| \leq 2^{-n}$$

impliziert

$$|x-y| \leq 2^{-\overline{\mu}(n)} \implies |f^{(k)}(x) - f^{(k)}(y)| \leq 2^{-n}$$

für $\overline{\mu}(n) := n + \log_2(L+1)$. Die Einschränkung auf mindestens $(k+1)$-mal stetig differenzierbare Funktionen ist dabei notwendig für die Polynomialzeitberechenbarkeit der k-ten Ableitung [Ko91, Thm. 6.4]: Es gibt eine Funktion $f \in \boldsymbol{\lambda}|^{\mathrm{C}^1[-1,1]}\text{-}\mathsf{FP}$ derart, dass $f'(q) \notin \rho_{\mathbb{R}}\text{-}\mathsf{FP}$ für alle $q \in \mathbb{D} \cap [-1,1]$.

6.1.4 Bruch zwischen glatt und analytisch

Nach üblicher Notation bezeichne $\mathrm{C}^\infty[-1,1] := \mathrm{C}^\infty([-1,1],\mathbb{R})$ den Raum der *glatten* (d. h. beliebig oft stetig differenzierbaren) Funktionen $f\colon [-1,1] \to \mathbb{R}$. In der Numerik gilt Glattheit, oder zumindest die Existenz höherer Ableitungen, als hinreichend für Algorithmen mit niedriger(er) Komplexität. Diese zunächst scheinbar naheliegende Annahme wird jedoch nicht durch die dieser Arbeit zugrundeliegende Theorie gestützt; präziser: Die in Fakt 6.1.2, 6.1.5 and 6.1.6 beschriebenen Äquivalenzen von Maximierung und Integration zu offenen Problemen der strukturellen Komplexitätstheorie gelten weiterhin, selbst wenn die Forderung nach Stetigkeit durch Glattheit ersetzt wird [Ko91, Thm. 5.33(d,e)]. Die in beiden Beweisen verwendeten Hüte sind dazu durch glatte Hutfunktionen (auch *Mollifier*) zu ersetzen.

Für die Differentiation hat die Existenz höherer Ableitungen nach (6.4) hingegen (zumindest auf den ersten Blick) sehr wohl Auswirkungen auf die Komplexität. Insbesondere sind bei Einschränkung auf $\mathrm{C}^\infty[-1,1]$ alle

Ableitungen $f^{(i)}$ einer polynomialzeitberechenbaren Funktion f selbst polynomialzeitberechenbar – allerdings nicht-uniform im Ableitungsparameter i. Für das uniforme Pendant, definiere zunächst den Operator

$$\text{PDIFF}\colon \mathrm{C}[-1,1] \to \big(\mathbb{N}\times[-1,1]\to\mathbb{R}\big)\,,\quad \text{PDIFF}(f)(i,\text{-}) \mapsto f^{(i)}(\text{-})\,.$$

Die Uniformisierung hat zur Folge, dass PDIFF selbst eingeschränkt auf $\mathrm{C}^\infty[-1,1]$ nicht in Polynomialzeit berechenbar ist [Ko91, Thm. 6.7].

Im Gegensatz zur Glattheit führt Analytizität zu Polynomialzeitschranken. Es bezeichne $\mathrm{C}^\omega(X)$ mit $X\subseteq\mathbb{C}$ die Klasse der Funktionen $f\colon X\to\mathbb{C}$, die *komplex-analytisch* auf eine komplexe Umgebung von X fortgesetzt werden können. Die Teilmenge der auf X reellwertigen Funktionen aus $\mathrm{C}^\omega(X)$ bezeichnen wir mit $\mathrm{C}^\omega(X,\mathbb{R})$. Zusammengefasst gilt dann für Maximierung, Integration und Differentiation folgende (weiterhin: nicht-uniforme) Aussage.

Fakt 6.1.7 ([Ko91, S. 208]). *Für* $f\in\boldsymbol{\lambda}|^{\mathrm{C}^\omega([-1,1],\mathbb{R})}$-FP *gelten* $\text{PMAX}(f)\in\boldsymbol{\lambda}$-FP, $\text{PINT}(f)\in\boldsymbol{\lambda}$-FP *und* $\text{PDIFF}(f)\in\big(\mathrm{un}_\mathbb{N}\times\boldsymbol{\rho}_\mathbb{R}|^{[-1,1]},\boldsymbol{\rho}_\mathbb{R}\big)$-**FP**.

6.2 Uniforme Schranken

Die Beweis der nicht-uniformen Polynomialzeitergebnisse für Maximierung und Integration (Abschnitt 6.1.4) fußen auf der Einkodierung von Parametern, die von der gegebenen Funktion abhängen. Durch bloße Einschränkung der Operatoren auf die Klasse $\mathrm{C}^\omega[-1,1]$ gewinnen wir daher nicht nur keine uniformen Polynomialzeitschranken, sondern können sogar uniforme *exponentielle untere* Schranken nachweisen (Abschnitt 6.2.1). Erst die explizite An- und Mitgabe von Parametern in Form von Zusatzinformationen (Abschnitt 6.2.2) wird es erlauben, uniforme *parametrisierte* Polynomialzeitschranken nachzuweisen (Abschnitt 6.2.3). Die Polynomialzeitäquivalenz der definierten Darstellungen (Abschnitte 6.2.2 and 6.2.4) sorgt zudem für die Robustheit der erhaltenen Polynomialzeitresultate.

6.2.1 Negative, uniforme Schranken

Wir widmen uns in diesem Abschnitt der Frage, welche der Aussagen in Fakt 6.1.7 auch *uniform* bezüglich der Darstellung $\boldsymbol{\lambda}$ gilt. Bezeichne dazu zunächst mit

$$\mathrm{Lip}_L[-1,1] := \big\{f\in\mathrm{C}[-1,1]\;\big|\;\forall x,y\in[-1,1]\,.\,|f(x)-f(y)|\le L\cdot|x-y|\big\}$$

die Klasse der L-Lipschitz-stetigen Funktionen auf $[-1,1]$.

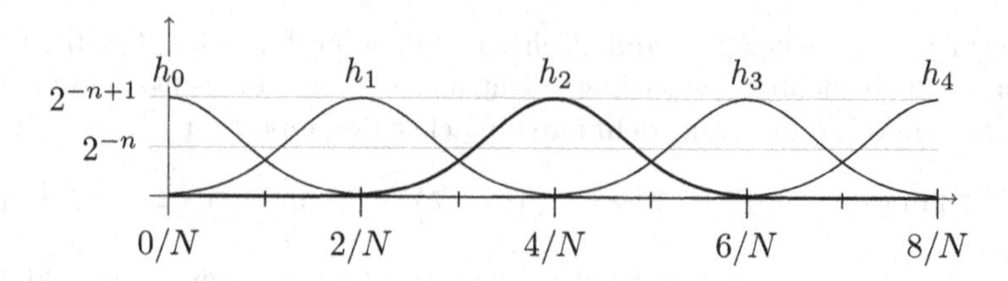

Abbildung 6.2.1. 1-Lipschitz-stetige Hutfunktionen h_i für $n = 3$

Die polynomiellen nicht-uniformen oberen Schranken für PMAX und PINT (Fakt 6.1.7) beruhten auf der Einkodierung von Konstanten, beschränkend die Anzahl der für die hinreichend genaue Berechnung notwendigen Taylorkoeffizienten. Uniform stehen diese Parameter jedoch nicht zur Verfügung – nicht einmal für L-Lipschitz-stetige Funktionen für festes $L > 0$.

Proposition 6.2.1. *Selbst auf* $\mathrm{Lip}_1[-1,1] \cap \mathrm{C}^\omega[-1,1]$ *sind die Funktionale* MAX *und* INT nicht *in subexponentieller Zeit* $(\rho_{\mathbb{R}}^{\rightarrow}, \rho_{\mathbb{R}})$*-berechenbar.*

Beweis. Ohne Einschränkung führen wir den Beweis nur für positive Genauigkeiten n. Betrachte zunächst analytische 1-Lipschitz-stetige Gegenspieler-Hutfunktionen h_i,

$$h_i \colon \mathbb{R} \to \mathbb{R}\,, \quad x \mapsto \exp\left(-N^2 \cdot (x - 2i/N)^2\right)/N$$

für $0 \leq i \leq N/2$ und $N := 2^{n-1}$, veranschaulicht in Abbildung 6.2.1. Gäbe es nun eine OTM $M^?$, die $\mathrm{MAX}(f)$ für jede Genauigkeit $n \in \mathbb{N}$ für jede Funktion $f \in \mathrm{Lip}_1[-1,1] \cap \mathrm{C}^\omega[-1,1]$ in Polynomialzeit berechnete, so wäre diese imstande, die konstante Nullfunktion $x \mapsto 0$ von h_i in Polynomialzeit durch Berechnung des Maximums mit Genauigkeit n zu unterscheiden:

$$\mathrm{MAX}(h_i) = 2^{-n+1}\ ; \quad \mathrm{MAX}(x \mapsto 0) = 0\,.$$

Bemerke dazu, dass die Funktionen h_i sich nur im Bereich von Funktionswerten echt kleiner 2^{-n} überschneiden; umgekehrt gilt (wie sich durch einfache Rechnung ergibt):

$$h_i(x) \geq 2^{-n} \quad \text{für } |x - 2i/N| \leq \left(N\sqrt{\log_2 \mathrm{e}}\right)^{-1}\,.$$

Um nun also die Nullfunktion $x \mapsto 0$ von jeder der obigen h_i zu unterscheiden, muss $M^?$ notwendigerweise Funktionswerte in jedem Intervall $[(2i-1)/N, (2i+$

$1)/N]$ abfragen – insgesamt mindestens $N/2 = 2^{n-2}$ viele. Damit kann $M^?$ jedoch keine Polynomialzeitmaschine sein. Ein Widerspruch.

Die Aussage zu INT kann analog gezeigt werden: Wieder muss M die konstante Nullfunktion von obigen h_i unterscheiden, da deren Integral sich um mehr als 2^{-n} von $\int_{-1}^{1} 0 = 0$ unterscheidet:

$$\int_{-1}^{1} h_i(x)\,\mathrm{d}x > \int_{(2i-1)/N}^{(2i+1)/N} h_i(x)\,\mathrm{d}x > (2/N \cdot 1/N)/2 = 2^{-n}$$

mit $N := 2^{-n/2}$. □

6.2.2 Darstellungen für $C^\omega[-1,1]$

Die bisherig verwendete Darstellung $\boldsymbol{\lambda}$ ist also zu generisch, um sinnvolle Komplexitätsschranken zu liefern. In der Tat sind sowohl aus rein mathematischer, als auch aus numerischer Sicht, viele Eigenschaften und Parameter analytischer Funktionen vorhanden, die bisher nicht genutzt wurden.

Bemerkungen zu analytischen Funktionen. Sei $D \subseteq \mathbb{C}$ ein Gebiet (d. h. offen in $\mathbb{C}$, nicht leer und einfach zusammenhängend) und $f\colon D \to \mathbb{C}$ komplexanalytisch. Der Raum $\mathbb{C}$ sei mit der Betragsnorm versehen und Kugeln in der komplexen Ebene (leicht abweichend von vorigen Kapiteln) als $\overline{\mathrm{B}}_{\mathbb{C}}(z,\delta)$, $z \in \mathbb{C}$, notiert. Für jeden *Entwicklungspunkt* $z_0 \in D$ kann f lokal (d. h. in einer hinreichend kleinen Umgebung von z_0) in eine konvergente Taylorreihe entwickelt werden: $f(z) = \sum_{i\in\mathbb{N}} a_i \cdot (z - z_0)^i$ für alle $z \in \mathrm{B}_{\mathbb{C}}(z_0, \varrho)$. Den *Konvergenzradius* ϱ liefert die Cauchy-Hadamard Formel:

$$\varrho := \Big(\limsup_{i\in\mathbb{N}_+} |a_i|^{1/i}\Big)^{-1} .$$

Insbesondere können die lokalen Ableitungen damit durch ϱ und eine von ϱ abhängige Konstante charakterisiert werden – ein Fakt, den wir nachfolgend zur Definition zweier weiterer Darstellungen verwenden werden.

Fakt 6.2.2. *Sei $D \subseteq \mathbb{C}$ ein Gebiet und $f \in C^\infty(D,\mathbb{C})$ eine glatte Funktion. Dann gilt: Die Funktion f ist genau dann komplex-analytisch, wenn zu jeder kompakten Teilmenge $S \subset D$ Konstanten $A \in \mathbb{N}_+$ und $\delta > 0$ existieren, so dass*

$$\forall i \in \mathbb{N}.\ \big\|f^{(i)}|_S\big\| \le A \cdot \delta^{-i} \cdot i!\,. \tag{6.5}$$

Ist f komplex-analytisch in einem Entwicklungspunkt z_0, dann existieren gemäß (6.5) Konstanten $A \in \mathbb{N}_+$ und $\delta > 0$ und wir bezeichnen f in diesem Fall auch als *$(A, 1/\delta)$-analytisch in z_0*. Bezeichne überdies eine Funktion $f \in C^\omega[-1,1]$ als *$(A, 1/\delta)$-analytisch*, sofern sie $(A, 1/\delta)$-analytisch in jedem Punkt $z_0 \in [-1,1]$ ist.

Für eine Beweisrichtung in Fakt 6.2.2 benötigen wir den folgenden für komplex-analytische Funktionen gültigen Zusammenhang von Taylorkoeffizienten und Integration.

Cauchysche Integralformel 6.2.3. *Sei $D \subseteq \mathbb{C}$ ein Gebiet und $f\colon D \to \mathbb{C}$ komplex-analytisch. Dann gilt für alle $\delta > 0$ mit $\overline{\mathrm{B}}_{\mathbb{C}}(z_0, \delta) \subseteq D$:*

$$f^{(i)}(z_0) = \frac{i!}{2\pi \mathrm{i}} \int_{z \in \partial \overline{\mathrm{B}}_{\mathbb{C}}(z_0,\delta)} \frac{f(z)}{(z-z_0)^{i+1}} \, \mathrm{d}z \, .$$

Beweis von Fakt 6.2.2. Sei f glatt und komplex-analytisch in z_0. Da D in $\mathbb{C}$ offen ist, gibt es ein $\delta > 0$, so dass $\overline{\mathrm{B}}_{\mathbb{C}}(z_0, \delta) \subset D$. Bezeichne $\gamma\colon [0, 2\pi] \to \mathbb{C}$ die kanonische Parametrisierung des Weges $\partial \overline{\mathrm{B}}_{\mathbb{C}}(z_0, \delta)$, so folgt vermittels der Cauchyschen Integralformel zunächst

$$\begin{aligned} \left| f^{(i)}(z_0) \right| &= \left| \frac{i!}{2\pi \mathrm{i}} \int_\gamma \frac{f(z)}{(z-z_0)^{i+1}} \, \mathrm{d}z \right| \\ &\le \max_{|z-z_0| \le \delta} |f(z)| \cdot \frac{i!}{2\pi} \int_0^{2\pi} \frac{|\gamma'(t)|}{|\gamma(t)|^{i+1}} \, \mathrm{d}t = \max_{|z-z_0|\le\delta} |f(z)| \cdot \delta^{-i} \cdot i! \end{aligned}$$

und mit $A := \| f|_{\overline{\mathrm{B}}_{\mathbb{C}}(z_0,\delta)} \|$ schlussendlich (6.5).

Für die Rückrichtung seien z_0, A und δ wie nach Voraussetzung gegeben. Vermittels Lagrange-Form des Restglieds der Taylorreihe mit Koeffizienten $f^{(i)}(z_0)/i!$ folgt die Analytizität von f:

$$\begin{aligned} \left| f(z) - \sum_{i<N} \frac{f^{(i)}(z_0)}{i!} (z-z_0)^i \right| &\le \frac{\left| f^{(N)}(z_0) \right|}{N!} \cdot |z-z_0|^N \\ &\le A \cdot \left(|z-z_0|/\delta \right)^N \xrightarrow{N \to \infty} 0 \end{aligned}$$

für beliebiges $z \in \mathrm{B}_{\mathbb{C}}(z_0, \delta)$. □

Darstellungen. Vermittels der kanonischen Isomorphie $\mathbb{C} \cong \mathbb{R}^2$ sei $\boldsymbol{\rho}_{\mathbb{C}} := \boldsymbol{\rho}_{\mathbb{R}}^2$ eine Darstellung für $\mathbb{C}$. Im Laufe des Kapitels werden wir überdies das komplexe Analog zu $\boldsymbol{\rho}_{\mathbb{R}}^{\rightarrow}$ benötigen, das wir (ähnlich zu $\boldsymbol{\rho}_{\mathbb{C}}$) mit $\boldsymbol{\rho}_{\mathbb{C}}^{\rightarrow}$

bezeichnen wollen. Ohne Einschränkung sei $\boldsymbol{\rho}_{\mathbb{C}}^{\rightarrow}$ über $\mathrm{C}^{\omega}[-1,1]$ als die Kodierung der reell- und komplexwertigen Komponentenfunktion zu verstehen; d. h., ein $\boldsymbol{\rho}_{\mathbb{C}}^{\rightarrow}$-Name ϕ für $f \in \mathrm{C}^{\omega}[-1,1]$ sei von der Form $\phi = \langle \phi_1, \phi_2 \rangle$ mit $\boldsymbol{\rho}_{\mathbb{R}}^{\rightarrow} \times \boldsymbol{\rho}_{\mathbb{R}}^{\rightarrow}(\phi) = (\mathrm{Re} f, \mathrm{Im} f) \equiv f$.

Der Approximationssatz von Stone-Weierstraß, demzufolge jede stetige Funktion $f \in \mathrm{C}[-1,1]$ beliebig gut durch eine Folge reellwertiger Polynome $(p_n)_n$ mit $\|f - p_n\| < 2^{-n}$ approximiert werden kann, liefert eine natürliche Darstellung $\boldsymbol{\alpha}$ für $\mathrm{C}^{\omega}[-1,1]$ (zurückgehend auf [Grz57, (10), S. 64]): Kombiniere für analytische Funktionen $f \in \mathrm{C}^{\omega}[-1,1]$ die obere Schranke $\|f - p_k\| \leq \|f^{(k+1)}\|/(2^k(k+1)!)$ an den Interpolationsfehler[8] mit einer Abschätzung der nach Fakt 6.2.2 existenten Konstanten A und K derart, dass $\|f - p_k\| < 2^{-n}$ für $k \in \mathrm{O}(n + \log_2 A + K)$. Insbesondere kann jede analytische Funktion f hinreichend gut (in obigem Sinne) durch eine Polynomfolge *linearen Grades in n* approximiert werden (wie wir in Abschnitt 6.2.4 implizit beweisen werden).

Definition 6.2.4 (Weierstraß-Darstellung $\boldsymbol{\alpha}$). Eine Funktion $\phi \in \Sigma^{**}$ ist genau dann ein $\boldsymbol{\alpha}$-Name von $f \in \mathrm{C}^{\omega}[-1,1]$, wenn $\phi(0^n)$ ein Polynom linearen Grades in n kodiert, das f gleichmäßig bis auf Fehler 2^{-n} approximiert; präziser, wenn

$$\exists C \in \mathbb{N} . \forall n \in \mathbb{N} . \forall x \in [-1,1] . \boldsymbol{\rho}_{\mathbb{C}}^{Cn}(\phi(0^n)) = (a_{n,0}, \ldots, a_{n,Cn})$$
$$\text{so dass } |f(x) - p_n(x)| < 2^{-n}, \quad p_n(x) := \sum_{k=0}^{Cn} a_{n,k} \cdot x^k .$$

In Anlehnung an Fakt 6.2.2 definieren wir zwei weitere Darstellungen analytischer Funktionen: $\boldsymbol{\beta}$ und $\boldsymbol{\eta}$. Dazu kodieren wir u. a. eine untere Schranke an den Konvergenzradius ϱ. Genauer: Wir wählen ein $K \in \mathbb{N}_+$ mit $1/K < \varrho$. Das hat zur Konsequenz, dass für $\varrho > 1$ *jedes* K eine zulässige Schranke liefert – was aber in Ordnung ist, werden sich später die Komplexitäten der Operatoren als abhängig vom Kehrwert des Konvergenzradius herausstellen und damit insbesondere vom $1/\varrho$ majorisierenden Parameter K.

Definition 6.2.5 (Boxdarstellung $\boldsymbol{\beta}$ und Schrankendarstellung $\boldsymbol{\eta}$).

(a) Definiere $\boldsymbol{\beta} := \boldsymbol{\rho}_{\mathbb{C}}^{\rightarrow}|^{\mathrm{C}^{\omega}[-1,1]} \rtimes \mathsf{LB}$ mit $\mathsf{LB}\colon \mathrm{C}^{\omega}[-1,1] \rightrightarrows \Sigma^*$,

$$\mathsf{LB}\colon f \mapsto \left\{ \langle \mathrm{bin}_{\mathbb{N}}(B), \mathrm{un}_{\mathbb{N}_+}(L) \rangle \;\middle|\; \|f|_{S(L)}\| \leq B,\ f \in \mathrm{C}^{\omega}(S(L)) \right\}$$
$$\text{mit } S(L) := \{x + \mathrm{i}y \mid |x| \leq 1 + 1/L \text{ und } |y| \leq \mathrm{i}/L\} \subset \mathbb{C} .$$

[8] vgl. Gleichung (6.8), S. 111 und verwende die sog. *Tschebyschow-Knoten* für die Interpolation

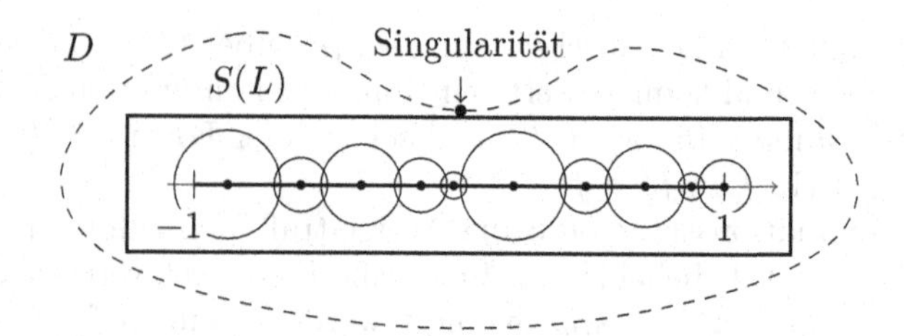

Abbildung 6.2.2. Auf komplexer Umgebung $D \subseteq \mathbb{C}$ von $[-1,1]$ analytische Funktion f mit Singularität auf $\partial\overline{D}$ und Konvergenzradien lokaler Taylorentwicklungen mit Radius $\leq 1/L$ im Rechteck $S(L)$.

(b) Definiere $\boldsymbol{\eta} := \boldsymbol{\rho}_{\mathbb{C}}^{\rightarrow}|^{\mathrm{C}^\omega[-1,1]} \rtimes \mathsf{AK}$ mit $\mathsf{AK}\colon \mathrm{C}^\omega[-1,1] \rightrightarrows \Sigma^*$,

$$\mathsf{AK}\colon f \mapsto \big\{\big\langle \mathrm{bin}_{\mathbb{N}}(A), \mathrm{un}_{\mathbb{N}_+}(K)\big\rangle \;\big|\; \forall i \in \mathbb{N}\,.\, \|f^{(i)}\| \leq A \cdot K^i \cdot i!\big\}\,. \tag{6.6}$$

Beide Darstellungen, $\boldsymbol{\beta}$ und $\boldsymbol{\eta}$, erlauben Funktionsauswertung in Polynomialzeit – eine in Kapitel 5 als minimal erforderlich formulierte Eigenschaft einer Darstellung stetiger Funktionen (und entsprechender Teilklassen). Zu gegebenem $\boldsymbol{\eta}$-Namen $\langle \phi, A, 0^K \rangle$ einer Funktion $f \in \mathrm{C}^\omega[-1,1]$ ist $\overline{\mu}(n) := n + \log_2 A + \log_2 K$ wegen $\|f'\| \leq A \cdot K^1 \cdot 1!$ ein zugehöriger Stetigkeitsmodul – f damit Lipschitz-stetig und somit in polynomieller Zeit auswertbar. Ganz analog kann für $\boldsymbol{\beta}$ argumentiert werden.

Die Größe der Box $S(L)$ in Darstellung $\boldsymbol{\beta}$ wird durch die Nähe zur nächstgelegenen Singularität (sofern vorhanden) beschränkt (siehe auch Abbildung 6.2.2): Je kleiner der Abstand, desto größer muss L gewählt werden. Genauso gut können aber auch endlich viele Punkte aus dem Intervall $[-1,1]$ mitsamt ihrer lokalen Taylorentwicklungen ausgewählt und kodiert werden; abhängig vom lokalen Konvergenzradius können einige Boxen größer gewählt und lokale Auswertungen müssen weniger genau ausgeführt werden, da die lokalen Ableitungen aufgrund des größeren Abstandes zur nächstgelegenen Singularität weniger stark wachsen. Einen nicht-uniformen Polynomialzeitzusammenhang zwischen Darstellung $\boldsymbol{\lambda}$ sowie der Berechnung der Koeffizienten lokaler Taylorentwicklungen (analog zu $\boldsymbol{\eta}$ mit einkodierter Zusatzinformation, daher die Nichtuniformität), hat Müller in [Mül87, Thm. 3.4+3.6] bereits aufgezeigt. Zur späteren Verwendung und gleichsam als Motivation für die Plausibilität der nachfolgenden Darstellung $\boldsymbol{\partial}$, geben wir eine uniforme Reformulierung des ersten Teils vorig erwähnter Aussage an.

Fakt 6.2.6 ([Mül87, Thm. 3.4] reformuliert, vgl. auch [Ko91, Thm. 6.9]). *Die Folge der Taylorkoeffizienten ist polynomialzeitberechenbar, sofern Information über das Wachstum der Ableitungen gegeben ist. Präziser: Sei* $\mathsf{AK}\colon f \rightrightarrows \{\langle \mathrm{bin}_{\mathbb{N}}(A), \mathrm{un}_{\mathbb{N}}(K)\rangle\}$ *mit Parametern* A *und* K *wie zuvor. Das Funktional* $(f, z_0) \mapsto \langle (a_k)_k\rangle$ *mit* $a_k := f^{(k)}(z_0)/k!$ *ist dann in* $(\rho_{\mathbb{R}}^{\rightarrow}|^{C^\omega([-1,1],\mathbb{R})} \rtimes \mathsf{AK} \times \rho_{\mathbb{R}}|^{[-1,1]}, \rho_{\mathbb{R}}^{\omega})$-$\mathsf{FP}$.

Beweisskizze für Fakt 6.2.6. Verwende eine lokale Lagrange-Interpolation

$$P_{2k}(x) := \sum_{i=0}^{2k} f(x_i)\cdot L_i(x)\;, \qquad L_i(x) := \prod_{j=0,\, j\neq i}^{2k} \frac{x - x_j}{x_i - x_j}$$

auf der *Knotenmatrix* $x_i := z_0 + (i-k)\cdot h$ (auch: Stützstellen) zur Approximation der Taylorkoeffizienten $a_k = f^{(k)}(z_0)/k!$. Mit Wahl der Intervallbreite als kh (mit h abhängig von A, K, n und k) stellt $P_{2k}^{(k)}(z_0)/k!$ eine 2^{-n}-Approximation von a_k dar. Bezeichnen $c_{i,j}$ die Koeffizienten des Zählerpolynoms im i-ten Lagrange-Polynom L_i, so lässt sich die Auswertung der k-ten Ableitung von L_i im Entwicklungspunkt z_0 schreiben als

$$L_i^{(k)}(z_0) = \frac{(-1)^i\cdot h^{-2k}}{i!\cdot(2k-i)!}\cdot k!\cdot c_{i,k} =: (-1)^i\cdot h^{-2k}\cdot k!\cdot \hat{c}_{i,k}\;.$$

Mit Wahl von h erfüllend

$$\log_2 1/h = \lceil \log_2 A + \log_2 K + \log_2 k + n/(k+1)\rceil$$

sowie den Approximationen von $f(x_i)$ (mittels $\rho_{\mathbb{R}}^{\rightarrow}$-Namen ϕ) und $\hat{c}_{i,k}$ (durch im Beweis von [Mül87, Lem. 3.3(b)] beschriebenes Rekursionsschema) mit Fehler der Größenordnung h^{2k} folgt

$$\begin{aligned}\left|a_k - P_{2k}^{(k)}(z_0)/k!\right| &= \left|a_k - h^{-2k}\cdot\sum_{i=0}^{2k} f(x_i)\cdot(-1)^i\cdot\hat{c}_{i,k}\right|\\ &\le \frac{kh^{k+1}}{(k+1)!}\cdot\|f\| \le \frac{kh^{k+1}}{(k+1)!}\cdot A\cdot K^k\cdot k! < 2^{-n}\;. \qquad \square\end{aligned}$$

Nun zur Definition der Darstellung durch Koeffizienten endlich vieler lokaler Taylorentwicklungen (siehe auch Abbildung 6.2.3).

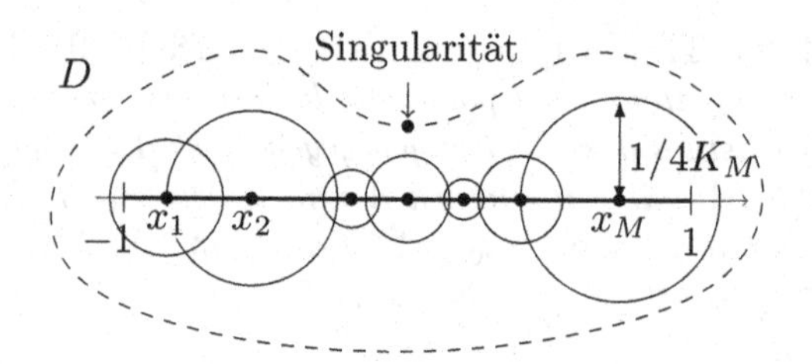

Abbildung 6.2.3. Auf komplexer Umgebung $D \subseteq \mathbb{C}$ von $[-1, 1]$ analytische Funktion f mit Singularität auf $\partial\overline{D}$. Kugeln $\overline{\mathrm{B}}_{\mathbb{C}}(x_i, 1/4K_i)$ markieren Entwicklungspunkte und Konvergenzradien lokaler Taylorentwicklungen von f.

Definition 6.2.7. Eine Funktion $\phi \in \Sigma^{**}$ ist genau dann ein $\boldsymbol{\partial}$-Name von $f \in \mathrm{C}^{\omega}[-1, 1]$, wenn ϕ die folgenden Bedingungen erfüllt:

$$\exists\, M \in \mathbb{N}_+ \,.\, \phi = \langle \phi_{x,i}, \phi_{a,i}, \mathrm{bin}_{\mathbb{N}}(A_i), \mathrm{un}_{\mathbb{Z}}(K_i) \rangle_{1 \le i \le M} \text{ mit}$$

$$\boldsymbol{\rho}_{\mathbb{R}}(\phi_{x,i}) = x_i \in [-1, 1]\,, \quad [-1, 1] \subseteq \bigcup_{i=1}^{M} \overline{\mathrm{B}}_{\mathbb{C}}(x_i, 1/(4K_i))$$

$$\boldsymbol{\rho}_{\mathbb{C}}^{\omega}(\phi_{a,i}) = (a_{i,j})_j \text{ erfüllend } |a_{i,j}| \le A_i \cdot K_i^j\,, \quad f^{(j)}(x_i) = a_{i,j} \cdot j!\,.$$

Auch mit $\boldsymbol{\partial}$ kann, wie vorher schon mit $\boldsymbol{\eta}$ und $\boldsymbol{\beta}$, ausgewertet werden – es muss nur etwas mehr auf die notwendigen Genauigkeiten geachtet werden. Wir bemerken auch diese Aussage zur späteren Verwendung im Vergleich aller voriger Darstellungen.

Lemma 6.2.8. *Der Auswertungsoperator* $\mathrm{C}^{\omega}[-1, 1] \times [-1, 1] \to \mathbb{C}$, $(f, z) \mapsto f(z)$, *ist in* $(\boldsymbol{\partial} \times \boldsymbol{\rho}_{\mathbb{R}}|^{[-1,1]}, \boldsymbol{\rho}_{\mathbb{C}})$-**FP**.

Beweis. Für $q \in [-1, 1] \cap \mathbb{D}$ bestimme zunächst ein passendes x_i. Jede Ableitung der Funktion um x_i ist lokal Lipschitz-stetig mit Lipschitz-Konstante polynomiell in den Parametern A_i, K_i und j. Für eine Genauigkeit $n \in \mathbb{N}$ bestimme die Anzahl $N \in \mathbb{N}$ der Terme, die aufsummiert werden müssen, um $f(q)$ mit Fehler 2^{-n} zu erhalten. Dabei muss N sowohl den Fehler durch die Koeffizienten-Approximation

$$\Big| \sum_{j<N} (a_j - b_j) \cdot (q - x_i)^j \Big| < 2^{-(n+1)} \quad \text{mit } b_j := \phi_{a,i}(0^j, 0^{n_j})\,, \qquad (6.7)$$

als auch den Restfehler

$$\Big|\sum_{j\geq N} a_j \cdot (q-x_i)^j\Big| < 2^{-(n+1)}$$

kleinhalten. Forderung (6.7) folgt direkt mit $n_j \geq n+i+1$ und $|q-x_i| < 1/K_i$, wobei keine Bedingung an die Wahl von N gestellt werden muss. Zur Einhaltung der zweiten Abschätzung bemerke

$$\Big|\sum_{j\geq N} a_j \cdot (q-x_i)^j\Big| < A_i \cdot \sum_{j>N} (K_i r)^j = A_i \cdot \frac{(K_i r)^N}{1-(K_i r)}$$

und wähle $N \geq (n + \log_2 A_i - \log_2(K_i r))/\log_2(1-(K_i r))$ mit $r := |q-x_i| \in (0, 1/K_i)$. Zusammen ergibt sich

$$\Big|f(q) - \sum_{j<N} b_j \cdot (q-x_i)^j\Big| < 2^{-n} . \qquad \square$$

6.2.3 Darstellungsvergleich, Komplexität von Operatoren

Fortan, wann immer nützlich, verwenden wir die Kurznotation

$$m^{[n]} := m \cdot (m-1) \cdots (m-n+1) , \quad m^{-[n]} := 1/(m^{[n]}) \qquad (m \geq n) .$$

für eine *von oben nach n Faktoren abgeschnittene Fakultät* $m^{[n]} = m!/(m-n)!$ und $m^{-[n]}$ für deren Kehrwert.[9]

Die Weierstraß-Darstellung $\boldsymbol{\alpha}$ zunächst auslassend, stellen sich alle zuvor vorgestellten Darstellungen $\boldsymbol{\beta}$, $\boldsymbol{\eta}$ und $\boldsymbol{\partial}$ über der Klasse $\mathrm{C}^\omega[-1,1]$ als polynomialzeitäquivalent heraus.

Theorem 6.2.9. *Es gilt* $\boldsymbol{\beta} \equiv_\mathrm{p} \boldsymbol{\eta} \equiv_\mathrm{p} \boldsymbol{\partial}$.

Beweis. Reduktion $\boldsymbol{\beta} \preceq_\mathrm{p} \boldsymbol{\eta}$. Ein $\boldsymbol{\beta}$-Name $\langle \psi, B, 0^L \rangle$ von $f \in \mathrm{C}^\omega[-1,1]$ ist zugleich auch ein $\boldsymbol{\eta}$-Name: Mit $z \in \mathrm{B}_\mathbb{C}(x_i, 1/L_i)$ impliziert Fakt 6.2.2 die Abschätzung

$$|f^{(i)}(z)| \leq B \cdot L^i \cdot i! .$$

---

[9] Bewusst ist an dieser Stelle die Entscheidung gegen das „Pochhammer-Symbol“ $(m)_n$, oder die wie von Graham/Knuth/Patashnik in [GKP94, S. 48] vorgeschlagene Notation $m^{\underline{n}}$ für $m^{[n]}$ gefällt worden: Zum einen aus Symmetriegründen (wir benötigen nur von oben, nicht jedoch von unten abgeschnittene Fakultäten); zum anderen, um die Verwendung von Ober- und Unterstrichen auf die in Kapitel 7 häufig verwendeten Konzepte von Stetigkeits- und Eindeutigkeitsmodulen, $\overline{\mu}$ respektive $\underline{\mu}$, zu beschränken.

Reduktion $\boldsymbol{\eta} \preceq_{\mathrm{p}} \boldsymbol{\partial}$. Sei $\langle \phi, A, 0^K \rangle$ ein $\boldsymbol{\eta}$-Name von $f \in \mathrm{C}^\omega[-1,1]$. Direkt aus der Definition folgen $K_i := K$ und $A_i := A$. Die Mittelpunkte x_i seien dyadisch rational gewählt, damit bei der anschließenden Berechnung der Koeffizientenfolgen diese nicht zusätzlich approximiert werden müssen. Konkret: Für das kleinstmögliche $k \in \mathbb{N}$ mit $4K \leq K' := 2^k$ wähle $x_i := (i-1)/K' \in \mathbb{D}_k$, $0 \leq i \leq K'$. (Ob der Minimalität von k sind das immer noch nur linear in K viele Punkte.) Um für $i, j, n \in \mathbb{N}$ den Koeffizienten $a_{i,j}$ mit Fehler 2^{-n} zu erhalten, wende Fakt 6.2.6 auf $(\mathrm{Re} f, x_i)$ und $(\mathrm{Im} f, x_i)$ mit Genauigkeit $\mathrm{O}(n + \log_2 A + K + j)$ an.

Reduktion $\boldsymbol{\partial} \preceq_{\mathrm{p}} \boldsymbol{\beta}$. Sei $\langle \phi_{x,i}, \phi_{a,i}, A_i, 0^{K_i} \rangle_{i \leq M}$ ein $\boldsymbol{\partial}$-Name von $f \in \mathrm{C}^\omega[-1,1]$. Um einen $\boldsymbol{\beta}$-Namen $\langle \phi, B, 0^L \rangle$ zu erhalten, setze zunächst $B := \max_{i \leq M} A_i$ und $L := \max_{i \leq M} K_i$. Zur Berechnung der Approximationsfunktion ϕ bestimme zu gegebenem $q \in [-1,1] \cap \mathbb{D}$ ein $i \leq M$ mit $q \in \overline{\mathrm{B}}_{\mathbb{C}}(x_i, 2/(4K_i))$. Bemerke die Verdopplung der Kugelgröße auf $1/(2K_i)$ für die Suche nach q: Diese gewährleistet, dass je zwei sich schneidende Kugeln eine Überlappung der Breite mindestens $1/(4L) = \min_{i \leq M} 1/(4K_i)$ aufweisen, wodurch die Suche nach q linear in $M + \log_2 L$ beschränkt werden kann. Verfahre anschließend wie im Beweis von Lemma 6.2.8. □

Dank obiger Äquivalenzen erhalten wir die folgenden Polynomialzeitergebnisse diskutierter Operatoren.

Proposition 6.2.10. *Für komplex-analytische Funktionen gelten die folgenden Aussagen:*

(a) Additions- und Multiplikationsoperator sind in $(\boldsymbol{\eta} \times \boldsymbol{\eta}, \boldsymbol{\eta})$-$\mathsf{FP}$.

(b) Ableitungen sind in Polynomialzeit berechenbar. Genauer: Der Operator $\mathrm{C}^\omega[-1,1] \times \mathbb{N} \to \mathrm{C}^\omega[-1,1]$, $(f,i) \mapsto f^{(i)}$ *ist in* $(\boldsymbol{\eta} \times \mathrm{un}_{\mathbb{N}}, \boldsymbol{\eta})$-$\mathsf{FP}$.

(c) Parametrisierte Integration $(f,c) \mapsto \int_{-1}^{c} f \, \mathrm{d}x$ *ist in* $(\boldsymbol{\eta} \times \boldsymbol{\rho}_{\mathbb{R}}|^{[-1,1]}, \boldsymbol{\rho}_{\mathbb{R}})$-$\mathsf{FP}$.

(d) Parametrisierte Maximierung $(f,c) \mapsto \max\{|f(x)| \mid x \in [-1,c]\}$ *ist in* $(\boldsymbol{\eta} \times \boldsymbol{\rho}_{\mathbb{R}}|^{[-1,1]}, \boldsymbol{\rho}_{\mathbb{R}})$-$\mathsf{FP}$.

Genauere Beweise folgen im Anschluss an die Verallgemeinerung obiger Aussage in Proposition 6.3.4.

Beweisskizzen. Für Addition und Multiplikation setzen sich die neuen Parameter A' und K' im wesentlichen additiv aus den Parametern der beiden als Argument gegebenen Funktionen zusammen.

Differentiation: Gegeben sei ein $\boldsymbol{\eta}$-Name $\langle \phi, A, 0^K \rangle$ von f, ein Punkt $q \in \mathbb{D} \cap [-1,1]$ sowie eine Genauigkeit $n \in \mathbb{N}$. Zur i-ten Ableitung $g := f^{(i)}$ sind zunächst Konstanten A_i und K_i erfüllend

$$\|g^{(j)}\| = \|(f^{(i)})^{(j)}\| \leq A \cdot K^{i+j} \cdot (i+j)! \leq A_i \cdot K_i^j \cdot j!$$

zu bestimmen. Obgleich g den gleichen Konvergenzradius wie f besitzt, $K_i = K$ also eine korrekte Wahl wäre, werden wir zur Bestimmung von A_i und K_i den Radius $1/K_i$ gegenüber $1/K$ dezent verkleinern und uns zur Beschränkung von $(i+j)!$ auf folgendes Lemma zurückziehen.

Lemma 6.2.11. *Für $i \in \mathbb{N}_+$ und $j \in \mathbb{N}$ gilt $(j+i)^{[i]} \leq 2^j \cdot i^i$.*

Beweis. Für ungerade i gilt (ähnlich ist die Abschätzung für gerade i zu erhalten)

$$\begin{aligned}
&(j+i)^{[i]} \\
&= (j+(i+1)/2) \prod_{k=1}^{(i-1)/2} (j+(i+1)/2+k) \cdot (j+(i+1)/2-k) \\
&\qquad = (j+(i+1)/2) \prod_{k=1}^{(i-1)/2} \left([j+(i+1)/2]^2 - k^2\right) \\
&\qquad\qquad \leq (j+(i+1)/2)^i \,,
\end{aligned}$$

womit durch einfache Umformung die Äquivalenz

$$(j+(i+1)/2)^i \leq 2^j \cdot i^i \iff j/i + 1/2 + 1/(2i) \leq 2^{j/i}$$

und damit die Behauptung folgt. Lemma 6.2.11 □

Mit den Wahlen $A_i := A \cdot (iK)^i$, $K_i := 2K$ ergibt sich nach vorigem Lemma

$$\begin{aligned}
\|g^{(j)}\| = \|f^{(j+i)}\| &\leq A \cdot K^i \cdot (j+i)^{[i]} \cdot K^j \cdot j! \\
&\leq A \cdot (iK)^i \cdot (2K)^j \cdot j! = A_i \cdot K_i^j \cdot j! \,.
\end{aligned}$$

Nun kann mittels der Konstruktion aus der Reduktion $\boldsymbol{\eta} \preceq_{\mathrm{p}} \boldsymbol{\partial}$ (Theorem 6.2.9) ein $\boldsymbol{\partial}$-Name gewonnen werden. Wie in Lemma 6.2.8 kann nun approximativ ein Taylorpolynom polynomiellen Grades in $i + \log_2 A_i + \log_2 K_i + n$ berechnet werden, was eine 2^{-n}-Approximation an $g(q) = f^{(i)}(q)$ liefert.

Die Wahl der Parameter für die Integration ist wesentlich leichter einzusehen: Bezeichne $f^{(-i)}$ die i-fach iterierte Integration von f über $[-1,1]$, so wird

$$\left\|\left(f^{(-i)}\right)^{(j)}\right\| \leq A \cdot K^{j-i} \cdot (j - \min(i,j))! \leq A_i \cdot K_i^j \cdot j!$$

von $A_i := A \cdot K^{-i}$ und $K_i := K$ erfüllt. Als Koeffizienten berechne $a_k/(k+i)^{[i]}$ und verfahre anschließend wie im letzten Teil des Beweises der Differentiation.

Die Komplexität des Maximierungsoperators wird durch eine Binärsuche nach dem Maximum erreicht, wobei das Entscheidungskriterium der Suche durch die Auswertung eines multivariaten Polynoms mittels Quantorenelimination geliefert wird. Im Allgemeinen hängt die dazu verwendete zylindrische Dekomposition zwar exponentiell von der Anzahl der Variablen in besagtem Polynom ab, in unserem konkreten Fall kann diese aber als konstant gewählt und damit eine polynomielle Laufzeit erreicht werden. □

Abschließend diesen Abschnitt sei der Operator $f \mapsto 1/f$ betrachtet. Für dessen Komplexitätsschranke ist eine untere Schranke an den Abstand vom Argument zur Nullstellenmenge der Funktion vonnöten.

Bemerkung 6.2.12. Gegeben eine (A, K)-analytische Funktion $f \in C^\omega[-1,1]$. Für $\alpha \in \mathbb{R}_+$ gelten

(a) $\alpha f \colon x \mapsto \alpha f(x)$ ist $(\alpha A, K)$-analytisch;

(b) $f_\alpha \colon x \mapsto f(\alpha x)$ ist $(A, \alpha K)$-analytisch.

Beweis. Nutze die Faktor- und Kettenregel, d. h. $(\alpha f)^{(i)} = \alpha f^{(i)}$ und $f_\alpha^{(i)}(x) = \alpha^i f^{(i)}(\alpha x)$. □

Fakt 6.2.13 ([KP02, Lem. 1.1.11 und Prop. 1.1.12]). *Gegeben seien $(A,1)$-analytische Funktionen $f, g \in C^\omega[-1,1]$. Weiter sei g auf $[-1,1]$ nullstellenfrei. Dann ist $h \colon [-1,1] \to \mathbb{R}$, definiert als $h(x) := f(x)/g(x)$, eine $(A, A+1)$-analytische Funktion.*

Beweisskizze. Sind a_i respektive b_i die Taylorkoeffizienten zu f und g (die sich durch die Skalierung nicht ändern), erhält man anhand der rekursiven Beziehung

$$c_0 := \frac{a_0}{b_0} \text{ und } c_i := c_0 a_i - c_0 \sum_{j=1}^{i} b_j c_{i-j} \text{ für } i \geq 1 \; ; \quad |c_j| \leq A(A+1)^j \; ,$$

(siehe Beweis von [KP02, Prop. 1.1.12] für die Details) die Taylorkoeffizienten c_i der $(A, A+1)$-analytischen Funktion h. □

Proposition 6.2.14. *Betrachte den* partiellen *Operator* $\text{DIV}: \subseteq f \mapsto 1/f$ *auf* $C^\omega[-1,1]$.

(a) Die Nullstellenmenge $\{(f,x) \mid f(x) = 0,\ f \in C^\omega[-1,1]\}$ *ist lediglich* $(\boldsymbol{\eta}, \boldsymbol{\rho}_{\mathbb{R}})$*-co-semientscheidbar, nicht aber -entscheidbar.*

(b) Sei $f \in C^\omega[-1,1]$ *und* $z_0 \in [-1,1]$ *keine Nullstelle von* f*. Dann ist eine untere Schranke der Form* $1/M$, $M \in \mathbb{N}_+$*, an den Abstand zur nächstgelegenen Nullstelle von* f *zwar berechenbar, jedoch nicht zeitbeschränkt in* $\boldsymbol{\eta}$*-Namen von* f *und* $\boldsymbol{\rho}_{\mathbb{R}}$*-Namen von* z_0.

Für Konstanten $A, K, N \in \mathbb{N}_+$ *und ein Intervall* $I \subset \mathbb{R}$, $0 \in I$*, bezeichne mit* $C^\omega_{A,K;N}(I)$ *die Klasse der* (A,K)*-analytischen und eingeschränkt auf* $[-1/N, 1/N] \cap I$ *nullstellenfreien Funktionen* $f \in C^\omega(I)$.

(c) Für $A, K, N \in \mathbb{N}_+$ *ist der Operator*

$$\text{DIV}: C^\omega_{A,K;N}[-1/K, 1/K] \to C^\omega_{A',K';K'}[-1/K', 1/K'] , \qquad f \mapsto 1/f|_{[-1/K', 1/K']}$$

in $(\boldsymbol{\lambda}, \boldsymbol{\lambda})$*-***FP** *mit* $\hat{K} := K + N$, $A' := A\hat{K}^2$ *und* $K' := A\hat{K}^2 + \hat{K}$.

Das Ergebnis in 6.2.14(c) ist an dieser Stelle bewusst ohne Kodierung der Parameter A, K und N in Darstellungen des Bildraums formuliert worden: Zum einen benötigten wir für die allgemeine Formulierung Darstellungen *partieller Funktionen*, deren Definition und Diskussion wir jedoch erst im Kontext der Berechnung lokal inverser Funktionen (Abschnitt 7.4) behandeln wollen; zum Anderen hängt der unärkodierte Parameter $K' = A\hat{K}^2 + \hat{K}$ vom Wert A und damit *exponentiell* von dessen Kodierungslänge ab.

Beweis. Die ersten beiden Aussagen folgen unmittelbar aus vorigen Ausführungen in Kapitel 2.

Zur Komplexitätsschranke für DIV: Sei ϕ ein $\boldsymbol{\lambda}$-Name einer Funktion $f \in C^\omega[-1/K, 1/K]$. Bemerke: Eingeschränkt auf $[-1/\hat{K}, 1/\hat{K}]$ ist f nullstellenfrei. Definiere die Funktionen $\hat{f}$, $\hat{h}$ und h vermittels

$$\begin{aligned} &\hat{f}(x) := \hat{K} \cdot f(x/\hat{K}) , && \hat{h}(y) := 1/\hat{f}(y) , && h(z) := \hat{K} \cdot \hat{h}(z\hat{K}) \\ &|x| \le 1 , && |y| \le 1/(A\hat{K}+1) , && |z| \le 1/(A\hat{K}^2 + \hat{K}) . \end{aligned}$$

Aus der (A, K)-Analytizität von f nach Bemerkung 6.2.12 die $(A\hat{K}, K/\hat{K})$-Analytizität von $\hat{f}$. Gemäß Fakt 6.2.13 ist $\hat{h}$ damit $(A\hat{K}, A\hat{K}+1)$-analytisch, womit nach erneuter Anwendung von Bemerkung 6.2.12 die Teilbehauptung, h sei (A', K')-analytisch, folgt.

Zum Hauptteil der Behauptung, der Polynomialzeitberechenbarkeit: Nach Wahl von K' gilt zunächst $I' := [-1/K', 1/K'] \subset [-1/K, 1/K] =: I$. Durch die (A, K)-Analytizität von f auf I gilt $\|f|_I\| \leq A$, aus der (A', K')-Analytizität von h auf I' folgt $\|h|_{I'}\| \leq A'$. Mit $I' \subset I$ folgt daraus $1/A \leq \|h|_{I'}\| \leq A'$. Zu gegebenem $q \in \mathbb{D} \cap [-1/K', 1/K']$ erhalte nun ein $p := \phi(q, 0^{n'})$ mit $n' \geq n + \log_2(2A)$. Bemerke, dass dadurch $p \geq 1/A - 1/(2A) = 1/(2A)$ aus der unteren Schranke an $h_{I'}$ folgt. Die beschränkte Division (Beispiel 2.3.5) von $p \in [1/A - 1/(2A), A' + 1/(2A)]$ liefert schlussendlich eine 2^{-n}-Approximation an $1/p$ in Zeit polynomiell in $n + \log_2 A' + l(p)$. □

6.2.4 Vergleich der Darstellungen α und η

Da sich im vorigen Abschnitt alle Darstellungen, ausgenommen α, als polynomialzeitäquivalent herausgestellt haben, wählen wir η für den Vergleich mit α. Über der Klasse $C^\infty[-1, 1]$ der glatten Funktionen hat sich α als nicht polynomialzeitberechenbar herausgestellt, für analytische Funktionen ergibt sich jedoch ein anders Bild. In diesem Abschnitt beschäftigen wir uns ausschließlich mit dem Beweis der folgenden Aussage.

Theorem 6.2.15. *Es gilt* $\alpha \equiv_{\mathrm{p}} \eta$.

Die Herausforderungen für die Reduktionsrichtung von η auf α werden in der Konstruktion der Interpolationspolynome liegen, die nach dem Weierstraßschen Approximationssatz zweifelsohne klassisch existieren; für die Umkehrung wird es die Extraktion der Parameter A und K, wie in η-Namen kodiert, aus den Polynomgraden in α-Namen sein. Für beide Richtungen benötigen wir einige Begriffe der Approximationstheorie.

(Tschebyschow-)Approximationstheorie

Bezeichne mit $\mathbb{P}_m[-1, 1]$ die Menge aller univariaten Polynome vom Grad maximal m mit Koeffizienten in $\mathbb{R}$. Notiere ihre Vereinigung als $\mathbb{P}[-1, 1]$.

Jede glatte Funktion $f \in C^\infty[-1, 1]$ lässt sich nach dem Weierstraßschen Approximationssatz beliebig genau durch Polynome $P \in \mathbb{P}[-1, 1]$ interpolieren. Der Interpolationsfehler hängt dabei wesentlich von der Wahl der

Stützstellen sowie deren Anzahl ab: Für $P \in \mathbb{P}_m[-1,1]$ mit $P(x_i) = f(x_i)$ in den Knoten x_i der Knotenmatrix[10] $-1 \le x_m < x_{m-1} < \cdots < x_0 \le 1$ gilt

$$\|f - P\| \le \frac{1}{(m+1)!} \cdot \|f^{(m+1)}\| \cdot \omega(x)\,, \quad \omega(x) := \prod_{i=0}^{m} (x_i - x)\,. \quad (6.8)$$

Das Knotenpolynom ω hängt ausschließlich von der Wahl der Knotenmatrix ab und wird nach Tschebyschow genau dann betragsminimal, wenn sie „trigonometrisch gleichverteilt" [Sch71, S. 128], also die Tschebyschow-Knoten

$$x_{m,i} := \cos\left(\frac{2i+1}{2(m+1)} \cdot \pi\right) \qquad (0 \le i \le m)\,,$$

gewählt werden. Die obere Schranke (6.8) gilt für alle f interpolierenden Polynome vom Grad m, wird nachfolgend jedoch noch verbessert. Eine untere Schranke liefert der *Bestapproximationsfehler*

$$\mathrm{E}_m(f) := \inf\left\{\|f - P\| \;\middle|\; P \in \mathbb{P}_m[-1,1]\right\}.$$

Bezüglich der L_2-Norm lässt sich eine Bestapproximation explizit angeben, i. Allg. ist dies jedoch nicht möglich.[11]

Die L_2-Projektion von f bzgl. der Hilbert-Basis aus Tschebyschow-Polynomen in den Raum $\mathbb{P}_m[-1,1]$, die wir mit P_m^* bezeichnen wollen, liefert eine (unter allen *Interpolationspolynomen* optimale) Näherung an die Bestapproximation von f: Konstruiere dazu aus den rekursiv definierten einander orthogonalen *Tschebyschow-Polynomen*

$$T_0(x) := 1\,, \quad T_1(x) := x\,, \quad T_{i+1}(x) := 2xT_i(x) - T_{i-1}(x)$$

[10] Die womöglich ungewohnte absteigende Sortierung der Knoten ist bewusst mit Blick auf die Definition der Tschebyschow-Knoten gewählt, deren Form sich bei ab- statt aufsteigender Reihung vereinfacht.

[11] Beste L_2-Approximationen können mit orthogonalen Polynomen explizit angeben werden. Bereits für L_p-Approximationen mit $2 < p < \infty$ geht das nicht mehr, jedoch kann man in diesem Fall einen einfachen Eindeutigkeitsmodul (mehr dazu ab Definition 7.1.1) für die L_p-Approximation angeben; sowohl wichtig für die Berechnung eindeutiger Lösungen, als auch liefernd einen Stetigkeitsmodul für den Projektionsoperator, bspw. von $\mathrm{C}[-1,1]$ in den Raum $\mathbb{P}_m[-1,1]$ (siehe [Koh08, §§16.1, 16.2], insbesondere Prop. 16.2). Für L_1 und $\mathrm{C}[-1,1]$ hingegen ist es schwer, Eindeutigkeitsmoduln anzugeben (siehe [Koh08, S. 302/303, §16.4]).

das Polynom $P_m^* \in \mathbb{P}_m[-1,1]$ mit *Tschebyschow-Koeffizienten* t_i,

$$P_m^*(x) := \frac{t_0}{2} + \sum_{i=1}^{m} t_i \cdot T_i(x) , \quad t_i := \frac{2}{\pi} \int_{-1}^{1} f(x) \cdot T_i(x) \cdot \frac{\mathrm{d}x}{\sqrt{1-x^2}} . \tag{6.9}$$

Die zur Berechnung von P_m^* notwendigen Koeffizienten t_i können bspw. durch Formulierung einer Interpolationsaufgabe unter Verwendung der Orthogonalität der Polynome T_i angenähert werden. Zur Approximation der t_i und schlussendlich von P_m^* interessieren uns fortan folglich besonders für die Eigenschaften und Berechnung der Interpolationspolynome $P_m \in \mathbb{P}_m[-1,1]$,

$$P_m(x) := \sum_{j=0}^{m} y_{m,j} \cdot T_j(x) ,$$
$$y_{m,j} := \frac{1}{m} f(x_{m,0}) \cdot T_j(x_{m,0}) + \frac{2}{m} \sum_{i=1}^{m} f(x_{m,i}) \cdot T_j(x_{m,i}) .$$

Einige wichtige Eigenschaften seien nachfolgend zur späteren Verwendung festgehalten.

Fakt 6.2.16.

(a) Der Interpolationsfehler $\|f - P_m\|$ weicht um nicht mehr als einen logarithmischen Faktor in m vom Bestapproximationsfehler $\mathrm{E}_m(f)$ ab:[12]

$$\|f - P_m^*\| \leq \left(4 + 4/\pi^2 \cdot \ln(m)\right) \cdot \mathrm{E}_m(f) ;$$

(b) $\{|t_m|\}_m$ ist eine Nullfolge; präziser [Che82, Thm. 4.4.5(i)]:

$$|t_{m+1}| \leq 4/\pi \cdot \mathrm{E}_m(f) ;$$

(c) Jackson-Ungleichung für $f \in \mathrm{C}^i[-1,1]$ [Che82, Thm. 4.6.V]:

$$\mathrm{E}_m(f) \leq (\pi/2)^i \cdot \left\|f^{(i)}\right\| \cdot (m+1)^{-[i]} .$$

[12] Verwende die Abschätzung $\|f - P_m^*\| \leq (1 + \Lambda_m(X)) \cdot \mathrm{E}_m(f)$ mit *Lebesgue-Konstante* $\Lambda_m(X)$ über der Tschebyschow-Knotenmatrix $X := \{x_{m,i} \mid 0 \leq i \leq m\}$. Die Aussage folgt schließlich durch eine Abschätzung von $\Lambda_m(X)$; vgl. [Riv74, Thm. 1.2].

(d) Markow-Ungleichung für Polynome $P \in \mathbb{P}_m[-1,1]$ [Che82, S. 91]:

$$\|P^{(j)}\| \le \frac{m^2 \cdot (m^2-1^2)\cdot(m^2-2^2)\cdots(m^2-(j-1)^2)}{(2j-1)\cdot(2j-3)\cdots 3\cdot 1} \cdot \|P\| \,.$$

Insbesondere folgen $\|P^{(j)}\| \le m^{2j}/j! \cdot \|P\|$ und $\|P'\| \le m^2 \cdot \|P\|$.

Fakt 6.2.17 (Stirling-Formel). *Die Fakultät $i!$ kann wie folgt beschränkt werden:*

$$i^{i+1/2} \cdot \sqrt{2\pi} \cdot \mathrm{e}^{-i} \le i! \le i^{i+1/2} \cdot \mathrm{e} \cdot \mathrm{e}^{-i} \,.$$

Beweis von Theorem 6.2.15: Reduktion von η auf α

Gegeben sei ein η-Name $\langle \phi, A, 0^K \rangle$ einer Funktion $f \in C^\omega[-1,1]$. Aus den die Ableitungen von f beschränkenden Parametern A und K bestimmen wir zunächst eine untere Schranke an den Polynomgrad $m = m(n) \in \mathbb{N}$ eines Tschebyschow-Interpolationspolynoms P_m^*, so dass

$$\|f - P_m^*\| \le 2^{-n} \,.$$

Kombiniere Fakt 6.2.16(a+c) zur Zwischenaussage

$$\|f - P_m^*\| \le \left(4 + 4/\pi^2 \cdot \ln(m)\right) \cdot (\pi/2)^i \cdot A \cdot K^i \cdot i! \cdot (m+1)^{-[i]} \tag{6.10}$$

und verwende zur Abschätzung der darin auftretenden abgeschnittenen Fakultät $(m+1)^{-[i]}$ das folgende Lemma (mit Beweis am Ende des Abschnitts).

Lemma 6.2.18. *Für $m \ge k$ gilt $\left(\frac{m}{k}\right)^k \le \binom{m}{k} \le \left(\frac{\mathrm{e}\cdot m}{k}\right)^k$. Als einfaches Korollar folgt $m^k \le \mathrm{e}^k \cdot m^{[k]}$.*

Verwende zunächst $\ln(m)\cdot(m+1)^{-[i]} \le m^{-[i]}$ sowie $i! \le \mathrm{e}^{1-i} \cdot i^i$ (folgt aus der oberen Stirlingschen Schranke). Anschließend kann (6.10) vermittels der Abschätzung $\mathrm{e}^{-i} \cdot m^{-[i]} \le m^{-i}$ gemäß Lemma 6.2.18 und unter Einführung einer Konstante $c \in \mathbb{N}_+$ weiter vereinfacht werden:

$$cA \cdot (i \cdot \pi/2 \cdot K)^i \cdot \mathrm{e}^{-i} \cdot m^{-[i]} \le cA \cdot \left(i \cdot \pi K/(2m)\right)^i \,. \tag{6.11}$$

Mit der Wahl $i = i_0 := m/(\pi K)$ folgt dann

$$cA\left(i_0 \cdot \pi K/(2m)\right)^{i_0} = cA \cdot 2^{-i_0} < 2^{-n} \iff m > (n + \log_2(cA)) \cdot \pi K \,. \tag{6.12}$$

Bemerke, dass dadurch $m \in \mathrm{O}(n + \log_2 A + K)$, also eine lineare Beschränkung des Polynomgrads in Genauigkeit n und den Zusatzinformationen möglich ist. Nachfolgend approximieren wir die Koeffizienten des Interpolationspolynoms P_m und zeigen, dass obige Abschätzung zum Polynomgrad auch dann weiter Bestand hat.

Zur approximativen Berechnung von P_m sind sowohl die Knotenmatrix $x_{m,i}$, als auch die Tschebyschow-Polynome T_j und schlussendlich die Werte $y_{m,j}$ hinreichend genau zu berechnen. Berechne eine Approximation $\tilde{T}_j$ an T_j in Zeit linear in der (noch zu bestimmenden) Genauigkeit $\tilde{n} \in \mathbb{N}$. Bezeichne überdies die (ebenfalls noch zu bestimmende) Approximation von $y_{m,j}$ mit $\tilde{y}_{m,j}$. Ziel ist es nun den Fehler

$$\left\|P_m^* - \tilde{P}_m\right\| \quad \text{mit } \tilde{P}_m(x) := \sum_{j=0}^{m} \tilde{y}_{m,j} \cdot \tilde{T}_j(x)$$

nach oben durch $m \cdot 2^{-m}$ abzuschätzen. Diese bestimmte Wahl der Schranke wird für eine einfache Form der finalen Abschätzung von $\|f - \tilde{P}_m\|$ sorgen. Wir konzentrieren uns dazu zunächst auf die Berechnung der approximativen Koeffizienten

$$\tilde{y}_{m,j} := \frac{1}{m}\phi\big(\tilde{x}_{m,0}, 0^{\tilde{n}}\big) \cdot \tilde{T}_j(\tilde{x}_{m,0}) + \frac{2}{m}\sum_{i=1}^{m} \phi\big(\tilde{x}_{m,i}, 0^{\tilde{n}}\big) \cdot \tilde{T}_j(\tilde{x}_{m,i}) \,.$$

Der Fehler $|y_{m,j} - \tilde{y}_{m,j}|$ setzt sich aus der Kombination der Approximationsfehler von $f(x_{m,i})$ und $T_j(x_{m,i})$ zusammen. Mit f als AK-Lipschitz-stetiger Funktion ist ersterer Fehler durch

$$\begin{aligned} &\left|f(x_{m,i}) - \phi\big(\tilde{x}_{m,i}, 0^{\tilde{n}}\big)\right| \\ &\qquad \le |f(x_{m,i}) - f(\tilde{x}_{m,i})| + \left|f(\tilde{x}_{m,i}) - \phi\big(\tilde{x}_{m,i}, 0^{\tilde{n}}\big)\right| \\ &\qquad\qquad \le AK \cdot 2^{-\tilde{n}} + 2^{-\tilde{n}} =: c_f \end{aligned}$$

beschränkt. Analog kann unter Verwendung von $\left\|T_j'\right\| \le j^2$ (Fakt 6.2.16(d)) der Tschebyschowpolynom-Approximationsfehler beschränkt werden:

$$\max_{j \le m} \left|T_j(x_{m,i}) - \tilde{T}_j(\tilde{x}_{m,i})\right| \le j^2 \cdot 2^{-\tilde{n}} + 2^{-\tilde{n}} =: c_T \,.$$

Zusammen:

$$\Delta_y := \max_{j\leq m} |y_{m,j} - \tilde{y}_{m,j}| \leq 4 \cdot \left(c_T \cdot \|f\| + c_f \cdot \max_{j\leq m} \|T_j\| + c_T \cdot c_f\right)$$
$$\leq A^2 K m^2 \cdot 2^{-2\tilde{n}+5} .$$

Die konkrete Wahl der Genauigkeit $\tilde{n}$ ergibt sich aus der Schranke

$$\left\|y_{m,j} \cdot T_j - \tilde{y}_{m,j} \cdot \tilde{T}_j\right\| \leq 2^{-(m+1)} , \tag{6.13}$$

die wir zu Beginn als Approximationsziel ausgegeben haben. Mit $\|T_j\| \leq 1$ und

$$|y_{m,j}| \leq \frac{2}{m} \sum_{i=0}^{m} |f(x_{m,i})| \cdot |T_j(x_{m,i})| < 4A$$

ergibt sich

$$\max_{j\leq m} \left\|y_{m,j} \cdot T_j - \left(y_{m,j} + \Delta_y\right) \cdot \left(T_j + \Delta_T\right)\right\| < 4A{\cdot}2^{-\tilde{n}}{+}1{\cdot}\Delta_y{+}2^{-\tilde{n}+1} . \tag{6.14}$$

Abschätzung (6.14) wird somit nach oben durch $2^{-(m+1)}$ beschränkt, sofern $\tilde{n}$ polylogarithmisch in A, K und m gewählt wird. Mit (6.10) ergibt sich die neue Fehlerabschätzung

$$\left\|f - \tilde{P}_m\right\| \leq \left\|f - P_m^*\right\| + \left\|P_m^* - \tilde{P}_m\right\|$$
$$\leq cA \cdot \left(i \cdot \pi K/m\right)^{i_0} + (m+1) \cdot 2^{-(m+1)} .$$

Es gilt nun die beiden Summanden so zusammen abzuschätzen, dass sich die anschließende Beschränkung nach oben durch 2^{-n} möglichst einfach gestaltet. Wir verwenden dazu das folgende Lemma, dessen Beweis sich am Ende dieses Abschnitts findet.

Lemma 6.2.19. *Für $x > 1$, $t \geq 0$ und $s > 0$ gilt $t^s \leq x^t \cdot \left(s/\ln(x)\right)^s$.*

Mit den Wahlen $x := 2^{-i_1+1} > 1$, $i_1 := i_0/m + 1 = 1/(\pi K) + 1$, $s := 1$ und $t := m$ kann vermittels Lemma 6.2.19 die gesuchte Abschätzung

$(m+1)\cdot 2^{-(m+1)} \leq c' \cdot 2^{-i_0}$ gewonnen werden:

$$(m+1) \leq \left(2^{-i_1+1}\right)^{m+1} \cdot \left(\ln 2^{-i_1+1}\right)^{-1} \leq 2\cdot \left(2^{-i_1+1}\right)^{m+1} = 2\cdot 2^{-i_0+m}$$
$$\Longrightarrow \; (m+1)\cdot 2^{-(m+1)} \leq 2\cdot 2^{-i_0}\,.$$

Wähle folglich, analog zu (6.12),

$$m > (n + \log_2(A+1)) \cdot \pi \cdot K\,. \qquad \square$$

Beweis von Theorem 6.2.15: Reduktion von α auf η

Eine Approximationsfunktion (also ein $\boldsymbol{\lambda}$-Name) ϕ kann durch Auswertung der in einem $\boldsymbol{\alpha}$-Namen kodierten Polynome gewonnen werden. Es verbleibt somit aus Cn die Parameter A und K zu extrahieren. Mit der gleichmäßigen Konvergenz der Tschebyschow-Entwicklung (6.9) gegen f erfüllt die j-te Ableitung

$$\left\|f^{(j)}\right\| \leq \sum_{m>j} \left|t_m\right| \cdot \left\|T_m^{(j)}\right\|\,.$$

Durch Abschätzung der Tschebyschow-Koeffizienten t_m mittels Fakt 6.2.16(b), der Abschätzung $\mathrm{E}_k(f) \leq \|f - P_k\|$ ($P_k \in \mathbb{P}_k[-1,1]$) sowie der Markow-Ungleichung für Polynome (Fakt 6.2.16(d)), angewandt auf die Tschebyschow-Polynome T_m, ergibt sich mit $\|T_m\| = 1$ zunächst

$$\left\|f^{(j)}\right\| \leq \sum_{m>j} \underbrace{\frac{4}{\pi}\cdot \mathrm{E}_{m-1}(f)}_{\geq |t_m|} \cdot \underbrace{m^{2j}/j! \cdot \left\|T_m\right\|}_{\geq \|T_m^{(j)}\|}\,. \tag{6.15}$$

Für das im $\boldsymbol{\alpha}$-Namen kodierte Polynom vom Grad Cn ist der Approximationsfehler bekannt, der Bestapproximationsfehler kann somit für $k = Cn$ nach oben durch 2^{-n} beschränkt werden. Die Grenzwertbildung in (6.15) muss für die noch folgenden Abschätzungen allerdings über der Genauigkeit n und nicht über m geschehen. Fasse dazu geeignet viele Summanden zusammen und schätze sie blockweise nach oben ab:

$$\sum_{Cn<m\leq C(n+1)} \left|t_m\right| \cdot \left\|T_m^{(j)}\right\| \leq C \cdot \left|t_{Cn}\right| \cdot \left\|T_{C(n+1)}^{(j)}\right\|\,. \tag{6.16}$$

Mit den Wahlen $j' := \lfloor j/C \rfloor$ und $m = C\cdot n$, sowie der Abschätzung $\mathrm{E}_{Cn-1}(f) \leq \mathrm{E}_{C(n-1)}(f) \leq \left\|f - P^*_{C(n-1)}\right\| < 2^{-(n-1)}$ (Letzteres nach Definition der in α-Namen kodierten Polynome), verbleibt, den Wert des (6.15) nach Integralkriterium majorisierenden Integrals

$$\begin{aligned} \|f^{(j)}\| &\leq \sum_{n>j'} \frac{4}{\pi} \cdot 2^{-(n-1)} \cdot C^{2j} \cdot (n+1)^{2j}/j! \\ &\leq \frac{4}{\pi} \cdot C^{2j} \cdot 1/j! \cdot 2^2 \cdot \int_{j'}^{\infty} (x+1)^{2j} \cdot 2^{-(x+1)} \, \mathrm{d}x \end{aligned} \tag{6.17}$$

zu bestimmen. Eine Abschätzung folgt mit $(x+1)^{2j} \leq \left(2j/\ln\sqrt{2}\right)^{2j} \cdot \sqrt{2}^{x+1}$ gemäß Lemma 6.2.19:

$$\int_{j'}^{\infty} (x+1)^{2j} \cdot 2^{-(x+1)} \, \mathrm{d}x \leq \left(\frac{2j}{\ln\sqrt{2}}\right)^{2j} \mathrm{e}^{-j'} . \tag{6.18}$$

Bemerke $1/j! \leq j^{-j} \cdot \mathrm{e}^j$ (Stirling) und $1/\ln\sqrt{2} < 3$. Aus den Wahlen

$$A := 16/\pi\,; \quad K := \mathrm{e}^{1-1/C} \cdot (6C)^2$$

folgt dann

$$\|f^{(j)}\| \leq 4/\pi \cdot 2^2 \cdot \left(2C/\ln\sqrt{2}\right)^{2j} \cdot \mathrm{e}^{j-j'} \cdot j^{2j}/j^j \leq A \cdot K^j \cdot j^j . \qquad \square$$

Ausstehende Beweise einiger Lemmata

Beweis von Lemma 6.2.18. Für die untere Schranke nutze k-mal die Relation $m/k < (m-i)/(k-i)$ mit $1 \leq i \leq k-1$. Für die obere Schranke, nutze $\binom{m}{k} = m^{[k]}/k!$ und verwende die Stirlingsche Ungleichung $\sqrt{2\pi} \cdot k^k \cdot \mathrm{e}^{-k} \leq k!$ zur Abschätzung $m^{[k]}/k! \geq m^{[k]} \cdot \mathrm{e}^k/(\sqrt{2\pi} \cdot k^k)$. Wegen der korrekten Ungleichung

$$\frac{m^{[k]} \cdot \mathrm{e}^k}{\sqrt{2\pi} \cdot k^k} \leq \left(\frac{\mathrm{e} \cdot m}{k}\right)^k \iff m^{[k]} \leq \sqrt{2\pi} \cdot m^k$$

folgt

$$\binom{m}{k} = \frac{m^{[k]}}{k!} \leq \frac{m^{[k]} \cdot \mathrm{e}^k}{\sqrt{2\pi} \cdot k^k} \leq \left(\frac{\mathrm{e} \cdot m}{k}\right)^k .$$

Für das Korollar, nutze wie zuvor $m^{[k]} = \binom{m}{k} \cdot k!$, zusammen mit der Stirlingschen Abschätzung $\sqrt{2\pi} \cdot \mathrm{e}^{-k} \cdot k^k \leq k!$, und folgere aus der stärkeren

Umformung, dessen rechte Seite nach Lemma 6.2.18 korrekt ist,

$$m^k \leq \mathrm{e}^k \cdot \binom{m}{k} \cdot \sqrt{2\pi} \cdot \mathrm{e}^{-k} \cdot k^k \iff \left(\frac{m}{k}\right)^k \leq \sqrt{2\pi} \cdot \binom{m}{k} ,$$

die Behauptung. □

Beweis von Lemma 6.2.19. Schreibe die Behauptung zu $t \cdot x^{-t/s} \leq s/\ln(x)$ um und differenziere die linke Seite nach t:

$$\frac{\mathrm{d}}{\mathrm{d}t}\big(t \cdot x^{-t/s}\big) = x^{-t/s} - t \cdot \ln(x)/s \cdot x^{-t/s} . \tag{6.19}$$

Unter obigen Bedingungen an x und t ist $s/\ln(x)$ die einzige Nullstelle von (6.19) – und damit das globale Maximum der Funktion $t \mapsto t \cdot x^{-t/s}$, womit durch Umstellung die Behauptung folgt. □

6.3 Gevrey-Hierarchie

Über glatten Funktionen sind PMAX und PINT nicht in subexponentieller Zeit berechenbar, über analytischen Funktionen (unter allen betrachteten Darstellungen) jedoch schon. Dieser Komplexitätssprung lässt sich im Wachstumsverhalten der Ableitungen parametrisieren. Genauer: Das Wachstum analytischer Funktionen kann mit Hilfe von Konvergenzradien lokaler Taylorentwicklungen beschränkt werden.

Definition 6.3.1. Definiere für Konstanten $A, K, \ell \in \mathbb{N}_+$ die Klasse der *Gevrey-Funktionen* $\mathrm{G}_{A,K,\ell}[-1,1]$ durch

$$\mathrm{G}_{A,K,\ell}[-1,1] := \big\{ f \in \mathrm{C}^\infty([-1,1],\mathbb{C}) \;\big|\; \forall i \in \mathbb{N} .\, \|f^{(i)}\| \leq A \cdot K^i \cdot i^{i \cdot \ell} \big\} ,$$
$$\mathrm{G}_\ell[-1,1] := \bigcup_{A,K \in \mathbb{N}_+} \mathrm{G}_{A,K,\ell}[-1,1] , \quad \mathrm{G}[-1,1] := \bigcup_{\ell \in \mathbb{N}_+} \mathrm{G}_\ell[-1,1] .$$

Die Gevrey-Klassen bilden eine Hierarchie in $\mathrm{C}^\infty([-1,1],\mathbb{C})$:

$$\mathrm{G}_1[-1,1] \subset \mathrm{G}_2[-1,1] \subset \mathrm{G}_3[-1,1] \subset \cdots \subset \mathrm{C}^\infty([-1,1],\mathbb{C}) .$$

Die unterste Stufe dieser Hierarchie stimmt mit der Klasse der komplex-analytischen Funktionen überein, d. h. $\mathrm{C}^\omega[-1,1] = \mathrm{G}_{\ell=1}[-1,1]$ (verwende dazu die Stirling-Formel 6.2.17).

Die Gevrey-Klassen $\mathrm{G}_\ell[-1,1]$ sind lineare Funktionenräume mit schönen Eigenschaften, die wir nachfolgend aufführen und schon mit Blick auf die Komplexitätsuntersuchungen der jeweiligen Operatoren relativ detailliert beweisen. Historisch entstammen die Gevrey-Klassen der Untersuchung regulärer Lösungen partieller Differentialgleichungen [Gev18].

Proposition 6.3.2 (Abschlusseigenschaften von $\mathrm{G}_\ell[-1,1]$). *Für alle $\ell \in \mathbb{N}_+$ ist die Klasse $\mathrm{G}_\ell[-1,1]$ abgeschlossen unter den folgenden Operationen: (a) Addition (b) Multiplikation (c) Integration (d) Differentiation. Zusätzlich ist $\mathrm{G}_\ell([-1,1],[-1,1])$ abgeschlossen unter (e) Komposition.*

Beweis. Es seien $f_1, f_2 \in \mathrm{G}_\ell[-1,1]$, es gibt also Konstanten $A_k, K_k \in \mathbb{N}_+$ erfüllend $\|f_k^{(i)}\| \leq A_k \cdot K_k^i \cdot i^{\ell \cdot i}$.

(a) $f_1 + f_2 \in \mathrm{G}_\ell[-1,1]$ folgt unmittelbar:

$$\left\|f_1^{(i)} + f_2^{(i)}\right\| \leq (A_1 + A_2) \cdot (K_1 + K_2)^i \cdot i^{\ell \cdot i} .$$

(b) Nach der Leibnizschen Regel folgt zunächst

$$\left\|(f_1 \cdot f_2)^{(i)}\right\| = \left\|\sum_{j=0}^{i} \binom{i}{j} \cdot f_1^{(j)} \cdot f_2^{(i-j)}\right\| .$$

Schätze die Binomialkoeffizienten mit der oberen Schranke aus Lemma 6.2.18 ab und folgere daraus $f_1 \cdot f_2 \in \mathrm{G}_\ell[-1,1]$:

$$\begin{aligned}\left\|(f_1 \cdot f_2)^{(i)}\right\| &\leq \sum_{j=0}^{i} A_1 \cdot A_2 \cdot (K_1 + K_2)^i \cdot \mathrm{e}^j \cdot i^j / j^j \cdot j^{\ell \cdot j} \cdot (i-j)^{\ell \cdot (i-j)} \\ &\leq (A_1 \cdot A_2) \cdot \left(2\mathrm{e}(K_1 + K_2)\right)^i \cdot i^{\ell \cdot i} .\end{aligned}$$

(c) Sei $F_1(c) := \int_{-1}^{c} f_1(x)\,\mathrm{d}x$. Mit $\|F_1\| \leq 2\|f_1\| \leq 2A_1$ und dem Hauptsatz der Analysis folgt $F_1 \in \mathrm{G}_{2A_1, K_1, \ell}[-1,1]$.

(d) Mit $j! \leq \mathrm{e}^{1-j} \cdot j^j$,

$$(j+i)^{j+i} \leq (j+i)! \cdot \left(2\pi \cdot (j+i)\right)^{-1/2} \cdot \mathrm{e}^{j+i} \leq (j+i)! \cdot \mathrm{e}^{j+i}$$

(nach Stirling) und Lemma 6.2.11 folgt $f_1^{(i)} \in G_\ell[-1,1]$ vermittels

$$\begin{aligned}\left\|\left(f_1^{(i)}\right)^{(j)}\right\| &\leq A_1 \cdot K_1^i \cdot \left((j+i)^{[i]}\right)^\ell \cdot K_1^j \cdot (j!)^\ell \cdot e^{\ell(j+i)} \\ &\leq \left(A_1 \cdot e^{\ell(1+i)} \cdot i^{\ell \cdot i} \cdot K^i\right) \cdot \left((2/e)^\ell \cdot K_1\right)^j \cdot j^{\ell \cdot j} .\end{aligned}$$

(e) Schätze zuerst $\|(f_2 \circ f_1)^{(i)}\|$ (analog zum Beweis von [KP02, Prop. 1.4.2]) mit der Formel von Faà di Bruno [KP02, §1.3] ab

$$\left\|(f_2 \circ f_1)^{(i)}\right\| \leq \sum_{k_1, k_2, \ldots, k_i} \frac{i!}{k_1! \cdot k_2! \cdots k_i!} \cdot \left\|f_2^{(k)}\right\| \cdot \prod_{j=1}^{i} \left(\frac{\left\|f_1^{(j)}\right\|}{j!}\right)^{k_j}, \tag{6.20}$$

wobei über alle $k_j \in \mathbb{N}$ erfüllend $1 \cdot k_1 + 2 \cdot k_2 + \cdots + i \cdot k_i = i$ summiert wird, und $k := k_1 + k_2 + \cdots + k_i$ sei. Ziel ist es (6.20) so umzuformen, dass die Identität [KP02, Lem. 1.4.1]

$$\sum_{k_1, k_2, \ldots, k_i} \frac{k!}{k_1! \cdot k_2! \cdots k_i!} \cdot x^k = x \cdot (1+x)^{i-1} < (1+x)^i$$

für $i \in \mathbb{N}_+$ und $x \in \mathbb{R}_+$ anwendbar ist. Mit den üblichen Schranken an die Ableitungen von Gevrey-Funktionen und $j! \geq j^j \cdot e^{-j}$ (Stirling) kann zunächst der Produktterm über die Ableitungen von f_1 abgeschätzt werden:

$$\begin{aligned}\prod_{j=1}^{i} \left(\frac{\left\|f_1^{(j)}\right\|}{j!}\right)^{k_j} &\leq \prod_{j=1}^{i} \left(A_1 \cdot K_1^j \cdot j^{\ell \cdot j} / j^j \cdot e^{\ell \cdot j}\right)^{k_j} \\ &\leq A_1^k \cdot K_1^i \cdot i^{(\ell-1) \cdot i} \cdot e^{\ell \cdot i}\end{aligned}$$

Mit $\|f_2^{(k)}\| \leq A_2 \cdot K_2^k \cdot (k!)^\ell \cdot e^{\ell \cdot k}$ (Stirling) und dem Herausziehen des Stufenparameters ℓ folgt schlussendlich die Behauptung:

$$\begin{aligned}(6.20) &\leq A_2 \cdot K_1^i \cdot e^{\ell \cdot i} \cdot i^{\ell \cdot i} \cdot \Big(\sum_{k_1, \ldots, k_i} \frac{k!}{k_1! \cdots k_i!} \cdot \left(A_1^{1/\ell} \cdot K_2^{1/\ell} \cdot e\right)^k\Big)^\ell \\ &\leq A_2 \cdot \left(K_1 \cdot e^\ell \cdot \left(A_1^{1/\ell} \cdot K_2^{1/\ell} \cdot e + 1\right)^\ell\right)^i \cdot i^{\ell \cdot i} . \qquad \square\end{aligned}$$

Die Darstellung $\boldsymbol{\eta}$ verallgemeinert sich ganz natürlich auf die Klasse G[−1, 1]: Sei dazu ein $\boldsymbol{\eta}$-Name ϕ für $f \in \mathrm{G}_\ell[-1,1]$ von der Form

$$\phi\colon s \mapsto 0^{\log_2 A + K + l(s)^\ell} 1\, \phi'(s) \qquad (s \in \Sigma^*)$$

mit $\boldsymbol{\rho}_{\mathbb{C}}^{\rightarrow}(\phi') = f$ (vgl. Bemerkung 3.2.3 zur Form von ϕ). Ähnlich kann die Darstellung $\boldsymbol{\alpha}$ auf G[−1, 1] erweitert werden, indem die Anzahl der kodierten Koeffizienten durch $C \cdot n^\ell$ beschränkt wird. Ein $\boldsymbol{\alpha}$-Name ϕ von $f \in \mathrm{G}_\ell[-1,1]$ erfüllt also

$$\boldsymbol{\rho}_{\mathbb{C}}^{C \cdot n^\ell}\big(\phi(0^n)\big) = (a_{n,0}, \ldots, a_{n,C \cdot n^\ell}) \,.$$

Es stellt sich heraus: Auch die Verallgemeinerungen von $\boldsymbol{\eta}$ und $\boldsymbol{\alpha}$, die wir identisch notieren wollen, sind polynomialzeitäquivalent (analog zu Theorem 6.2.15 über der Klasse analytischer Funktionen) – zumindest bei fixierter Gevrey-Stufe.

Theorem 6.3.3. *Für* $\ell \in \mathbb{N}_+$ *gilt* $\boldsymbol{\eta}|^{\mathrm{G}_\ell[-1,1]} \preceq_{\mathrm{p}} \boldsymbol{\alpha}|^{\mathrm{G}_\ell[-1,1]} \preceq_{\mathrm{p}} \boldsymbol{\eta}|^{\mathrm{G}_{2\ell-1}[-1,1]}$.

Beweis. Beide Reduktionen verlaufen analog zu ihren Beweisen in Abschnitt 6.2.4 für den Spezialfall $\ell = 1$ (d. h. über $\mathrm{C}^\omega[-1,1]$).

Reduktion $\boldsymbol{\eta}$ auf $\boldsymbol{\alpha}$: Faktor $i!$ in Gleichung (6.10), gewonnen durch Anwendung der Jackson-Ungleichung 6.2.16(c), ist durch $i^{\ell \cdot i}$ zu ersetzen. Wie leicht nachzurechnen ist, liefert die Wahl $i_0 := (m/(\mathrm{e}\pi K))^{1/\ell}$ die (zu Gleichung (6.12) ähnliche) Schranke $m > (n + \log_2(cA))^\ell \cdot \mathrm{e}\pi K$ an den Polynomgrad m. Die anschließende Approximation über die Taylorpolynome kann ohne weitere Anpassung übernommen werden. Es folgt somit $m \in \mathrm{O}\big((n + \log_2 A + K)^\ell\big)$.

Reduktion $\boldsymbol{\alpha}$ auf $\boldsymbol{\eta}$: Die einzigen Anpassungen betreffen die für den Übergang im Summationsindex von m nach n notwendige Abschätzung (6.16) sowie die Abschätzung (6.18) des majorisierenden Integrals. Für Erstere bemerke, dass für $\boldsymbol{\alpha}$-Namen von $f \in \mathrm{G}_\ell[-1,1]$ nun die Summe von $C(n+1)^\ell - Cn^\ell < C(n+1)^\ell$ Termen für die Indizes $Cn^\ell < m \le C(n+1)^\ell$ nach oben durch

$$C(n+1)^\ell \cdot \big|t_{Cn^\ell}\big| \cdot \big\|T^{(j)}_{C(n+1)^\ell}\big\|$$

beschränkt wird. Zweitgenanntes Integral (vgl. (6.18)) ist dann von der Form

$$\int_{j'}^{\infty} (x+1)^{\ell \cdot 2j + \ell} \cdot 2^{-(x+1)}\, \mathrm{d}x \le \left(\frac{\ell \cdot 2j + \ell}{\ln \sqrt{2}}\right)^{\ell \cdot 2j + \ell} \cdot \mathrm{e}^{-j'} \,.$$

Nach dem Zusammensetzen aller Argumente ergibt sich $f \in \mathrm{G}_{2\ell-1}[-1,1]$. □

Aus Proposition 6.3.2 folgt (insbesondere die konkreten Parameterwahlen für) das Analogon von Proposition 6.2.10 über Gevrey-Klassen.

Proposition 6.3.4. *Betrachte die folgenden Operatoren und Funktionale über der Klasse* $\mathrm{G}_\ell[-1,1]$ *für* festes $\ell \in \mathbb{N}_+$. *Dann gelten:*

(a) Auswertung $(f,x) \to f(x)$ *ist in* $(\boldsymbol{\eta} \times \boldsymbol{\rho}_\mathbb{R}|^{[-1,1]}, \boldsymbol{\rho}_\mathbb{R})$-**FP**.

(b) Additions- und Multiplikationsoperator sind in $(\boldsymbol{\eta} \times \boldsymbol{\eta}, \boldsymbol{\eta})$-**FP**.

(c) Iterierte Differentiation $(f,i) \mapsto f^{(i)}$ *ist in* $(\boldsymbol{\alpha} \times \mathrm{un}_\mathbb{N}, \boldsymbol{\alpha})$-**FP**.

(d) Parametrisierte Integration $(f,c) \mapsto \int_{-1}^{c} f(x)\,\mathrm{d}x$ *ist* $(\boldsymbol{\eta} \times \boldsymbol{\rho}_\mathbb{R}|^{[-1,1]}, \boldsymbol{\rho}_\mathbb{R})$-**FP**.

(e) Komposition über $\mathrm{G}_\ell([-1,1],[-1,1])$ *ist „nur" parametrisiert* $(\boldsymbol{\eta} \times \boldsymbol{\eta}, \boldsymbol{\eta})$-*polynomialzeitberechenbar.*

Die Komposition $f_2 \circ f_1$ *von* (A_i, K_i)*-analytischen Funktionen* f_i *ist i. Allg. nicht polynomialzeitberechenbar, da der Parameter* K *der komponierten Funktion* $f_2 \circ f_1$ *vom Wert von* A_i *abhängt – und damit* exponentiell *von dessen Kodierungslänge.*

(f) Parametrisierte Maximierung $(f,u,v) \mapsto \max_{x \in [u,v]} |f(x)|$ *mit* $u \le v$ *ist in* $(\boldsymbol{\alpha} \times \boldsymbol{\rho}_\mathbb{R}|^{[-1,1]} \times \boldsymbol{\rho}_\mathbb{R}|^{[-1,1]}, \boldsymbol{\rho}_\mathbb{R})$-**FP**.

(g) Die obere Schranke im vorigen Punkt ist im wesentlichen optimal. Präziser: Der Operator $f \mapsto \|f\|$ *ist* $(\boldsymbol{\lambda}, \boldsymbol{\rho}_\mathbb{R}|^{[-1,1]})$*-berechenbar in Zeit* $\Omega(n^\ell)$ *bei Einschränkung auf* $\mathrm{G}_{\ell+1,1,1}([-1,1],[-1,1])$ *und für festes* $\ell \in \mathbb{N}_+$.

Nach Proposition 6.3.2 erhalten alle Operationen zudem die Gevrey-Stufe.

Beweis. (a) Sei $(\phi', \mathrm{bin}_\mathbb{N}(A), \mathrm{un}_\mathbb{N}(K), \phi'')$ ein $(\boldsymbol{\eta}, \boldsymbol{\rho}_\mathbb{R})$-Name für (f,x). Bestimmte das Argument x mit Genauigkeit $n' := n + \lceil \log_2(AK) \rceil + 1$. Dann ϕ, definiert durch $\phi(0^n) := \phi'(\phi''(0^{n'}), 0^{n+1})$, ein $\boldsymbol{\rho}_\mathbb{R}$-Name für $f(x)$.

(b) Gegeben seien $\boldsymbol{\eta}$-Namen $(\phi_i, \mathrm{bin}_\mathbb{N}(A_i), \mathrm{un}_\mathbb{N}(K_i))$ für f_i, $i \in \{1,2\}$. Mit $\phi(q, 0^n) := \phi_1(q, 0^{n+1}) + \phi_2(q, 0^{n+1})$, $A := A_1 + A_2$ und $K := K_1 + K_2$ ist $(\phi, \mathrm{bin}_\mathbb{N}(A), \mathrm{un}_\mathbb{N}(K))$ ein $\boldsymbol{\eta}$-Name für $f_1 + f_2$.

Um einen Namen für $f_1 \cdot f_2$ zu erhalten, setze $\phi(q, 0^n) := \phi_1(q, 0^m) \cdot \phi_2(q, 0^m)$ mit $m \in \mathrm{O}(n + l(\phi_1)(0) + l(\phi_2)(0) + \log_2(AK))$, wobei $A :=$

$A_1 \cdot A_2$ und $K := 2\mathrm{e}(K_1 + K_2)$. Wegen $|f_1(q) \cdot f_2(q) - \phi(q, 0^n)| < 2^{-n}$ für alle $q \in \mathbb{D} \cap [-1, 1]$, da f_i eine $A_i K_i$-Lipschitz-stetige Funktion, und die Kodierungslänge von $\|f_i\|$ somit durch $l(\phi_i)(0) + \log_2(A_i K_i)$ nach oben beschränkt ist.

(c) Sei $i \in \mathbb{N}_+$ und $\psi = \langle \phi, 0^C \rangle$ ein $\boldsymbol{\alpha}$-Name für f. Bemerke, dass die k-ten Ableitungen der Polynome $P_{\psi,*}$,

$$P_{\psi,m}(x) := \sum\nolimits_{i=0}^{C \cdot m^\ell} \phi(0^m)_i \cdot x^i \ ,$$

(Erinnerung: $\phi(0^m) = (a_{m,0}, \ldots, a_{m,C \cdot m^\ell})$) eine Cauchy-Folge darstellen: Wegen

$$\begin{aligned} \left\|(P_{\psi,m} - P_{\psi,m-1})^{(i)}\right\| &\leq m^{2i}/i! \cdot \|P_{\psi,m} - P_{\psi,m-1}\| \\ &< m^{2i}/i! \cdot 2\|f - P_{\psi,m-1}\| < m^{2i} \cdot 2^{-m+2} \end{aligned}$$

kann $\left\| \sum_{j=m+1}^{M} P_{\psi,j}^{(i)} - P_{\psi,j-1}^{(i)} \right\|$ für alle $M > m$ vermittels Integralkriterium (analog zu (6.17)) nach oben durch $4 \cdot (2i)^{2i} \cdot \mathrm{e}^{-m}$ – und damit unabhängig von M – beschränkt werden. Mit $m = m(n) \geq 4i \log_2 i + n$ folgt schließlich $\|f^{(i)} - P_{\psi,m-1}^{(i)}\| < 2^{-n}$ sowie $\deg P_{\psi,m-1}^{(i)} \leq C_i \cdot n^\ell$ für $C_i \geq C \cdot (i \log_2 i)^\ell \cdot \ell^\ell$.

(d) Nutze die Reduktion von $\boldsymbol{\eta}$ auf $\boldsymbol{\alpha}$ und bemerke

$$\left| \int_u^v f(x)\,\mathrm{d}x - \int_u^v P_{\phi,n+1}(x)\,\mathrm{d}x \right| < \int_u^v 2^{-(n+1)} \leq 2^{-n}$$

für einen $\boldsymbol{\alpha}$-Namen ϕ von f und $-1 \leq u < v \leq 1$.

(e) Sei $\langle \phi_i, A_i, 0^{K_i} \rangle$ ein $\boldsymbol{\eta}$-Name für f_i, $i \in \{1, 2\}$. Wähle $A := A_2$ und $K := K_1 \cdot (2\mathrm{e}^2)^\ell \cdot A_1 \cdot K_2$ gemäß den Beweisdetails von Proposition 6.3.2(e). Mit

$$\phi(q, 0^n) := \phi_2\Big(\phi_1\big(q, 0^{n + \lceil \log_2(AK) \rceil + 1}\big), 0^{n+1}\Big)$$

für $q \in \mathbb{D} \cap [-1, 1]$ und $n \in \mathbb{N}$ ist $\langle \phi, A, 0^K \rangle$ dann ein $\boldsymbol{\alpha}$-Name für $f_2 \circ f_1$.

(f) Gegeben $\boldsymbol{\rho}_{\mathbb{R}}|^{[-1,1]}$-Namen ϕ_u und ϕ_v für u respektive v, sowie ein $\boldsymbol{\alpha}$-Name $\psi = \langle \phi, 0^C \rangle$ für f. Setze zunächst $u' := \phi_u(0^{n'}) - 2^{-n'}$ und

$v' := \phi_v(0^{n'}) + 2^{-n'}$ mit $n' := n + C + 1$. Notiere die Koeffizienten, kodiert in $\phi(0^n)$, durch $a_{n,i}$. Vermittels

$$\psi(u', v', y, a_{n,0}, \ldots, a_{n,Cn^\ell}) := \\ \exists x, r, s, t \in \mathbb{R} \,.\, \underbrace{x = u' + r^2}_{x \geq u'} \wedge \underbrace{x = v' - s^2}_{x \leq v'} \wedge \underbrace{P_{\psi,n}(x) = y + t^2}_{P_{\psi,n}(x) \geq y}$$

kann nach [BPR06, Ex. 11.7] durch binäre Suche über y, beschränkt durch $|y| \leq \sum_{i=0}^{Cn^\ell} |a_{n,i}|$, das betragsmäßige Maximum von $f|_{[u,v]}$ mit Genauigkeit $n \in \mathbb{N}$ bestimmt werden.

(g) Konstruiere Funktionen $h_{N,\ell,i} \colon [-1,1] \to [-1,1]$ durch

$$h_{N,\ell,i}(x) := g\big(N^\ell \cdot (x - 2i/N^\ell)\big) / \exp(1 + N \cdot \ell/\mathrm{e}) \,, \quad g(y) := \mathrm{e}^{-y^2}$$

(vgl. mit Beweis von Proposition 6.2.1). Die Ableitung

$$h_{N,\ell,i}^{(k)} = N^{k \cdot \ell} \cdot g^{(k)}(y) / \exp(1 + N \cdot \ell/\mathrm{e})$$

ist wegen $\|g^{(k)}\| \leq \mathrm{e} \cdot k^k$ (verwende den Cauchyschen Integralsatz) nach oben durch $N^{k \cdot \ell} / \exp(N \cdot \ell/\mathrm{e}) \cdot k^k$ beschränkt. Logarithmieren und Ableiten der von N abhängigen Teilfunktion liefert $k^{k\ell}$ (angenommen im Punkt $N = k\mathrm{e}$) als Maximum. Zusammengesetzt folgt $\|h_{N,\ell,i}^{(k)}\| \leq k^{k(\ell+1)}$ und somit die erste Teilaussage $h_{N,\ell,i} \in \mathrm{G}_{\ell+1,1,1}([-1,1],[-1,1])$.

Die Nullfunktion ist nun von $h_{N,\ell,i}$ für beliebiges (und unbekanntes) $0 \leq i \leq N^\ell/2$ zu unterscheiden. Wähle dazu $N := (n - 1 - \log_2 \mathrm{e}) \cdot \mathrm{e} \cdot (\ell \log_2 \mathrm{e})^{-1}$ zu gegebenem $n \in \mathbb{N}_{\geq 3}$, ergebend $\|h_{N,\ell,i}\| = \exp(-1 - N \cdot \ell/\mathrm{e}) = 2^{-n+1}$. Wegen

$$h_{N,\ell,i}(x) \geq 2^{-n} \quad \text{für } |x - 2i/N^\ell| \leq \sqrt{\ln 2}/N^\ell$$

ist zur Unterscheidung von der Nullfunktion mindestens ein Funktionswert in jedem Intervall $[(2i-1)/N^\ell, (2i+1)/N^\ell]$ zu berechnen, insgesamt also mindestens $N^\ell/2 \in \Omega(n^\ell)$ viele. □

7 Funktionsinversion

Klassisch liefert der Satz von der Umkehrabbildung Voraussetzungen für die Existenz einer lokalen Rechtsinversen. Betrachte konkret univariate Funktionen $f\colon \subseteq\mathbb{R} \to \mathbb{R}$: Zu einer Umgebung U von a gibt es eine Umgebung V von $f(a)$ und eine Funktion $g\colon V \to U$ mit $f \circ g = \mathrm{id}_V$, wenn $f|_U \in \mathrm{C}^1(U)$ und $f'(a) \neq 0$. Für den allgemeineren Fall $f\colon \mathbb{R}^d \to \mathbb{R}^e$ mit $e \leq d$ ist die letztgenannte Bedingung durch den vollen Rang der Jacobi-Matrix $\mathrm{D}\, f(a)$ zu ersetzen. Ziegler und McNicholl [Zie06, McN08] untersuchten (Letzterer für den Satz von der impliziten Funktion) dieses klassische Ergebnis aus Sicht der Berechenbaren Analysis und stellten fest, dass Information über das Wachstum der lokalen Inversen (in Form eines sog. *Eindeutigkeitsmoduls*, oder durch die Mitgabe der Jacobi-Matrix) wesentlich für die Berechenbarkeit ist.

Aufbauend auf den vorgenannten Arbeiten und [Rös13, §5] zeigen wir zunächst in den Abschnitten 7.1 and 7.2 die Grenzen der Suche nach Funktionenklassen auf, über denen *Funktionsinversion* (d. h. die Berechnung einer Umkehrfunktion), realisiert durch einen Operator INVERSION, in **FP** liegen könnte. Wie schon beim Vergleich von Mengendarstellungen in Kapitel 3 wird auch hier ein Bruch zwischen dem ein- und mehrdimensionalen Fall deutlich werden: Im Eindimensionalen ist die globale Inverse f^{-1} einer Funktion f in Polynomialzeit berechenbar, wenn sowohl ein Stetigkeits- als auch ein Eindeutigkeitsmodul (d. h. Stetigkeitsmodul der Inversen) bekannt ist; über analytischen Funktionen gilt die analoge Aussage sogar *ohne explizite Beigabe eines Eindeutigkeitsmoduls* (Abschnitt 7.3). Welche Komplexitätsschranken sich für mehrdimensionale Funktionen ergeben ist hingegen weit weniger klar: Polynomialzeitschranken für die Berechnung mehrdimensionaler globaler Inverser f^{-1} implizierten die Polynomialzeitberechenbarkeit sog. *Einwegfunktionen* (leicht berechenbare, aber schwer zu invertierende Wortfunktionen) – und würden damit ein offenes Problem, die Frage P vs. UP, lösen.

Nach Einführung von Darstellungen für partielle Funktionen (Abschnitt 7.4) werden wir in Abschnitt 7.5 jedoch (unter Berücksichtigung der zuvor diskutierten Komplexitätshürden) einen optimalen Algorithmus für die Funktionsinversion mehrdimensionaler *bi-Hölder Funktionen* (d. h. Hölder-stetige

Funktionen mit Hölder-stetiger Inverser) angeben – der für bi-Lipschitz Funktionen in **FP** liegt. Wir schließen dieses Kapitel mit einer in Abschnitt 7.6 begründeten Annahme, dass lokale Funktionsinversion (und selbst implizit gegebene Funktionen) eingeschränkt auf Gevrey-Funktionen polynomialzeitberechenbar ist.

Notation. Notiere den Raum der partiellen i-mal stetig-differenzieren Funktionen $f\colon \subseteq\mathbb{R}^d \to \mathbb{R}^e$ als $\mathrm{C}^i(\subseteq\mathbb{R}^d,\mathbb{R}^e)$. Zu $f \in \mathrm{C}^1(\subseteq\mathbb{R}^d,\mathbb{R}^e)$ bezeichne $\mathrm{D}\, f$ die Matrix der ersten partiellen Ableitungen $\frac{\partial f_i}{\partial x_j}$. Ist $d \geq e$ und $\mathrm{Dom}(f)$ von der Form $U \times V$ für $U \subseteq \mathbb{R}^e$ und $V \subseteq \mathbb{R}^{d-e}$, so schreibe $\mathrm{D}_v\, f$ für die quadratische Teilmatrix $\left(\frac{\partial f_i}{\partial x_j}\right)_{i,j}$ der Komponenten $i, j \in \{d-e+1, \ldots, d\}$.

7.1 Der Rahmen: Nicht-uniforme Schranken nach Ko

Erste Komplexitätsuntersuchungen zur Berechnung der Umkehrfunktion finden sich in [Ko91, §4], die den Rahmen aufzeigen, in dem wir hoffen können die Polynomialzeitberechenbarkeit der Funktionsinversion nachweisen zu können – oder eben nicht. Unter Einbeziehung des Konzepts des *Eindeutigkeitsmoduls*[1] seien nachfolgend dazu drei entscheidende *nicht-uniforme* Schranken bemerkt.

Definition 7.1.1. Sei $f \in \mathrm{C}(\subseteq\mathbb{R}^d,\mathbb{R}^e)$. Eine Funktion $\underline{\mu}\colon \mathrm{Dom}(f) \times \mathbb{N} \to \mathbb{N}$ heißt *nicht-uniformer Eindeutigkeitsmodul* für f, falls sie

$$\|f(x) - f(y)\| \leq 2^{-\underline{\mu}(x,n)} \implies \|x - y\| \leq 2^{-n}$$

erfüllt. Wir bezeichnen $\underline{\mu}$ als *uniformen Eindeutigkeitsmodul* (oder kurz: *Eindeutigkeitsmodul*), falls $\underline{\mu}$ unabhängig von $x \in \mathrm{Dom}(f)$ ist. In diesem Falle ändern wir die Signatur zu $\underline{\mu}\colon \mathbb{N} \to \mathbb{N}$. Definiere analog nicht-uniforme Stetigkeitsmoduln.

Fakt 7.1.2 ([Ko91, Thm. 4.6, 4.23 und 4.26]).

(a) Zu gegebenem Paar $(f, \overline{\mu})$ *von* injektiver *Funktion* $f \in (\rho_{\mathbb{R}}|^{[0,1]}, \rho_{\mathbb{R}})$-**FP** *und polynomiellem Eindeutigkeitsmodul* $\underline{\mu}$ *ist* $f^{-1} \in (\rho_{\mathbb{R}}|^{\mathrm{Bild}(f)}, \rho_{\mathbb{R}})$-**FP**.

[1] Betrachtet in [Koh90, Koh93] als *modulus of uniqueness*; auch als *inverse modulus* [Ko91, §4] bezeichnet. In der Numerik auch als *strong unicity* geläufig; bspw. in [DL93, §3.7].

(b) *Aussage (a) gilt auch für zweidimensionale Funktionen* $f\colon [0,1]^2 \to \mathbb{R}^2$ *unter der Voraussetzung, dass* $\mathsf{P} = \mathsf{NP}$.

Ob die Umkehrung von (b) ebenfalls gilt ist nicht bekannt. Mittels der Komplexitätsklasse UP, *für die* $\mathsf{P} \subseteq \mathsf{UP} \subseteq \mathsf{NP}$ *gilt und die wir in Bemerkung 7.1.3 noch genauer betrachten werden, kann jedoch die folgende Abschwächung von (b) gezeigt werden:*

(c) *Angenommen zu jeder beliebigen injektiven Funktion* $f\colon [0,1]^2 \to [0,1]^2$ *mit* $f \in (\rho_{\mathbb{R}}^2|^{[0,1]^2}, \rho_{\mathbb{R}}^2|^{[0,1]^2})$-$\mathbf{FP}$ *und polynomiellem Eindeutigkeitsmodul* $\underline{\mu}$ *folgte nicht-uniform* $f^{-1} \in (\rho_{\mathbb{R}}^2|^{\mathrm{Bild}(f)}, \rho_{\mathbb{R}}^2)$-$\mathbf{FP}$. *Dann gilt* $\mathsf{P} = \mathsf{UP}$.

Der Beweis zu (a) nutzt die Äquivalenz von Injektivität und strikter Monotonie für eindimensionale stetige Funktionen mit zusammenhängendem Definitionsbereich aus. Das Urbild eines Punktes $y \in \mathrm{Bild}(f)$ kann anschließend durch binäre Suche im Definitionsbereich (hier: $[0,1]$) ermittelt werden. Teil (b) nutzt zweidimensionale Binärsuche über einer NP-Menge N. Dabei ist ein Tupel $\langle p, q, 0^m, 0^n \rangle \in N$, sofern p in einer 2^{-m}-Umgebung eines Punktes p' liegt, dessen approximatives Bild unter f selbst 2^{-n}-nahe des betrachteten Punktes $q \in \mathrm{Bild}(f) \cap \mathbb{D}^2$ liegt. Insbesondere sind linear in n viele Anfragen an N ausreichend, um $f^{-1}(q)$ mit Genauigkeit n zu bestimmen.

Die Aussage in Teil (c) ist von besonderem Interesse (genauer: dessen Kontraposition), legt sie doch nahe, unter welchen Voraussetzungen uniforme Funktionsinversion *vermutlich nicht* polynomialzeitberechenbar ist; vermutlich, da sie auf der Relation von P zu UP beruht.

Bemerkung 7.1.3. Eine Menge $N \subseteq \Sigma^*$ ist genau dann in UP, wenn sie von einer nicht-deterministischen Turingmaschine M in Polynomialzeit entschieden wird *und* für jedes Wort $s \in \Sigma^*$ maximal ein Berechnungspfad $w(s) \in \Sigma^*$ in M existiert. Offensichtlich ist UP damit in NP enthalten – ob echt ist jedoch ein offenes Problem. Die durch M berechnete (partielle, da nur auf $\mathrm{Bild}(f)$ definierte) Zeugenfunktion $s \mapsto w(s)$ ist aufgrund der Eindeutigkeit des Zeugen wohldefiniert und kann bspw. durch

$$\langle s, t \rangle \mapsto 1s \text{ für } t = w(s)\,, \quad \langle s, t \rangle \mapsto 0\langle s, t \rangle \text{ für } t \neq w(s) \tag{7.1}$$

zu einer (totalen) Einwegfunktion erweitert werden. Eine Wortfunktion $\varphi\colon \Sigma^* \to \Sigma^*$ heißt dabei *Einwegfunktion*, sofern sie (a) injektiv ist, (b) ihre Komplexität von φ durch ein Polynom $p \in \mathbb{N}[X]$ beschränkt ist, (c) $l(s) \leq p(l(\varphi(s)))$ für alle $s \in \Sigma^*$ gilt und (d) es *keine* polynomialzeitberechenbare Inverse zu φ gibt, d. h. für $\psi\colon \mathrm{Bild}(\varphi) \to \Sigma^*$ mit $\psi(\varphi(s)) = s$ für alle

$s \in \mathrm{Bild}(\varphi)$ folgt $\psi \notin \mathsf{FP}$. Unter der Annahme $\mathsf{P} \neq \mathsf{UP}$ folgt vermittels der Konstruktion in (7.1) die Existenz von Einwegfunktionen. Umgekehrt impliziert die Existenz von Einwegfunktionen die Separation von P und UP: Eine Einwegfunktion φ ist mit Orakelzugriff auf die UP-Menge $S := \{\langle w, s\rangle \mid \exists t \in \Sigma^* . \varphi(s\,t) = w\}$ in Polynomialzeit invertierbar[2]. Wäre nun S selbst in P, könnte φ folglich ohne Orakelzugriff auf S in Polynomialzeit invertiert werden – ein Widerspruch zur angenommenen Einwegeigenschaft von φ.

Der entsprechende Beweis zu Fakt 7.1.2(c) liefert sogar genauere Angaben zur Form der Moduln $\overline{\mu}$ und $\underline{\mu}$ [Ko91, S. 148], weshalb wir ihn nachfolgend skizzieren.

Beweisskizze zu Fakt 7.1.2(c). Aus $\mathsf{P} \neq \mathsf{UP}$ folgt zunächst nach voriger Bemerkung die Existenz von Einwegfunktionen. Konstruiere nun eine Funktion $f\colon [0,1]^2 \to [0,1]^2$ mit obig benannten Eigenschaften durch Einkodierung einer Einwegfunktion φ. Sei dazu p ein Polynom und φ derart, dass $p(l(s)) = l(\varphi^{-1}(s)) \geq l(s){+}1$ für alle $s \in \mathrm{Bild}(\varphi)$. Assoziiere nun, ähnlich der Konstruktion im Beweis von Theorem 3.1.10, vermittels $a_{n,i} := 1 - 2^{-n} + i \cdot 2^{-(2n+1)}$ und $a_{n,i+1} := a_{n,i} + 2^{-(2n+1)}$, Streifen $[a_{n,i}, a_{n,i+1}] \times [0,1]$ mit Wörtern $s_{n,i} \in \Sigma^n$, $0 \leq i < 2^n$. Definiere auf jedem dieser Streifen eine lineare Funktion $f_{n,i}$ wie in Abbildung 7.1.1 (vgl. [Ko91, Fig. 4.3]) skizziert: Teile das zu einem Wort $s_{n,i}$ assoziierte Intervall $[a_{n,i}, a_{n,i+1}]$ gleichmäßig in $2^{p(n)}$ Teilintervalle auf und assoziiere die so entstehenden kleineren Intervalle mit den Worten $t_{n,j} \in \Sigma^{p(n)}$. Eingeschränkt auf Streifen $t_{n,i}$ mit $\varphi^{-1}(s_{n,i}) \neq t_{n,j}$ entspricht $f_{n,i}$ der Abbildung $x \mapsto x/2$, im Falle der Gleichheit jedoch wird der zugehörige Streifen gemäß Abbildung 7.1.1 verformt.

Die zusammengesetzte lineare Funktion $f(x,y) := f_{n,i}(x,y)$ für $y \in [0,1]$ und $x \in [a_{n,i}, a_{n,i+1}]$ kann dann als berechenbar in Polynomialzeit nachgewiesen werden.[3] Insbesondere sind $\overline{\mu}(n), \underline{\mu}(n) \in \mathrm{O}(n) + p(n)$ Moduln für f. Das Urbild $f^{-1}(v_{n,i})$ liefert nach Konstruktion einen Punkt im Intervall zu $t_{n,j} = \varphi^{-1}(s_{n,i})$ für $s_{n,i} \in \mathrm{Bild}(\varphi)$. Eine Polynomialzeitberechenbarkeit von f^{-1} würde also insbesondere $\mathsf{P} = \mathsf{UP}$ implizieren. □

Naheliegend ist die Frage nach der kleinstmöglichen Form der Moduln. Genauer: Unter welchen Voraussetzungen, möglicherweise stärker als $\mathsf{P} \neq \mathsf{UP}$,

[2] Durch iterative Präfixbestimmung: Ist $w \in \mathrm{Bild}(\varphi)$ und $\langle w, s\rangle \in S$, so gibt es durch die Injektivität von φ eine eindeutige Fortsetzung $t' \in \Sigma \cup \{\varepsilon\}$, so dass $\langle w, s\,t'\rangle \in S$. Wegen Eigenschaft (c) ist die Suche nach t polynomiell beschränkt.

[3] Bis auf Skalierung entsprechen die nur auf ihren jeweiligen Streifen definierten Funktionen $f_{n,i}$ den gleichnamigen im Beweis von [Ko91, Thm. 4.26] definierten linearen Funktionen.

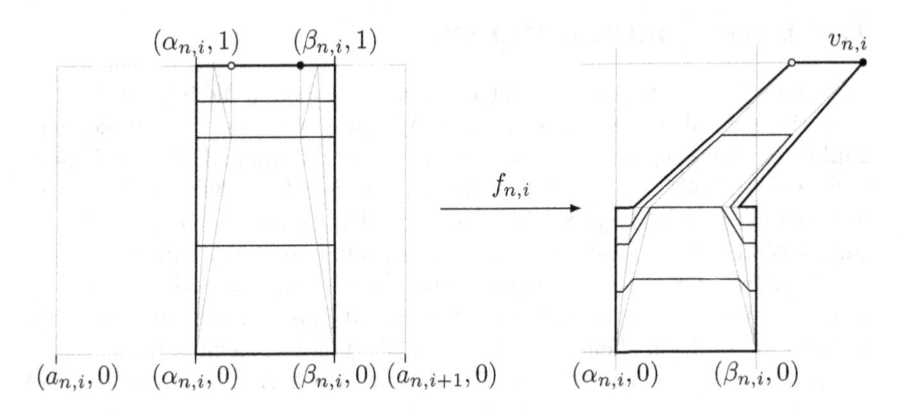

Abbildung 7.1.1. Polynomialzeitberechenbare Funktion f mit einkodierter Einwegfunktion φ. Ein Intervall $[\alpha_{n,i}, \beta_{n,i}]$ mit Grenzen $\alpha_{n,i} = a_{n,i} + \varphi^{-1}(s_{n,i}) \cdot 2^{-(p(n)+2n+1)}$ und $\beta_{n,i} = \alpha_{n,i} + 2^{-(p(n)+2n+1)}$ ist assoziiert mit dem Wort $t_{n,j} := \varphi^{-1}(s_{n,i})$. Dünn gezeichnete Linien deuten die Deformation durch stückweise lineare Funktionen an. Eine Polynomialzeitberechenbarkeit von f^{-1} in den Punkten $v_{n,i}$ würde die Polynomialzeitinvertierbarkeit φ implizieren.

gibt es Einwegfunktionen φ mit assoziiertem Polynom p der Form (a) $p(n) \in \mathrm{O}(n)$, oder gar (b) $p(n) \in n + \mathrm{O}(1)$?

Das vorige Ergebnis legt außerdem die folgende Vermutung nahe (gestützt durch Abbildung 7.1.1).

Vermutung 7.1.4. *Die Konstruktion der zum Beweis von Fakt 7.1.2(c) schwer zu invertierenden Funktion f (zumindest unter Annahme $\mathsf{P} \neq \mathsf{NP}$) kann auf* glatte *Funktionen verallgemeinert werden, indem die Zusammensetzung von f mittels stückweise linearer Funktionen durch glatte Transformationen ersetzt wird. Insbesondere die Moduln verändern sich dadurch (asymptotisch) nicht.*

Unter Umgehung der P vs. UP-Barriere betrachten wir Funktionsinversion auf den Klassen (a) von Funktionen mit Schranken an deren Moduln (Lipschitz und Hölder Funktionen) sowie (b) der Kollektion der Gevrey-Klassen $\mathrm{G}_\ell[-1, 1]$, die jeweils durch vorige Vermutung nicht erfasst werden.

7.2 Einwegpermutationen

In diesem Abschnitt gehen wir der Frage nach, inwiefern die in Fakt 7.1.2(c) beschriebenen oberen Schranken an die Moduln verkleinert werden können; konkreter soll *polynomiell* durch *linear* ersetzt werden. Dies verkleinert (oder gar schließt) zwar nicht die Lücke zwischen P vs. NP und P vs. UP (wie bereits in [Ko91, §4.8] als offen bemerkt), hätte aber eine profunde Implikation: Können die Moduln auf Form $(1+\epsilon)n + \mathrm{O}(1)$ für beliebiges $\epsilon > 0$ gedrückt werden, so würde selbst die Polynomialzeitinversion von bi-Hölder Funktionen (Hölder-Funktionen mit Hölder-Inversen), die *nicht bi-Lipschitz* sind, ein offenes Problem der diskreten Komplexitätstheorie lösen – und damit eine nach Korollar 7.5.4 optimale Verschärfung von Fakt 7.1.2(c) darstellen.

Das Problem: Die Beschaffenheit der Moduln $\overline{\mu}$ und $\underline{\mu}$ hängt von einer unter der Voraussetzung $\mathsf{P} \neq \mathsf{UP}$ existenten Einwegfunktion φ ab; genauer: $\overline{\mu}(n), \underline{\mu}(n) \in \mathrm{O}(n) + p(n)$ mit $l(\varphi^{-1}(s)) = p(l(s))$ für alle $s \in \mathrm{Bild}(\varphi)$.

Der naive Ansatz, aus gegebener Einwegfunktion φ eine neue Einwegfunktion ψ konstruieren zu wollen, die $l(\psi^{-1}(s)) = l(s)$ erfüllt, impliziert, dass ψ *bijektiv* sein muss. Unter Annahme von $\mathsf{P} \neq \mathsf{UP}$ ist jedoch unklar, wie eine solche Transformation aussehen könnte. Ist φ jedoch zusätzlich *surjektiv*, erhalten wir folgende Zwischenaussage.

Lemma 7.2.1. *Angenommen es existiert eine* Einwegpermutation $\varphi\colon \Sigma^* \to \Sigma^*$, *d. h. eine* bijektive *Einwegfunktion φ. Mithilfe von φ kann daraus eine längenerhaltende Einwegpermutation ψ (d. h. $\psi^{-1}[\Sigma^n] \subseteq \Sigma^n$ für alle $n \in \mathbb{N}$) mit folgenden Eigenschaften konstruiert werden:*

(a) $\psi \in \mathsf{FP}$;

(b) $\psi^{-1} \in \mathsf{FP} \implies \varphi^{-1} \in \mathsf{FP}$.

Beweis. Sei φ eine Einwegpermutation und $p \in \mathbb{N}[X]$ ein Polynom derart, dass $l(s) \leq p(l(\varphi(s)))$ für alle $s \in \Sigma^*$. Konstruiere aus φ derart eine *partielle* Funktion $\psi\colon \subseteq\Sigma^* \to \Sigma^*$, dass $\psi^{-1}[\Sigma^n] \subseteq \Sigma^n$ gilt. Erweitere dazu zunächst alle Wörter in $\Sigma^n \subseteq \mathrm{Dom}(\varphi)$ auf Länge

$$\Gamma_n := \sum_{i=0}^{n} \big(p(i) + 2\big)$$

und anschließend analog ihre Bilder. Definiere nun

$$\gamma_n := \Gamma_n - \big(p(n) + 2\big) \; ; \quad \delta_{s,n} := p(n) - l(s)$$

und konstruiere $\psi\colon \subseteq\Sigma^* \to \Sigma^*$ vermittels der Abbildungsvorschrift

$$0^{\gamma_n}10^{\delta_{s,n}}1s \mapsto 0^{\Gamma_n-(n+1)}1\varphi(s) \quad \text{für } \varphi(s) \in \Sigma^n\,. \tag{7.2}$$

(a) Zu gegebenem $t \in \Sigma^*$ kann aus $l(t)$ bestimmt werden, ob (und wenn, in welchem) Σ^{Γ_n} das Wort t enthalten ist. Prüfe dazu, ob t von der Form

$$0^{\gamma_n}10^{\delta_{s,n}}1s \quad \text{mit } s \in \Sigma^{\leq p(n)} \tag{7.3}$$

ist und ob zugleich $\varphi(s) \in \Sigma^n$ gilt. Das dazu notwendige n ist durch $l(t)$ nach oben beschränkt. Ist t nicht von der Form (7.3), so folgt sofort $t \notin \mathrm{Dom}(\psi)$. Ist t von besagter Form, allerdings $\varphi(s) \notin \Sigma^n$, so kann t nach Konstruktion (7.2) nicht in $\mathrm{Dom}(\psi)$ enthalten sein.

Ist schlussendlich t als von der Form (7.3) verifiziert, berechne $\varphi(s)$. Das nun leicht zu konstruierende Wort $0^{\Gamma_n-(n+1)}1\varphi(s)$ entspricht damit $\psi(t)$.

(b) Sei $\psi^{-1} \in \mathsf{FP}$. Zu gegebenem $t \in \Sigma^n$ konstruiere $\hat{t} := 0^{\Gamma_n-(n+1)}1t$.[4] Berechne nun $\psi^{-1}(\hat{t}) =: \hat{s} = 0^{\gamma_n}10^{\delta_{s,n}}1s$ und extrahiere daraus das Urbild $\varphi^{-1}(t) = s$. Damit gilt $\varphi^{-1} \in \mathsf{FP}$. □

Es ist nicht bekannt, ob die in Lemma 7.2.1 vorausgesetzte Existenz von Einwegpermutationen aus der bisherigen Annahme, P sei echt in UP enthalten, folgt. Das folgende Ergebnis ersetzt $\mathsf{P} \neq \mathsf{UP}$ durch eine neue, hinreichende Bedingung.

Fakt 7.2.2 ([HT03, Thm. 3.1]). *Einwegpermutationen existieren genau dann, wenn* $\mathsf{P} \neq \mathsf{UP} \cap \mathsf{coUP}$.

Korollar 7.2.3. *Gegeben die Voraussetzungen wie in Fakt 7.1.2(c), allerdings mit den Zusatzbedingungen, dass die Moduln* $\overline{\mu}(n), \underline{\mu}(n) = a + bn$ *für* $a \in \mathbb{N}$, $b \geq 2$ *erfüllen. Dann folgt* $\mathsf{P} = \mathsf{UP} \cap \mathsf{coUP}$.

Beweis. Der Beweis verläuft analog zum Beweis von Fakt 7.1.2(c), nur die Einwegfunktion φ wird durch ψ aus Lemma 7.2.1 ersetzt. Unter Ausnutzung der im genannten Lemma bewiesenen Polynomialzeitentscheidbarkeit von $\mathrm{Dom}(\psi)$ kann schlussendlich die schwer zu invertierende Funktion konstruiert werden. □

---

[4] Hier nutzen wir die Surjektivität von φ derart aus, dass wir genau wissen, dass $\Sigma^n \subseteq \mathrm{Bild}(\varphi)$ bijektiv auf $0^{\Gamma_n-(n+1)}1\Sigma^n \subseteq \mathrm{Bild}(\psi)$ abgebildet wird.

Korollar 7.2.3 verallgemeinert, ebenso wie Fakt 7.1.2(c), direkt auf beliebige Dimension ≥ 2. Die zum Beweis der Kontraposition zu vorigem Korollar konstruierte Funktion ist aufgrund der Moduln Hölder-stetig, ebenso wie ihre Inverse. In Theorem 7.5.3 werden wir einen *Polynomialzeitalgorithmus für bi-Lipschitz Funktionen* angeben. Es drängt sich entsprechend die Frage auf, ob und warum bi-Hölder Funktionen so viel schwerer zu seien scheinen – und in welcher Komplexitätsklasse Funktionsinversion über bi-Hölder Funktionen liegt.

7.3 Inversion im Eindimensionalen

Nach Fakt 7.1.2(a) ist Inversion stetiger injektiver Funktionen mit kompaktem und zusammenhängendem Definitionsbereich im eindimensionalen mittels binärer Suche nicht-uniform polynomialzeitberechenbar. Hinreichend ist dafür die Existenz und zusätzliche Beigabe eines Eindeutigkeitsmoduls. Unter welchen Voraussetzungen existieren jedoch Eindeutigkeitsmoduln? Zur Beantwortung stellen wir nachfolgend die Existenz von Eindeutigkeitsmoduln in Beziehung zur Injektivität und Eigenschaften des Definitionsbereichs. Bezeichne eine Funktion $f\colon X \to Y$ als *lokal injektiv*, wenn es zu jedem $x \in X$ eine Umgebung U derart gibt, dass $f|_U$ injektiv ist. Injektive Funktionen f bezeichnen wir zur Abgrenzung als *global injektiv*.

Fakt 7.3.1. *Sei* $D \subseteq \mathbb{R}^d$, $f \in \mathrm{C}(D, \mathbb{R}^d)$ *und* $d \in \mathbb{N}_+$.

(a) Ist D offen, so besitzt f genau dann einen nicht-uniformen *Eindeutigkeitsmodul, wenn f* lokal *injektiv ist.*

(b) Ist D kompakt, so besitzt f genau dann einen uniformen *Eindeutigkeitsmodul, wenn f* global *injektiv ist.*

(c) Für $d = 1$ *und D* zusammenhängend *ist f genau dann* global *injektiv, wenn f* lokal *injektiv ist.*

Aus Fakt 7.3.1 folgt, dass lokal injektive Funktion $f \in \mathrm{C}[-1, 1]$ sogar *global injektiv* sind und somit einen uniformen Eindeutigkeitsmodul besitzen. Insbesondere können wir in diesem Fall lokal injektiv und global injektiv synonym verwenden.

Beweis. Wir weisen zunächst Aussage (b) nach; (a) folgt anschließend mittels Einschränkung auf Umgebungen von Punkten.

(b) Sei D kompakt.

Für die erste Implikation besitze f einen uniformen Eindeutigkeitsmodul $\underline{\mu}$. Angenommen f sei nicht injektiv. Sind $x, x' \in D$ zwei verschiedene Punkte mit $f(x) = f(x')$, so gilt

$$0 = \|f(x) - f(x')\| \leq 2^{-\underline{\mu}(n)} \implies \|x - x'\| \leq 2^{-n}$$

für alle $n \in \mathbb{N}$ nach Definition von Eindeutigkeitsmoduln, insbesondere also auch für $n > -\log_2 \|x - x'\|$. Ein Widerspruch.

Für die Umkehrung sei f global injektiv. Zu $n \in \mathbb{N}$ betrachte die Subbasis von $\mathbb{R}^d$ bestehend aus allen offenen Kugeln mit Mittelpunkten in $\mathbb{R}^d$ und Radien $2^{-(n+1)}$. Mit der Kompaktheit von D folgt mit dem Satz von Alexander, dass jede offene Überdeckung, bestehend nur aus Mengen obiger Subbasis, eine endliche Teilüberdeckung besitzt. Sei $U_1, U_2, \ldots, U_k$ eine solche Teilüberdeckung und $x_i \in U_i$ beliebig. Ohne Einschränkung gelte zudem $U_i \cap D \neq \emptyset$ für alle $1 \leq i \leq k$. Setze des Weiteren $K_i := \overline{\mathrm{B}}(x_i, 2^{-n}) \cap D$. Bemerke: Durch die Form obig gewählter Subbasis bilden die Mengen K_i eine endliche abgeschlossene Überdeckung von D.
Nach Stetigkeit von f sind die Bilder $f[K_i]$ wiederum kompakt, aufgrund von Injektivität gilt $f(x) \notin f[K_i]$ für alle $1 \leq i \leq k$ und alle $x \in D \setminus K_i$. Weiter folgt $r_i := \min \{ \|f(x) - f(x_i)\| \mid x \in \overline{D \setminus K_i} \} > 0$ durch Injektivität und Stetigkeit von f. Damit ist insbesondere

$$\inf \{ \|f(x) - f(x_i)\| \mid x \in D \setminus K_i \} \geq r_i > 0 \,.$$

Ein Eindeutigkeitsmodul $\underline{\mu}$ für f ergibt sich nun durch die Wahl

$$\underline{\mu}(n) := \max\{ \lceil -\log_2 r_1 \rceil, \ldots, \lceil -\log_2 r_k \rceil \} + 1 \,,$$

denn für alle $x \in D \setminus K_i$ gilt $\|f(x) - f(x_i)\| > 2^{-\underline{\mu}(n)}$.

(a) Sei D offen.

Aus der Existenz eines nicht-uniformen Eindeutigkeitsmodul erhält man durch einen analog zur Argumentation in (b) geführten Widerspruchsbeweis über alle Umgebungen eines Punktes x die lokale Injektivität.

Zum Nachweis der Existenz eines nicht-uniformen Eindeutigkeitsmoduls mittels lokaler Injektivität, wähle zunächst eine offene Umgebung U eines Punktes $x \in D$, auf der $f|_U$ injektiv ist. Bei Beschränkung auf eine kompakte Teilmenge $E \subset U$ liefert die Konstruktion aus (b) einen lokalen Eindeutigkeitsmodul für jede offene Teilmenge $U' \subset E$.

(c) Sei f lokal injektiv. Wähle eine abzählbare Familie $(U_i)_i$ offener Mengen U_i mit $U_i \cap D \neq \emptyset$, $D \subseteq \bigcup_i U_i$ und $f|_{U_i}$ injektiv. Für $U_i \cap U_j \neq \emptyset$ ist $f|_{U_i \cap U_j}$ aufgrund von Injektivität auf U_i und U_j insbesondere streng monoton auf $U_i \cap U_j$ – und damit injektiv auf $U_i \cup U_j$. □

Bezeichne mit $\mathrm{C}_{\rightarrowtail}[-1,1] := \mathrm{C}_{\rightarrowtail}([-1,1],\mathbb{R})$ die Menge der stetigen, injektiven Funktionen $f\colon [-1,1] \to \mathbb{R}$ und mit $\boldsymbol{\iota}$, hervorgehend aus $\boldsymbol{\lambda}$ plus einkodiertem Eindeutigkeitsmodul, eine Darstellung dafür. Der Beweis von Fakt 7.1.2(a) liefert dann sofort die uniforme Polynomialzeitberechenbarkeit der Funktionsinversion; genauer: Funktionsinversion über $\mathrm{C}_{\rightarrowtail}[-1,1]$ ist in $(\boldsymbol{\iota} \times \boldsymbol{\rho}_{\mathbb{R}}|^{[-1,1]}, \boldsymbol{\rho}_{\mathbb{R}})$-**FP**.

Wann jedoch ist ein Eindeutigkeitsmodul aus gegebener Funktion in Polynomialzeit berechenbar? Zur Beantwortung dieser Frage erweitern wir zunächst Fakt 7.3.1 und setzen *für komplex analytische Funktionen* lokale Injektivität und Biholomorphie in Beziehung.

Fakt 7.3.2. *Sei $D \subseteq \mathbb{C}^d$ ein Gebiet und $f \in \mathrm{C}^\omega(D,\mathbb{C}^d)$. Dann sind sind äquivalent (siehe [Ran98, §I.2.4]) (i) f ist lokal biholomorph; (ii) f ist lokal injektiv; (iii) für alle $z \in D$ gilt $|\det \mathrm{D}\, f(z)| > 0$.*

Bemerke die Notwendigkeit der Beschränkung auf *komplex* analytische Funktionen in obigem Ergebnis. Betrachte zur Verdeutlichung das Polynom $p\colon z \mapsto z^3$. Im Reellen ist p zwar injektiv, allerdings verschwindet die Ableitung im Punkt 0. Aufgefasst als komplexe Funktion, bspw. in einer komplexen Umgebung des Einheitsintervalls, ist p jedoch *nicht* injektiv (nicht einmal lokal). Betrachte dazu die einander verschiedenen Punkte $z := r \cdot \mathrm{e}^{\mathrm{i}\pi/6}$ und $z' := r \cdot \mathrm{e}^{\mathrm{i}3\pi/4}$ für ein $r > 0$ so dass $z, z' \in \mathrm{Dom}(p)$. Damit verletzen z, z' die Injektivitätsdefinition, denn es gilt $p(z) = p(z') = r^3 \cdot \mathrm{e}^{\mathrm{i}\pi/2}$.

Beweisskizze für Fakt 7.3.2. Wir skizzieren die Beweise für $d = 1$ und starten mit der Aussage (ii) $\Longrightarrow$ (i). Für lokal injektives f existiert zu jedem $x \in \mathrm{Dom}(f)$ eine Kugel $\mathrm{B}_{\mathbb{C}}(x,\epsilon)$, so dass $g := f|_{\mathrm{B}_{\mathbb{C}}(x,\epsilon)}$ bijektiv ist – somit g^{-1} existiert und offen ist. Überdies ist g^{-1} nach dem Satz von der offenen Abbildung stetig. Die Nullstellenmenge $N := \{z \in \mathrm{Dom}(g) \mid \det g'(z) = 0\}$ ist aufgrund der Stetigkeit und lokalen Injektivität von g diskret, womit nach der Kettenregel

$$1 = \mathrm{id}'(z) = \big(g \circ g^{-1}\big)'(z) = g'\big(g^{-1}(z)\big) \cdot (g^{-1})'(z) \tag{7.4}$$

die Ableitung $(g^{-1})'$ auf $\mathrm{Bild}(g) \setminus N$ existiert und stetig ist. Wegen bemerkter Stetigkeit und der Beschaffenheit von N kann $(g^{-1})'$ nach dem Riemannschen Hebbarkeitssatz eindeutig auf $\mathrm{Bild}(g)$ fortgesetzt werden. Damit ist g biholomorph und f folglich lokal biholomorph.

Aussage (i) $\Longrightarrow$ (iii) folgt mit (7.4): Für f biholomorph auf offenem $U \subseteq D$ setze $g := f|_U$. Dann gilt $g'\big(g^{-1}(z)\big) \cdot (g^{-1})'(z) = 1 > 0$ für alle $z \in U$, womit $|g'(z)| > 0$ und schlussendlich die Injektivität von $g = f|_U$ folgt.

Die verbleibende Aussage (iii) $\Longrightarrow$ (ii) entspricht dem Satz über die Umkehrabbildung. □

Die Einschränkung auf lokal injektive analytische Funktionen liefert demnach alle für unsere Zwecke relevanten Voraussetzungen zur Berechnung der Inversen: Aus der lokalen Injektivität folgt bei Einschränkung auf eine kompakte Teilmenge des Definitionsbereichs mit Fakt 7.3.1 die globale Injektivität; zudem sind nach Fakt 7.3.2 alle lokalen Inversen analytisch.

Analog zu $\mathrm{C}_{\rightarrowtail}[-1,1]$ bezeichne $\mathrm{C}^{\omega}_{\rightarrowtail}[-1,1]$ die Klasse der auf einer komplexen Umgebung von $[-1,1]$ lokal injektiven Funktionen $f \in \mathrm{C}^{\omega}([-1,1],\mathbb{R})$. Für $f \in \mathrm{C}^{\omega}_{\rightarrowtail}[-1,1]$ ist ein Eindeutigkeitsmodul aus gegebenem $\boldsymbol{\eta}$-Namen berechenbar.

Proposition 7.3.3. *Sei $f \in \mathrm{C}^{\omega}_{\rightarrowtail}[-1,1]$. Dann gibt es eine eindeutige analytische Rechtsinverse $g\colon \mathrm{Bild}(f) \to \mathbb{R}$ zu f. Überdies ist ein Stetigkeitsmodul für g uniform aus gegebenem $\boldsymbol{\eta}$-Namen für f berechenbar; und mit Zusatzinformation*

$$\mathsf{u}\colon f \Rightarrow \big\{\mathrm{un}_{\mathbb{Z}}(u) \;\big|\; u \in \mathbb{Z},\ \min\{|f'(x)| \mid x \in [-1,1]\} \geq 2^{-u} > 0\big\}$$

sogar aus gegebenem $\boldsymbol{\eta} \rtimes \mathsf{u}$-Namen für f in Polynomialzeit.

Bemerke: Zusatzinformation u muss lediglich *irgendeine* Schranke liefern, die allerdings beliebig schlecht sein darf. Die Suche im nachfolgenden Beweis findet hingegen eine kleinstmögliche Schranke der Form 2^{-m}.

Beweis. Zur Rechtsinversen: Nach Fakt 7.3.2 ist die erste Ableitung von f in jedem $z \in [-1,1]$ von Null verschieden. Nach dem Satz von der Umkehrfunktion gibt es damit eine Umgebung von $[-1,1]$, in der die Rechtsinverse $\tilde{g}$ existiert. Setze nun $g := \tilde{g}|_{\mathrm{Bild}(f)}$.

Zum Eindeutigkeitsmodul von g und der Zeitkomplexität: Nach Proposition 6.2.10 ist $\underline{L} := \min_{z \in [-1,1]} |f'(z)|$ in Polynomialzeit berechenbar. Damit ist $\underline{\mu}(n) = n + \log_2 1/\underline{L}$ ein Eindeutigkeitsmodul für g. Um eine Approximation $p \in \mathbb{D}_m$ an $\underline{L}$ mit $p - 2^{-m} > 0$ zu erhalten (solch ein p existiert aufgrund von Fakt 7.3.2(iii)) ist entweder durch sukzessives Erhöhen der Genauigkeit und die Überprüfung auf $p - 2^{-m} > 0$ ein entsprechendes m zu berechnen, oder die Zusatzinformation u zu verwenden. Die Suche endet spätestens bei $u + 1 \geq m \geq \log_2(1/\underline{L}) + 1$. □

Obiger Beweis verwendet die Polynomialzeitberechenbarkeit von f' und dessen Minimierung, die zwar über $C^\omega[-1,1]$ in **FP** sind, deren Komplexität im allgemeineren Fall der Gevrey-Funktionen jedoch exponentiell vom Stufenparameter ℓ abhängt (Proposition 6.3.4). Vermutung 7.1.4 suggeriert, dass dieser exponentielle Anstieg unvermeidbar ist.

Im folgenden Abschnitt werden wir die Grundlage für die Formulierung der Komplexität des Inversionsoperators über $C^\omega_{\rightarrowtail}[-1,1]$ und dessen Verallgemeinerungen auf höhere Dimensionen legen.

7.4 Darstellungen partieller Funktionen

Im Satz von der Umkehrabbildung ist die Differenzierbarkeit eine hinreichende Bedingung für die Existenz einer lokalen Umkehrabbildung. Die berechenbare uniforme Version dieses Satzes gilt nach [Zie06, Thm. 19] ebenfalls (formalisiert in [McN08, §6]; siehe auch [McN08, Thm. 2.1+2.5] für den allgemeineren Fall des Satzes von der impliziten Funktion); präziser: der Operator

$$\begin{aligned} \textsc{RInverse}\colon C^1(\mathbb{R}^d, \mathbb{R}^e) \times C(\mathbb{R}^d, \mathbb{R}^{d\times e}) \times \mathbb{R}^e &\rightrightarrows C^1(\subseteq\mathbb{R}^e, \mathbb{R}^d) \times \mathbb{N}\,, \\ (f, \mathrm{D}\,f(x_0), x_0) &\mapsto (g, k) \\ \text{mit } g\colon \overline{\mathrm{B}}\big(f(x_0), 2^{-k}\big) \to \mathbb{R}^d &\text{ und } f\big(g(x_0)\big) = x_0 \end{aligned}$$

ist berechenbar, sofern der Definitionsbereich von $\textsc{RInverse}$ zusätzlich auf Tripel $(f, \mathrm{D}\,f(x_0), x_0)$ mit Jacobi-Matrizen $\mathrm{D}\,f(x_0)$ vollen Ranges eingeschränkt wird.[5]

Der Definitionsbereich der Rechtsinversen g ist sowohl von der Funktion f als auch vom Punkt x_0 abhängig, es bedarf also einer Darstellung *partieller Funktionen*, die wir bisher vermieden haben zu betrachten (bspw. in Proposition 6.2.14(c)). Eine mögliche Formalisierung bieten sog. *Multidarstellungen*: Weihrauch hat diese für den Fall metrischer Räume [Wei93], Grubba et al. allgemeiner für Kolmogoroff-Räume (topologische Räume mit T_0-Trennungsaxiom) [GWX08] definiert und untersucht. Die Typ-2 Variante

[5] Andernfalls ist nicht einmal klassisch die Existenz der lokalen Rechtsinversen garantiert.

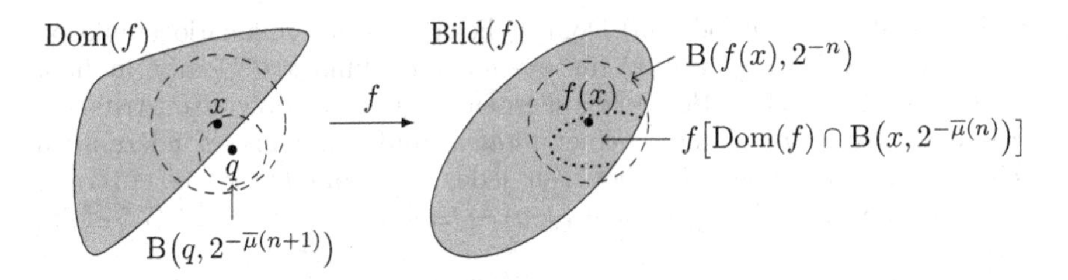

Abbildung 7.4.1. Darstellung $\boldsymbol{\lambda}_{\subseteq}$: Modifikation von $\boldsymbol{\lambda}$ für partielle Funktionen

der Darstellung $\boldsymbol{\rho}_{\mathbb{R}}^{\rightarrow}$ übersetzt sich bspw. in eine Typ-2 Darstellung $\boldsymbol{\rho}_{\mathbb{R}}^{\leadsto}$ für $\mathrm{C}(\subseteq\mathbb{R}^d, \mathbb{R}^e)$ [GWX08, Def. 2.1; $\delta_{\rightarrow}$: Def. 4.5]: Ein $\boldsymbol{\rho}_{\mathbb{R}}^{\leadsto}$-Name einer partiellen stetigen Funktion $f\colon \subseteq\mathbb{R}^d \to \mathbb{R}^e$ ist weiterhin von der Form $\langle M, \sigma\rangle$, wobei die in σ kodierten Viertupel nun der folgenden Bedingung genügen (vgl. mit [GWX08, §4; Thm. 4.12] für äquivalente Formulierungen):

$$\bigcup_{q\in\mathbb{D}^d,\, \delta\in\mathbb{D}} \{\mathrm{B}(q,\delta)\cap \mathrm{Dom}(f) \mid (q,\delta,p,\epsilon) \text{ ist kodiert in } \sigma\} = f^{-1}\big[\mathrm{B}(p,\epsilon)\big]\,.$$

Ein $\boldsymbol{\rho}_{\mathbb{R}}^{\rightarrow}$-Name repräsentiert somit potentiell mehrere partielle Funktionen: So wäre ein $\boldsymbol{\rho}_{\mathbb{R}}^{\rightarrow}$-Name für $f \in \mathrm{C}[-1,1]$ ebenfalls ein $\boldsymbol{\rho}_{\mathbb{R}}^{\leadsto}$-Name für jede der partiellen Funktionen $f|_{[-1/k,1/k]} \in \mathrm{C}(\subseteq[-1,1],\mathbb{R})$, $k \in \mathbb{N}_+$.

Analog zur Definition von $\boldsymbol{\lambda}$ auf Basis von $\boldsymbol{\rho}_{\mathbb{R}}^{\rightarrow}$ mittels expliziter Beigabe eines Stetigkeitsmoduls definieren wir nachfolgend zwei Darstellung $\boldsymbol{\lambda}_{\subseteq}$ und $\boldsymbol{\iota}_{\subseteq}$ auf Basis von $\boldsymbol{\rho}_{\mathbb{R}}^{\leadsto}$.

Definition 7.4.1 (Darstellungen partieller Funktionen mit und ohne Eindeutigkeitsmodul). Sei $f\colon \subseteq\mathbb{R}^d \to \mathbb{R}^e$ eine stetige partielle Funktion mit kompaktem Definitionsbereich. Ein $\phi' \in \Sigma^{**}$ ist ein $\boldsymbol{\iota}_{\subseteq}$-Name für f, wenn $\phi' = \langle \phi, \overline{\mu}, \underline{\mu}\rangle$ so dass $\overline{\mu}$ und $\underline{\mu}$ Stetigkeits- respektive Eindeutigkeitsmoduln für f sind und für ϕ gilt:

$$\begin{aligned}&\forall q\in\mathbb{D}^d\,.\,\forall n\in\mathbb{N}\,.\,\Big(\mathrm{Dom}(f)\cap\mathrm{B}\big(q,2^{-\overline{\mu}(n+1)}\big)\neq\emptyset\\ &\implies \exists\, x_0\in\mathrm{Dom}(f)\cap\mathrm{B}\big(q,2^{-\overline{\mu}(n+1)}\big)\,.\,\|\phi(q,0^n)-f(x_0)\| < 2^{-(n+1)}\Big)\,.\end{aligned} \tag{7.5}$$

Definiere analog $\boldsymbol{\lambda}_{\subseteq}$-Namen als Verallgemeinerung von $\boldsymbol{\lambda}$ auf stetige partielle Funktionen mit kompaktem Definitionsbereich.

Für Punkte q nahe (oder in) $\mathrm{Dom}(f)$ liefert eine Approximationsfunktion ϕ also eine Näherung an $f(x)$ für *irgendeinen* Punkt $x \in \mathrm{Dom}(f)$ nahe q (vgl. Abbildung 7.4.1). Bemerke außerdem, dass durch obige Konstruktion jeder $\boldsymbol{\lambda}_{\subseteq}$-Name ($\boldsymbol{\iota}_{\subseteq}$-Name) ϕ einer *totalen* Funktion f insbesondere auch ein $\boldsymbol{\lambda}$-Name ($\boldsymbol{\iota}$-Name) für f ist: Für jedes $q \in \mathrm{Dom}(f)$ gibt es ein $x_0 \in \mathrm{Dom}(f) \cap \mathrm{B}(q, 2^{-\overline{\mu}(n+1)})$, so dass $\|f(q) - f(x_0)\| < 2^{-(n+1)}$. Mit (7.5) folgt

$$\|\phi(q, 0^n) - f(q)\| \leq \|\phi(q, 0^n) - f(x_0)\| + \|f(x_0) - f(q)\| < 2^{-n} \,.$$

Die Darstellungen $\boldsymbol{\lambda}_{\subseteq}$ und $\boldsymbol{\iota}_{\subseteq}$ kodieren allerdings keine ausreichende Information über Definitionsbereiche dargestellter Funktionen. Nachfolgend formulieren wir daher eine weitere Darstellung partieller Funktionen mit explizit einkodierter Information über eine (nicht notwendigerweise echte) Teilmenge des kompakten Definitionsbereichs.

Definition 7.4.2. Sei $f\colon \subseteq\mathbb{R}^d \to \mathbb{R}^e$ eine stetige partielle Funktion mit kompaktem Definitionsbereich. Weiter sei $S \in \mathcal{K}^{(d)}$. Ein $\phi'' \in \Sigma^{**}$ ist genau dann ein $\boldsymbol{\theta}_{\subseteq}^{d,e}$-Name des Paares (f, S), wenn $S \subseteq \mathrm{Dom}(f)$, $\phi'' = \langle \phi, \phi' \rangle$ mit $\boldsymbol{\iota}_{\subseteq}^{d,e}(\phi) = f$ und $\boldsymbol{\kappa}^{(d)}(\phi') = S$.

Darstellung $\boldsymbol{\theta}_{\subseteq}$ werden wir in der Hauptaussage dieses Kapitels, der Komplexität des Inversionsoperators, verwenden.

7.5 Global Lipschitz- und Hölder-stetige Funktionen

In Fakt 7.1.2 and Korollar 7.2.3 haben wir untere Schranken an die Komplexität von Funktionsinversion in Abhängigkeit von der Form der Stetigkeits- und Eindeutigkeitsmoduln formuliert. Für letztgenanntes Resultat sind sie linear – und die zugehörigen Funktionen damit *bi-Hölder-stetig*; eine Eigenschaft, die wir nachfolgend formal definieren. Im Anschluss beschreiben wir einen Algorithmus zur Funktionsinversion, der exponentiell von Hölder-Konstanten der gegebenen Funktion abhängen wird.

Bezeichne eine Funktion $f\colon \subseteq\mathbb{R}^d \to \mathbb{R}^e$ als (H, α)-*Hölder-stetig* mit *Hölder-Konstante* $H > 0$ und *Hölder-Exponent* $0 < \alpha \leq 1$, falls

$$\|f(x) - f(y)\| \leq H \cdot \|x - y\|^{\alpha}$$

für alle $x, y \in \mathrm{Dom}(f)$ gilt. Allgemeiner sprechen wir von einer Hölder-stetigen (kurz: Hölder) Funktion f, falls es Konstanten H und α gibt wie oben, so dass f eine (H, α)-Hölder Funktion ist.

Beispiel 7.5.1. Die eingeschränkte Quadratwurzelfunktion $\sqrt{\cdot}\colon [0,1] \to \mathbb{R}$ ist $(1,\alpha)$-Hölder-stetig für $\alpha \leq 1/2$, ihre Inverse $[0,1] \ni y \mapsto y^2$ ist sogar $(1,1)$-Hölder (und damit insbesondere 1-Lipschitz).

Im folgenden sind wir insbesondere an Hölder Funktionen $f\colon \subseteq\mathbb{R}^d \to \mathbb{R}^e$, erfüllend

$$1/H' \cdot \|x-y\|^{1/\alpha'} \leq \|f(x) - f(y)\| \leq H \cdot \|x-y\|^{\alpha}$$

für $H, H' > 0$ und $0 < \alpha, \alpha' \leq 1$, interessiert – kurz, an *bi-Hölder Funktionen.* Bi-Hölder Funktionen mit zusammenhängendem kompaktem Definitionsbereich sind injektiv, insbesondere existieren Stetig- und Eindeutigkeitsmoduln global und sind von der Form $n \mapsto n/\alpha + \log_2(H)/\alpha$. Sind $\alpha = \alpha' = 1$, so nennen wir f *bi-Lipschitz.*

Die Einschränkung auf $\alpha \in (0,1]$ liefert dabei die (für unseren Zweck) einzig interessante Funktionenklasse.

Bemerkung 7.5.2. Sei $D \subseteq \mathbb{R}^d$ ein Gebiet und $f\colon \overline{D} \to \mathbb{R}^e$ eine (H,α)-Hölder Funktion. Es gilt: f ist (a) beschränkt, falls $\alpha = 0$; (b) Lipschitz-stetig, falls $\alpha = 1$; (c) konstant, falls $\alpha > 1$.

Beweis. Aussagen (a) und (b) folgen direkt aus der Definition. Schreibe für (c) und $d = e = 1$ die Hölder-Bedingung zu

$$\left|\frac{f(x) - f(x+h)}{x - (x+h)}\right| \leq H|x - (x+h)|^{\alpha - 1}$$

um; die übliche Differenzierbarkeitsbedingung. Für $h \to 0$ strebt die rechte Seite gegen Null, folglich gilt $|f'(x)| = 0$ für alle inneren Punkte $x \in D$. Vermittels des Zwischenwertsatzes[6] folgt schließlich $f' \equiv 0$. □

Wir widmen uns nun dem versprochenen Polynomialzeitalgorithmus für die Inversion von bi-Lipschitz Funktionen. Bezeichne mit $\mathcal{H}^{(d)}$ die Klasse der bi-Hölder-stetigen partiellen Funktionen $f\colon \subseteq[-1,1]^d \to \mathbb{R}^d$ und mit $\mathcal{L}^{(d)} \subset \mathcal{H}^{(d)}$ die Einschränkung auf bi-Lipschitz Funktionen.

Theorem 7.5.3. *Eingeschränkt auf $\mathcal{H}^{(d)}$ ist* INVERSION *$(\boldsymbol{\theta}_{\subseteq}^{d,d}, \boldsymbol{\iota}_{\subseteq}^{d,d})$-berechenbar in Zeit exponentiell in $\overline{\mu} \circ \underline{\mu} \circ \overline{\mu}(n)$.*

[6] Allgemeiner für $d + e > 2$: Das Bild einer zusammenhängenden Teilmenge eines topologischen Raumes unter einer stetigen Funktion ist wieder zusammenhängend.

Korollar 7.5.4. *Aus dem Beweis von Theorem 7.5.3 folgt: Über $\mathcal{L}^{(d)}$ ist* INVERSION *parametrisiert polynomialzeit $(\boldsymbol{\theta}_{\subseteq}^{d,d}, \boldsymbol{\iota}_{\subseteq}^{d,d})$-berechenbar.*

Zugrunde liegende Idee: Für eine 2^{-n}-Approximation an $(f^{-1}|_S)(q)$ ist ein Punkt $p \in \mathbb{D}^d_{\overline{\mu}(\underline{\mu}(n))}$ mit $\|f^{-1}(q) - p\| < 2^{\overline{\mu}(\underline{\mu}(n))}$ zu suchen (folgt direkt nach Definition durch Auflösen von $\overline{\mu}(\underline{\mu}(n))$). Naiv ausgeführt müssten so $\mathrm{O}(2^{d\cdot\overline{\mu}(\underline{\mu}(n))})$ viele Punkte durchsucht werden. Um dies zu umgehen, zerlegen wir die Suche nach einem solchen p in n Schritte, wobei jeder Schritt eine bessere Näherung an $f^{-1}(q)$ liefern wird.

Beweis. Alle Kugeln seien bezüglich der Maximumsnorm $\|\cdot\|_\infty$ zu verstehen. Zudem nehmen wir ohne Einschränkung an, dass sowohl $\overline{\mu}(n+1) - \overline{\mu}(n) \geq 1$ als auch $\underline{\mu}(n+1) - \underline{\mu}(n) \geq 1$ gelte.[7]

Sei $\langle \phi, \overline{\mu}, \underline{\mu}, \phi', 0^b \rangle$ ein $\boldsymbol{\theta}_{\subseteq}^{d,d}$-Name von (f, S). Weiter sei eine Genauigkeit n und ein Punkt $q \in \mathbb{D}^d$ gegeben. Wir beschränken uns für die nachfolgenden Betrachtungen zunächst auf den Fall $q \in S$ und diskutieren den allgemeinen Fall $\mathrm{d}_{f[S]}(q) \leq 2^{-\underline{\mu}(n+1)}$ im weiteren Verlauf des Beweises. Außerdem sei $b = 0$ angenommen; der allgemeine Fall folgt analog.

Definiere, zur Verkürzung der Ausdrücke, Genauigkeiten

$$k_i := \overline{\mu}(\underline{\mu}(i) + 1) + 1 \quad \text{und} \quad m_i := \underline{\mu}(i) \;,$$

Radien

$$r_i := 2^{-k_i+1} \quad \text{und} \quad t_i := 2^{-m_i}$$

sowie Approximationen

$$q_{p,i} := \phi(p, 0^{m_i}) \;.$$

Bestimme nun iterativ Kandidatenmengen $C_i \subset \mathbb{D}^d_{k_i}$ dyadisch rationaler Punkte $p \in C_i$, deren Approximationen $q_{p,i}$ nahe q sind; genauer, die $\|q - q_{p,i}\| \leq 2t_i$ erfüllen. Konkret sind die Kandidatenmengen C_i wie folgt

[7] Hölder-Funktionen mit Hölder-Exponenten $\alpha \in (0, 1]$ haben Moduln μ mit dieser Eigenschaft, da $\mu(n+1) - \mu(n) = 1/\alpha \in [1, \infty)$ für $\mu(n) = 1/\alpha \cdot (n + \log_2 H)$.

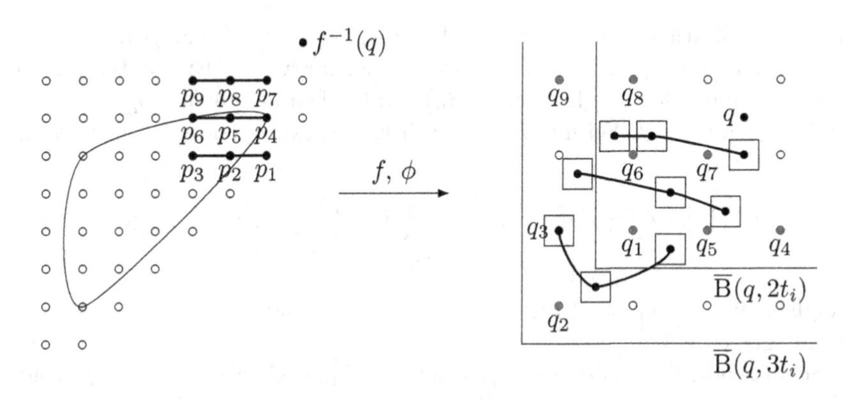

Abbildung 7.5.1. Punkte $p_i \in C_i$, ihre Approximationen q_i und korrekten Bilder $f(p_i)$. Alle Approximationen q_i, ausgenommen q_2, q_3 und q_9 sind nahe genug an q, so dass die zugehörigen Punkte p_i als Kandidaten für Approximationen an $f^{-1}(q)$ in Runde $i+1$ in Frage kommen.

konstruiert (siehe auch Abbildung 7.5.1 für die anschließende Diskussion der iterativen Konstruktion):

$$\begin{aligned}
P_0 &:= \left\{p \in \mathbb{D}^d_{k_0} \;\middle|\; \phi'(p, 0^{m_0}) = 1\right\} , \\
C_i &:= \left\{p \in P_i \;\middle|\; \|q - q_{p,i}\| \leq 2t_i\right\} , \\
P_{i+1} &:= \bigcup\nolimits_{p \in C_i} P_{p,i+1} , \\
P_{p,i+1} &:= \left\{p' \in \overline{\mathrm{B}}_0(p, r_i) \cap \mathbb{D}^d_{k_{i+1}} \;\middle|\; \phi'(p', 0^{m_{i+1}}) = 1\right\} .
\end{aligned}$$

Behauptung: Zu jeder Genauigkeit wird damit eine 2^{-n}-Approximation p an $f^{-1}(q)$ gefunden. Genauer: $C_i \neq \emptyset$ für alle $i \leq n+2$ und alle $p \in C_{n+2}$ sind 2^{-n}-Approximationen an $f^{-1}(q)$.

Eine wichtige Bemerkung, bevor wir mit dem Beweis beginnen: Die Funktion f ist partiell und daher möglicherweise nicht für alle Punkte in P_i definiert. Dennoch wollen wir dem Ausdruck „$\overline{\mathrm{B}}(f(p), \cdot)$“ für alle $p \in P_i$ einen Sinn geben. Die Definition von $\boldsymbol{\theta}_{\subseteq}$-Namen liefert eine Lösung: Für $i \in \mathbb{N}$ und $p \in \mathbb{D}^d_{k_i}$ bezeichne $x_{p,i}$ *irgendeinen* Punkt in $S \cap \overline{\mathrm{B}}(p, r_i)$, der die Konklusion in (7.5) erfüllt. Folglich gilt dann $f\left[S \cap \overline{\mathrm{B}}(p, r_i)\right] \subseteq \overline{\mathrm{B}}(f(x_{p,i}, t_i)$. Im Folgenden werden wir daher stets über $\overline{\mathrm{B}}(f(x_{p,0}), \delta)$ anstatt über den möglicherweise undefinierten Ausdruck $\overline{\mathrm{B}}(f(p), \delta/2)$ argumentieren.

Zur Korrektheit der Mengen P_i und C_i. Sei $i = 0$. Aus $\bigcup_{p \in P_0} \overline{\mathrm{B}}(p, r_0) \supset S$

und der Definition von $\overline{\mu}$ folgt zunächst $f[S] \subseteq \bigcup_{p\in P_0} \overline{\mathrm{B}}(f(x_{p,0}), t_0)$. Es gibt demnach einen Punkt $p_0 \in P_0$, dessen näherungsweises Bild unter f nahe q ist; genauer, der $q \in \overline{\mathrm{B}}(f(x_{p_0,0}), t_0)$ erfüllt. Damit gilt $\|q - q_{p_0,0}\| \leq 2t_0$ und folglich $C_0 \neq \emptyset$. Sei nun $i \geq 1$. Nach Konstruktion von C_{i-1} und P_i gilt zunächst

$$q \in \bigcup_{p\in C_{i-1}} f\left[\overline{\mathrm{B}}(p, r_{i-1}) \cap S\right] \subseteq \bigcup_{p\in C_{i-1}} \bigcup_{p'\in P_{p,i}} f\left[\overline{\mathrm{B}}(p', r_i) \cap S\right] . \qquad (7.6)$$

Folglich gibt es ein $p' \in P_i$ mit $\|q - f(x_{p',i})\| \leq t_i$ und damit $\|q - q_{p',i}\| \leq 2t_i$. Somit gilt $C_i \neq \emptyset$.

Schlussendlich ist jedes $p \in C_{n+2}$ eine 2^{-n}-Approximation an $f^{-1}(q)$: Nach Konstruktion gilt $q \in \overline{\mathrm{B}}(q_{p,n+2}, 2t_{n+2})$ für jedes $p \in C_{n+2}$, mit der Definition von $\underline{\mu}$ folgt daraus $q \in \overline{\mathrm{B}}(f(x_{p,n+2}), 3t_{n+2})$. Nutze nun $\underline{\mu}(n+2) - \underline{\mu}(n) \geq 2$ zur Abschätzung $3t_{n+2} < 4t_{n+2} \leq t_n$ und folgere $f^{-1}(q) \in \overline{\mathrm{B}}(p, 2^{-n})$.

Zur Behandlung des allgemeinen Falls $\mathrm{d}_{f[S]}(q) \leq t_{n+1}$: In diesem Fall gibt es ein $x_0 \in S$ mit $\|f(x_0) - q\| \leq t_{n+1}$. Folglich gilt $\|f(x_0) - f(x_{p,n+2})\| \leq t_{n+2}$ für alle $p \in \mathbb{D}^d_{k_{n+2}} \cap \overline{\mathrm{B}}(x_0, r_{n+2})$ und impliziert $\|f(x_0) - q_{p,n+2}\| \leq 2t_{n+2}$. Nutze die Dreiecksungleichung und schließe $\|q - q_{p,n+2}\| \leq 4t_{n+2} \leq t_n$. Die bisherigen Abschätzungen im ersten Teil dieses Beweises gelten also auch für diesen allgemeineren Fall.

Zur Bestimmung der Komplexität obigen Algorithmus' sind $|P_i|$ und $|C_i|$ zu beschränken: Erstere, da diese alle Punkte enthält, deren approximatives Bild $q_{p,i}$ auf $\|q - q_{p,i}\| \leq 2t_i$ geprüft werden soll; und Letztere, da diese beschreibt, wie viele von den geprüften Punkten in P_i am Ende der i-ten Iteration übrig bleiben. Wesentlich für die Komplexität ist also, die Menge C_i stets möglichst klein zu halten. Die Menge P_0 enthält maximal $2 \cdot 2^{dk_0}$ viele[8] dyadisch rationale Punkte der Genauigkeit k_0, die Anzahl der Punkte

[8] Genau genommen führt die exponentielle Abhängigkeit von $k_0 = \overline{\mu}(\underline{\mu}(0) + 1) + 1$ zur exponentiellen Abhängigkeit von den durch $\overline{\mu}$ und $\underline{\mu}$ beschriebenen Hölder-Exponenten. Den Wert k_0 als Startgenauigkeit für die Suche zu wählen ist nicht optimal, zugleich allerdings nur ein technisches Detail, auf das wir an dieser Stelle verzichten wollen. Konkret müsste die Suche mit Genauigkeit k_{-i} mit $i \in \mathbb{N}_+$ derart begonnen werden, dass i maximal mit $k_{-i} \geq -b$ ist. Erweitere dazu die Definitionen von $\overline{\mu}$ und $\underline{\mu}$ entsprechend von $\mathbb{N}$ auf $\mathbb{Z}$. Das gesuchte i kann durch einfache Suche in Zeit logarithmisch beschränkt im Wert der Hölder-Konstanten bestimmt werden.

in P_{i+1} ist beschränkt durch

$$|P_{i+1}| \leq \sum_{p \in C_i} \left|\overline{\mathrm{B}}(p, r_i) \cap \mathbb{D}^d_{k_{i+1}}\right| \leq |C_i| \cdot \left(2r_i/r_{i+1}\right)^d$$
$$\leq |C_i| \cdot 2^{d(k_{i+1}-k_i+2)} \,. \quad (7.7)$$

Nutze zur Beschränkung von $|C_i|$ die Tatsache, dass die Kugeln $\overline{\mathrm{B}}(\text{-}, r_i/4)$ für je zwei voneinander verschiedene Mittelpunkte $p, p' \in C_i$ disjunkt sind. Nutze nun die Kontraposition der Aussage des Eindeutigkeitsmoduls $\underline{\mu}$, d. h.

$$\overline{\mathrm{B}}(p, r_i/4) \cap \overline{\mathrm{B}}(p', r_i/4) = \emptyset$$
$$\Longrightarrow \overline{\mathrm{B}}\left(x_{p,i}, 2^{-\underline{\mu}(k_i+2)}\right) \cap \overline{\mathrm{B}}\left(x_{p',i}, 2^{-\underline{\mu}(k_i+2)}\right) = \emptyset \,,$$

um zu zählen, wie viele disjunkte Kugeln in $\overline{\mathrm{B}}(q, 2t_i + t_i)$ passen:

$$|C_i| \leq \left(2 \cdot 3t_i/2^{-\underline{\mu}(k_i+2)}\right)^d < \left(4 \cdot 2^{\underline{\mu}(k_i+2)-m_i}\right)^d . \quad (7.8)$$

Zusammen ergibt sich also die Komplexitätsschranke

$$\mathrm{O}\left(\sum\nolimits_{i=0}^{n+2} |C_i| + |P_i|\right) ,$$

nach Auflösung der Terme mittels (7.7) and (7.8)

$$\mathrm{O}\left(n \cdot 2^{\underline{\mu}(k_{n+2}+2)-m_{n+2}+k_{n+2}-k_{n+1}}\right) . \quad (7.9)$$

Für bi-Hölder Funktionen sind die Moduln von der Form $\overline{\mu}(n) = (n + \log_2 \overline{H})/\overline{\alpha}$ und $\underline{\mu}(n) = (n + \log_2 \underline{H})/\underline{\alpha}$. Wegen $k_{i+1} - k_i = (\overline{\alpha}\underline{\alpha})^{-1}$ und

$$\underline{\mu}(k_{n+2} + 2) - m_{n+2} = n \cdot ((\overline{\alpha}\underline{\alpha}^2)^{-1} - \underline{\alpha}^{-1} + 2 \cdot (\overline{\alpha}\underline{\alpha}^2)^{-1} + k_0/\underline{\alpha}$$

reduziert sich (7.9) für $\overline{\alpha}\underline{\alpha} \geq 1$ (gilt insbesondere für bi-Lipschitz Funktionen) final zu $\mathrm{O}\left(n \cdot 2^{k_0}\right)$.[8] □

Bemerke, dass nur genau dann $\overline{\alpha}\underline{\alpha} > 1$ gilt, wenn f bereits konstant ist. Obiger Beweis liefert demnach nur für bi-Lipschitz Funktionen einen Polynomialzeitalgorithmus!

7.6 Ausblick

Die in Fakt 7.3.2 beschriebenen Eigenschaften, hinreichend für die Existenz lokaler Umkehrfunktionen, gelten in beliebiger endlicher Dimension. Erweisen sich die in Kapitel 6 diskutierten Operatoren auch in beliebiger fixierter Dimension als polynomialzeitberechenbar, so könnte sich Funktionsinversion über der Klasse der auf einer offenen Umgebung des Einheitshyperwürfels lokal injektiven Funktionen mit Argumenten ähnlich denen für den eindimensionalen Fall als in Polynomialzeit berechenbar herausstellen. Wir diskutieren nachfolgend Berechenbarkeitsresultate von Ziegler und McNicholl und geben Gründe an, wie und warum ihre Untersuchungen sich zur Polynomialzeitberechenbarkeit fortsetzen lassen könnten.

Fakt 7.6.1 (Satz von der Umkehrabbildung). *Sei $f \in \mathrm{C}^1(V, \mathbb{R}^d)$ mit $V \subseteq \mathbb{R}^d$ offen und $y_0 \in V$. Ist* $\det(\mathrm{D} f(y_0)) \neq 0$, *so gibt es eine offene Umgebung $U_0 \subseteq \mathbb{R}^d$ von $f(y_0)$ und eine Funktion $g \in \mathrm{C}^1(U_0, V_0)$, so dass $f \circ g = \mathrm{id}_{U_0}$.*

Fakt 7.6.2 (Satz von der impliziten Funktion). *Sei $h \in \mathrm{C}^1(U \times V, \mathbb{R}^e)$, definiert über offenen Mengen $U \subseteq \mathbb{R}^d$ und $V \subseteq \mathbb{R}^e$ mit $d \geq e$, und $(x_0, y_0) \in U \times V$. Gelten (a) $h(x_0, y_0) = 0$ und (b)* $\det(\mathrm{D}_v\, h(x_0, y_0)) \neq 0$, *so existieren offene Umgebungen $U_0 \subseteq U$ von x_0 und $V_0 \subseteq V$ von y_0, sowie eine Funktion $f \in \mathrm{C}(U_0, V_0)$, so dass $h(x, f(x)) = 0$ für alle $x \in U_0$.*

Weitreichende Untersuchungen der Voraussetzungen an Klassen von Funktionen, die eine uniforme Berechnung des Inversionsoperators zulassen, wurden von Ziegler angestellt; siehe dazu insbesondere [Zie06, §4]. McNicholl hat vorgenanntes Ergebnis auf den Operator zum impliziten-Funktionen Theorem erweitert [McN08, §4] und überdies gezeigt, dass zusätzlich zu Namen für die Funktion g und die offenen Mengen auch ein Name für $\mathrm{D}_v\, h$ für die Berechenbarkeit notwendig ist.

Der Beweis des Satzes von der impliziten Funktion kann über die Betrachtung des Fixpunktoperators

$$F_h(x, y) := \mathrm{id}_{\mathbb{R}^{e \times e}}(y) - \left(\mathrm{D}_v\, h(x_0, y_0)\right)^{-1} \cdot h(x, y)$$

und den Nachweis, dass F_h in einer kleinen Umgebung von (x_0, y_0) kontrahiert, geführt werden. Dieser Ansatz wurde auch von McNicholl zum Nachweis von [McN08, Thm. 4.2+4.3] gewählt. Zusammenfassend können McNicholls Ansatz sowie Zieglers Beweis von [Zie06, Thm. 19] in folgende Teilprobleme herunter gebrochen werden:

(a) bestimme eine offene Teilmenge $W \subseteq U \times V$, auf der $\mathrm{D}_v\, h$ invertierbar ist;

(b) gegeben W, berechne die zu $\mathrm{D}_v\, h(x_0, y_0)$ inverse Matrix und anschließend $F_h(x, y)$ (diese, genauer $\mathrm{D}_v\, F_h$, ist notwendig für den nächsten Punkt);

(c) verkleinere W derart zu $W' \subseteq W$, dass F_h auf W' kontrahiert (genauer: [McN08, Lem. 2.4]);

(d) nutze, dass h auf W' eine eindeutige Nullstelle hat: berechne $f(x) := \mathrm{Z} \circ \big(y \mapsto h(\text{-}, y)\big)(x)$ (Z sei der Nullstellenoperator aus [Zie06, Lem. 22]).

Alle vier Schritte sind berechenbar (bzgl. Multidarstellungen und einer geeigneten Darstellungswahl für offene Mengen versteht sich): (a) Durch verzahnte Suche (engl. *dovetailing*) in den Namen für $\mathrm{D}_v\, h$ und $U \times V$; (b) nach [ZB04, Prop. 6]; (c) und (d) wie bereits erwähnt. Welche dieser Berechnungen sind, ggf. nach Zugabe weiterer Information, in Polynomialzeit durchführbar?

Vermutung 7.6.3. *Eingeschränkt auf $\mathrm{C}^{\omega}_{\rightarrowtail}(K, \mathbb{R}^e)$ für beschränkte $K \subseteq \mathbb{R}^d$ sind die Operatoren für die Umkehrabbildung und den Satz der impliziten Funktion unter den jeweiligen Voraussetzungen parametrisiert polynomialzeitberechenbar.*

Den Grund, dies zu glauben, liefern Kapitel 6 und Fakt 7.3.2. Gelten die Komplexitätsbetrachtungen aus Kapitel 6 für analytische und Gevrey Funktionen auch im beliebigen endlichdimensionalen Fall, so liegen folgende Vermutungen nahe (Nummerierung analog zur vorigen Auflistung):

(a) Gegeben sei ein Parameter $k \in \mathbb{N}$ mit $|\det(\mathrm{D}_v\, h(x_0, y_0))| > 2^{-k}$. Die Funktion $(x, y) \mapsto \det(\mathrm{D}_v\, h(x, y))$ ist stetig und besitzt auf einer abgeschlossenen Umgebung von (x_0, y_0) einen von k und einer oberen Schranke an die Norm der zweiten Ableitung von h abhängigen Stetigkeitsmodul (vgl. Proposition 7.3.3). Aus solch einem Stetigkeitsmodul kann anschließend ein Radius einer offenen Umgebung W, auf der $\mathrm{D}_v\, h$ invertierbar ist, gewonnen werden.

(b) $\det(\mathrm{D}_v\, h)$ ist auf W von Null verschieden, nach Fakt 7.3.2 somit auf W biholomorph, insbesondere also bi-Lipschitz. Damit kann $\mathrm{D}_v\, h(x_0, y_0)$

in Zeit polynomiell in der Genauigkeit und den beiden Lipschitz-Konstanten berechnet und invertiert[9] werden.

(c) Der Fixpunktoperator F_h ist ebenfalls biholomorph auf W. Die in [McN08, Lem. 2.4(3)] identifizierten Konstanten sind damit aus den zugehörigen Moduln in Polynomialzeit berechenbar. Zu [McN08, Lem. 2.4(2)]: F_h ist zwar bi-Lipschitz, allerdings ist unklar, wie eine kleinere Umgebung $W' \subset W$ gefunden werden soll, auf der F_h sogar kontrahiert.

(d) Als bi-Lipschitz Funktion kann das eindeutige Urbild y_0 zu x_0 von $y \mapsto h(x, y)$ nach Theorem 7.5.3 in Polynomialzeit berechnet werden.

Einige der zu nehmenden Hürden für die vermutete Verallgemeinerung der Komplexitätsschranken für Operatoren über Gevrey-Funktionen thematisieren wir im Folgekapitel 8.

[9] Genauer: Matrixinversion $A \in \mathbb{R}^{d \times d} \mapsto A^{-1}$ (für wie stets festes d) ist berechenbar mit Genauigkeit n in Zeit polynomiell in $n + \overline{L} + \underline{L}$ mit $\overline{L} := \log_2 \|A\|$ und $\underline{L} := \log_2 \|A^{-1}\|$. Vermittels der Adjungierten $\operatorname{adj}(A)$ kann A^{-1} zunächst als $\det(A) \cdot A^{-1} = \operatorname{adj}(A)$ ausgedrückt werden. Bemerke nun, dass jeder Koeffizient von $\operatorname{adj}(A)$ durch ein Polynom vom Grad $d - 1$ gegeben ist und $1/\det(A)$ vermittels Beispiel 2.3.5 mit $k := \log_2((\overline{L} + \underline{L})^d \cdot d^{d/2})$ (verwende die Hadamard-Ungleichung) in Polynomialzeit approximiert werden kann. Die Behauptung folgt schlussendlich durch Auswertung der d^2-vielen Polynome und anschließender Multiplikation mit der Näherung an $1/\det(A)$.

8 Rück- und Ausblick

Diese Arbeit widmete sich dem Nachweis parametrisierter uniformer Komplexitätsschranken, sowohl für Reduktionen zwischen Darstellungen, als auch für gängige Operationen in Topologie, Geometrie und Analysis. Die gewonnenen Ergebnisse verfeinern gleichsam bis dato bekannte nicht-uniforme Schranken und reine Berechenbarkeitsresultate.

Darstellungen für Mengen. Unter der Dekomposition von Darstellungen in je einen positiven und negativen Part hat Ziegler in [Zie02] die Berechenbarkeitsäquivalenz u. a. aller in dieser Arbeit betrachteten Darstellungen für *konvexe reguläre* Mengen in beliebiger endlicher Dimension d nachgewiesen. Mit Ausnahme der Distanzdarstellung $\boldsymbol{\delta}$ hält dieses Ergebnis, selbst unter dem Austausch der verwendeten Norm, der feineren Untersuchung auf Polynomialzeitäquivalenzen stand – wenngleich es für die Reduktion von $\boldsymbol{\omega}$ einiger Zusatzinformationen und der hochgradig nicht-trivialen Maschinerie der Ellipsoidmethode bedurfte.

Konvexität. Konvexität stellte sich, wie auch in Optimierung und algorithmischer Geometrie üblich, als nicht nur notwendig zur Gewinnung niedriger(er) Komplexitätsschranken heraus – die Projektion d-dimensionaler konvexer Mengen auf e-dimensionale Unterräume ($e < d$) ist hier hervorzuheben – sondern machte für Mengendurchschnitt und -vereinigung bei Verwendung der Darstellung $\boldsymbol{\psi}$ resp. $\boldsymbol{\omega}$ gar den Unterschied aus zwischen Unstetigkeit und der reinen Existenz von Komplexitätsschranken. Diesen harten Bruch werden wir im zweiten Teil dieses Kapitels noch in Form einer Abschwächung der Konvexitätsforderung thematisieren.

Darstellungen für Gevrey-Funktionen. Alle betrachteten Darstellungen der Klasse $C^{\omega}[-1,1]$ analytischer Funktionen stellten sich als polynomialzeitäquivalent heraus und uniformisieren dadurch bekannte Ergebnisse durch explizite Angabe vormals impliziter (wie bspw. in [Mül87, Ko91]) diskreter Zusatzinformation.

Numerische Operatoren. Die Komplexitäten des Additions- und Multiplikationsoperators, sowie der Maximierung, Integration und Differentiation zeigten eine (teils optimale) exponentielle Abhängigkeit von der Gevrey-Stufe

$\ell \in [1, \infty[$ – und für analytische Funktionen ($\ell = 1$) damit Polynomialzeitschranken. Zu bemerken sind allerdings drei Ausnahmen:

- Die Komposition von Gevrey-Funktionen ist aufgrund der exponentiellen Abhängigkeit vom Wert des Parameters A lediglich parametrisiert polynomialzeitberechenbar.
- Die Komplexität der Funktionsdivision $f \mapsto 1/f$ ist abhängig von der Kenntnis um die (für nicht-konstante analytische Funktionen: diskrete) Nullstellenmenge. Genauer: Der Parameter K, durch $1/K$ den Konvergenzradius minorisierend, hängt für $1/f$ zum einen *quadratisch* vom Abstand zur nähesten Nullstelle ab, zum anderen *exponentiell* von der Kodierungslänge des Parameters A von f.
- Funktionsinversion ist polynomialzeitberechenbar für globale bi-Lipschitz Funktionen, skaliert verallgemeinert auf global bi-Hölder stetige Funktionen jedoch *exponentiell* in den Hölder-Exponenten. Existieren schwer (d. h. nicht in Polynomialzeit) invertierbare partielle Einwegpermutationen, so ist diese exponentielle Abhängigkeit optimal – und beschreibt damit einen komplexitätstheoretischen harten Bruch zwischen bi-Lipschitz und bi-Hölder Funktionen.

Ausblick

Einige offene Punkte wurden im Laufe dieser Arbeit bereits konkreter in den Vermutungen 3.1.13, 7.1.4 and 7.6.3 festgehalten. In diesem Abschnitt widmen wir uns vermuteten Verallgemeinerungen erzielter Resultate, die bisher keine Erwähnung fanden.

Relaxierung der Konvexitätsforderung. Die zum Nachweis der Notwendigkeit von Konvexität für die Polynomialzeitberechenbarkeit von Mengenvereinigung und -durchschnitt konstruierten Gegenspielermengen (siehe Proposition 4.1.1) sind bereits zusammenhängend oder können geeignet modifiziert werden. Die Konstruktionen der Gegenspielermengen fußt auf der Unbeschränktheit des Zusammenhanges (je zwei Punkte einer Menge müssen nur durch eine stetige Funktion verbunden sein): die Anzahl der einkodierten „Zacken“ (vgl. Abbildung 4.1.3) ist abhängig von der maximal zu gegebenem n angefragten Genauigkeit. Für einen beschränkten „Grad des Zusammenhangs“ funktioniert dieses Argument nicht mehr – und liefert wahrscheinlich parametrisierte Polynomialzeitschranken für besagte Operatoren. Eine Menge $S \subseteq \mathbb{R}^d$ heiße dazu *k-verbunden* für $k \in \mathbb{N}$, wenn es zu je zwei Punkten $x_0, x_{k+1} \in S$ Zwischenpunkte $x_1, \ldots, x_k \in S$ gibt, so dass

$$\big\{x_i + \lambda_i(x_{i+1} - x_i) \;\big|\; i/(k+1) \leq \lambda_i \leq (i+1)/(k+1)\,,\ 0 \leq i \leq k\big\} \subseteq S\,.$$

Die Basis dieser Hierarchie bilden konvexe Mengen (0-verbunden), 1-verbundene Mengen sind sternförmig und für k strebend gegen unendlich ergeben sich die zusammenhängenden Mengen.

Eine weitere zu untersuchende Parametrisierung legt [DM12] nahe: die maximale „Krümmung" einer Menge. Genauer: Betrachte zu gegebenen Punkten x, y das Verhältnis ihres Euklidischen Abstandes $\mathrm{d}_{\|\cdot\|_2}(x, y)$ zur Länge eines kürzesten beide Punkte verbindenden Weges. Wähle als Parametrisierung einer Menge S schließlich das Supremum dieser Verhältnisse über alle Punktepaare (x, y) mit $x, y \in S$.

Jordan-Gebiete: Darstellungen und Äquivalenzen. Eine weitere als natürlich anzusehende Darstellung von Mengen wurde in Kapitel 3 bewusst ausgelassen: Die Kodierung einer abgeschlossenen Menge S vermittels ihres Randes ∂S. Ist S zusätzlich zusammenhängend und beschränkt, so ist der Rand ∂S als Bild einer stetigen Funktion $\gamma\colon [0,1] \to \mathbb{R}^d$ beschreibbar. Naheliegend ist nun die Frage, wie sich diese informell definierte Darstellung kompakter Mengen zu bspw. $\boldsymbol{\omega}|^{\mathcal{K}}$ verhält. Mit Blick auf Gebietsintegration beschränken wir die Frage auf sog. *Jordan-Gebiete*: Zusammenhängende kompakte Mengen S, deren Ränder ∂S Bilder von *Jordan-Kurven*, d. h. stetigen Funktionen $\gamma\colon [0,1] \to \mathbb{R}^d$ mit $\gamma|_{[0,1[}$ injektiv und $\gamma(0) = \gamma(1)$, sind.

Betrachte das folgende Problem: Gegeben ein Punkt $x \in \mathbb{R}^d$, ist x in dem durch γ beschriebenen Jordan-Gebiet enthalten? Offensichtlich ist: Existiert ein Polynomialzeitalgorithmus für diesen Test auf Enthaltensein eines Punktes, so ist diese „Jordan-Darstellung" polynomialzeitreduzierbar auf $\boldsymbol{\omega}$ – und umgekehrt. Nach Ko und Yu [KY07] ist für Jordan-Gebiete S in Dimension $d = 2$ bekannt:

- Für $\partial S \in \big(\boldsymbol{\rho}_{\mathbb{R}}|^{[0,1]}, \boldsymbol{\rho}_{\mathbb{R}}^d\big)$-$\mathsf{FP}$ ist $S \in \boldsymbol{\omega}^{(d)}$-$\mathsf{P}$ *relativ* zu einem #P-Orakel.
- Besitzt ∂S zusätzlich zu obigen Voraussetzungen einen *polynomiellen Eindeutigkeitsmodul*, dann ist $S \in \boldsymbol{\omega}^{(d)}$-$\mathsf{P}$ relativ zu einem NP-Orakel.

Unter Annahme der in Kapitel 7 thematisierten Existenz von Einwegfunktionen folgt unter vorausgesetzter Polynomialzeitberechenbarkeit des Randes ∂S sogar, dass $S \notin \boldsymbol{\omega}^{(d)}$-$\mathsf{P}$.

Was ist über die Umkehrung bekannt? Ist die uniforme Reformulierung, d. h. der Operator $\partial S \mapsto S$, mit geeigneter Zusatzinformation polynomialzeitberechenbar? Ebenso offen ist das Verhältnis der Jordan-Darstellung zu den Darstellungen ψ und δ.

Gebietsintegration. Die Signifikanz des Vergleichs von Mengendarstellungen wurde bereits im Kontext der Volumenintegration, im Besonderen der Integration über konvexen Polytopen, bemerkt (vgl. dazu [Ko91, Ende §5.4]). Obig diskutierte Jordan-Gebiete (resp. geeignete Teilklassen davon) sind u. a. nützlich zur Formulierung von Randwertproblemen. Betrachte als Beispiel die Poisson-Gleichung mit Dirichlet-Randbedingung: Gegeben ein abgeschlossenes Jordan-Gebiet $D \subset \mathbb{R}^d$ und Funktionen $f: D^\circ \to \mathbb{R}$, $g: \partial D \to \mathbb{R}$, finde eine Funktion $u: D \to \mathbb{R}$, die $-\Delta u = f$ in D° und $u|_{\partial D} = g$ auf dem Rand ∂D erfüllt. Für glatte Funktionen f und g auf der d-dimensionalen Einheitskugel $D := \overline{\mathrm{B}}_{\|\cdot\|_2}(0,1)$ stellt sich für die nicht-uniforme Formulierung obigen Randwertproblems heraus [KSZ13]: Sie ist genau dann polynomialzeitberechenbar, wenn die nicht-uniforme Integration glatter Funktionen polynomialzeitberechenbar ist (Erinnerung: Fakt 6.1.5).

Gilt jedoch auch die Verallgemeinerung auf beliebige Jordan-Gebiete? Und unter welchen Bedingungen an den Rand und die Funktionen f, g ist der Operator $(D, f, g) \mapsto u$ parametrisiert polynomialzeitberechenbar?

Verallgemeinerung der Gevrey-Analysen auf mehrdimensionale Funktionen. Können die in Kapitel 6 für eindimensionale Gevrey-Funktionen gewonnenen Resultate auf mehrdimensionale Funktionen verallgemeinert werden? Sowohl die mehrdimensionale Funktionen- als auch Approximationstheorie legen die Bejahung dieser Frage nahe:

- Der Parametrisierung durch K kann weiter zur Eingrenzung des Konvergenzgebiets verwendet werden; vgl. mehrdimensionales Pendant zum Cauchy-Hadamard Theorem. Ebenso existiert die Parametrisierung A für mehrdimensionale analytische Funktionen (vgl. [Ran98, §I.1]).

- Der Cauchysche Integralsatz, verwendet im Beweis der Reduktion von β auf η, wird im mehrdimensionalen durch den Satz von Bochner-Martinelli (siehe bspw. [Ran98, §IV.1.2]) verallgemeinert.

- Der Weierstraß'sche Approximationssatz gilt auch im mehrdimensionalen.

- Wesentliche Ergebnisse der eindimensionalen Approximationstheorie (vgl. Fakt 6.2.16) verallgemeinern ins Mehrdimensionale, wenngleich auch nicht kanonisch (vgl. [Che86, §1]): mehrdimensionale Pendants der Jackson-Sätze [Gan81] zur Beschränkung des Bestapproximationsfehlers, die Existenz von Interpolationspolynomen „nahe“ der Bestapproximation bei Verwendung von Tschebyschow-Polynomen sowie eine mehrdimensionale Version der Markow-Ungleichung für Polynome (vgl. [Har08]).

Stufe-2 Analogon zur W-Hierarchie. Für die in Abschnitt 6.3 als polynomialzeitäquivalent nachgewiesenen Darstellungen α und η ging die Gevrey-Stufe nach Konstruktion exponentiell in die Länge von Namen ein (Erinnerung: Die Länge eines α-Namens von $f \in G_\ell[-1,1]$ mit $\rho_{\mathbb{R}}^{\rightarrow}(\phi) = f$ war bspw. von der Form $\log_2 A + K + l(s)^\ell + l(\phi(s))$). Die exponentielle Kodierung der Gevrey-Stufe war nicht willkürlich gewählt, sondern den eingangs rekapitulierten (teils optimalen) Komplexitätsschranken für Operatoren über $G[-1,1]$ geschuldet.

Ginge ℓ dagegen *unärkodiert* in die Kodierungslänge ein, ergäben sich exponentielle Komplexitätsschranken für besagte Operatoren – oder auch: Schranken, die sich in einem polynomiellen Part, sowie einen exponentiell von Parametern abhängigen Part aufteilen lassen. Kurzum:

$$h\big(k(f)\big) \cdot l(s)^{h(k(f))}$$

für eine Parametrisierung $k\colon \mathrm{Dom}(f) \to \mathbb{N}$ von $f \in G_\ell[-1,1]$ und eine *beliebige* berechenbare Funktion $h\colon \mathbb{N} \to \mathbb{N}$. Entscheidungsprobleme mit derartigen parametrisierten Schranken formen in der parametrisierten Komplexitätstheorie die Klasse XP [FG06, §2.3]. Die Klasse XP enthält nicht nur die Klasse FPT der parametrisiert in Polynomialzeit entscheidbaren Probleme, sondern eine ganze Hierarchie, die sog. W-Hierarchie, mit W[0] = FPT als unterste Stufe. Die offenkundige Frage ist: Kann ein Stufe-2 Pendant für Operatoren zur klassischen W-Hierarchie definiert werden? Der Gewinn einer solchen Hierarchie (und der damit einherzugehenden Einordnung von Operatoren) wäre ein weiter verfeinertes Verständnis komplexitätstheoretischen Unterschiede von Operatoren, die unter der bisherigen Trennung in polynomielle und exponentielle Parameterabhängigkeiten womöglich verborgen blieben.

You can't connect the dots looking forward;
you can only connect them looking backwards.

Steve Jobs, 2005.

Stichwortverzeichnis

Symbolverzeichnis

Allgemeine Auszeichnungen

$\langle\ \rangle$	Paarungsfunktion; abhängig vom Kontext wahlweise für $\mathbb{N}$, $\mathbb{Z}$, $\mathbb{D}$, Σ^* oder Σ^{**} (S. 13)
$\lfloor\text{-}\rceil$	Rundungsfunktion $\mathbb{R}_+ \to \mathbb{N}$ (S. 42)
$\mathrm{d}_{\|\cdot\|,S}(x)$	Abstand des Punktes x zu S in $\|\cdot\|$-Norm (S. 36)
$m^{[n]}$, $m^{-[n]}$	Abgeschnittene Fakultät und deren Kehrwert (S. 105)
$\overline{\mu}$	Stetigkeitsmodul (S. 86)
$\underline{\mu}$	Eindeutigkeitsmodul (S. 126)
id_X	Identitätsfunktion $x \in X \mapsto x$ (S. 16)
$g\colon X \rightrightarrows Y$	mehrwertige Funktion (S. 15)
$f\colon \subseteq X \to Y$	partielle Funktion, d. h. $\mathrm{Dom}(f) \subseteq X$ (S. 11)
$\mathrm{D}\,f(x_0)$	Jacobi-Matrix; Ableitungsmatrix zu f im Punkt x_0 (S. 125)
P_m^*	L_2-Projektion von f bzgl. der Hilbert-Basis aus Tschebyschow-Polynomen in den Raum $\mathbb{P}_m[-1,1]$ (S. 111)
$\mathrm{E}_m(f)$	Bestapproximationsfehler für f durch trigonometrische Polynome vom Grad m (S. 111)
$\tau_{\mathcal{N}}$	Produkttopologie auf Baire-Raum Σ^{**} (S. 11)
τ_X	Topologie auf X (S. 16)

Darstellungen und Kodierungen

$l(s)$	Kodierungslänge des Arguments $s \in \Sigma^*$ (S. 10)
$l(\phi)$	Kodierungslängen*funktion* von Typ-1 Argumenten $\phi \in \Sigma^{**}$ (S. 85)
$\phi(q, 0^n) = p$	Verzicht expliziter Angabe von Kodierungen bei Orakelanfrage und -ergebnis (S. 32)

$\langle\psi, 0^E\rangle$	Verkürzte Notation für Namen in mit *binärkodierter* Zusatzinformation versehenen Darstellungen (S. 52)
$\langle\psi, E\rangle$	Verkürzte Notation für Namen in mit *unärkodierter* Zusatzinformation versehenen Darstellungen (S. 52)
$\boldsymbol{\xi}_+, \boldsymbol{\xi}_-$	positive und negative Information der Darstellung $\boldsymbol{\xi}$ (S. 31)
$\boldsymbol{\xi}\vert^{\subseteq K}$	Einschränkung von $\boldsymbol{\xi}$ auf abgeschlossene Teilmengen der Menge $K \subseteq \mathbb{R}^d$ (S. 37)
$\boldsymbol{\xi}\vert^Y$	Darstellung $\boldsymbol{\xi}$ eingeschränkt auf $Y \subseteq \text{Bild}(\boldsymbol{\xi})$ (S. 14)
$\boldsymbol{\xi}^\omega$	Abzählbares Produkt von Darstellung $\boldsymbol{\xi}$ (S. 15)
$\widehat{\boldsymbol{\xi}}$ und $\boldsymbol{\xi}$	Skalierungsinvariante Variante einer Stufe-2 Darstellung $\boldsymbol{\xi}$; alle seien Darstellungen als skalierungsinvariant angenommen und daher auf das explizite $\widehat{}$ verzichtet... ab (S. 54)
$\text{un}_{\mathbb{N}}/\text{bin}_{\mathbb{N}}$	Unär-/Binärkodierung von Worten $s \in \Sigma^*$ (S. 13)
$\mathsf{E}\colon X \rightrightarrows \Sigma^*$	Mehrwertige Zusatzinformation (S. 15)
$\boldsymbol{\xi} \rtimes \mathsf{E}$	Anreicherung von Darstellung $\boldsymbol{\xi}$ mit diskreter Zusatzinformation E (S. 15)
E und E	Zusatzinformation E mit stets im Variablenstil gesetztem konkreten Wert $\langle E\rangle \in \mathsf{E}(x)$ (S. 52)
a und a	innerer Punkt a und assoziierte Parameterfunktion a (S. 60)
2^b und b	äußerer Radius 2^b und Parameterfunktion b (S. 51)
2^{-r} und r	innerer Radius 2^{-r} und Parameterfunktion r (S. 60)
$\boldsymbol{\alpha}$	Darstellung von Funktionen durch konvergente Cauchy-Folge von Polynomen (S. 101)
$\boldsymbol{\beta}$	Darstellung von Funktionen durch komplexes Rechteck $S(L)$ und obere Schranke B an das Maximum auf $S(L)$ (S. 101)
$\boldsymbol{\partial}$	Kodierung von Koeffizientenfolgen lokaler Taylorentwicklungen (S. 104)
$\boldsymbol{\delta}$	Distanzdarstellung für $\mathcal{A}_+$ (S. 36)
$\boldsymbol{\delta}_{\mathsf{pt}}$	Darstellung nicht-leerer abgeschlossener Mengen durch Punkt minimalem Abstands nahe der Menge (S. 48)
$\boldsymbol{\delta}_{\mathsf{rel}}$	wie $\boldsymbol{\delta}$, allerdings mit Kodierung *relativer* statt absoluter Abstände (S. 49)

$\boldsymbol{\eta}$	Darstellung von Funktionen durch in Parametern A und K beschriebenen Wachstumsschranken (S. 102)
$\boldsymbol{\iota}$	$\boldsymbol{\lambda}$ mit zusätzlich einkodiertem Eindeutigkeitsmodul (S. 134)
$\boldsymbol{\iota}_{\subseteq}$	Darstellung partieller Funktionen mit Beigabe eines Eindeutigkeitsmoduls (S. 137)
$\boldsymbol{\kappa}$	Darstellung für $\mathcal{K}$ via Hausdorff-Abstand (S. 55)
$\boldsymbol{\kappa}_{\mathsf{min}}$	wie $\boldsymbol{\kappa}$, nur mit minimaler Größenschranke (S. 56)
$\boldsymbol{\lambda}$	Darstellung stetiger Funktionen durch Approximationsfunktion und Stetigkeitsmodul (S. 87)
$\boldsymbol{\lambda}_{\subseteq}$	Darstellung partieller Funktionen (S. 137)
$\boldsymbol{\omega}$	Darstellung für $\mathcal{R}$ durch Ausschöpfung des Inneren und Äußeren einer Menge (S. 59)
$\boldsymbol{\theta}_{\subseteq}$	Darstellung partieller Funktionen mit Stetigkeits- und Eindeutigkeitsmodul sowie $\boldsymbol{\kappa}$-Name des Definitionsbereichs (S. 138)
$\boldsymbol{\varpi}$	Darstellung für $\mathcal{CR}$, erlaubt konvexe Optimierung (S. 63)
$\boldsymbol{\psi}$	Darstellung abgeschlossener Mengen durch überdeckende offene und das Komplement ausschöpfende abgeschlossene Kugeln (S. 32)
$\widehat{\boldsymbol{\psi}}$	Skalierungsinvariante Verallgemeinerung von $\boldsymbol{\psi}$ (S. 54)
$\boldsymbol{\rho}_{\mathbb{R}}$	Cauchy-Darstellung reeller Zahlen (S. 14)
$\boldsymbol{\rho}_{\mathbb{C}}$	entspricht $\boldsymbol{\rho}_{\mathbb{R}}^2$ (S. 100)
$\boldsymbol{\rho}_{\mathbb{R}}^{d\to e}$	Darstellung stetiger Funktionen $f\colon \subseteq\mathbb{R}^d \to \mathbb{R}^e$ vermittels einer Approximationsfunktion (S. 14)
$\boldsymbol{\rho}_{\mathbb{C}}^{\to}$	Kodierung komplexwertiger Funktionen durch Approximationsfunktionen für Real- und Imaginärteil (S. 100)

Funktionenklassen, Mengenklassen, ...

$\mathbb{D}_n$	dyadisch rationale Zahlen der Genauigkeit n (S. 13)
Σ^*	Menge aller endlichen Zeichenfolgen über dem Alphabet Σ (S. 10)
Σ^ω	Cantor-Raum (S. 11)
Σ^{**}	Baire-Raum (S. 11)
$\mathrm{C}^\omega(D)$	Klasse der auf komplexer Umgebung von D (komplex-)analytischer (d. h. holomorpher) Funktionen (S. 97)

$\mathrm{C}^i(D)$	Klasse der auf D i-mal stetig differenzierbaren Funktionen (S. 90)
$\mathrm{C}^i(\subseteq\mathbb{R}^d)$	Klasse partielle i-mal stetig differenzierbarer Funktionen (S. 126)
$\mathrm{C}^\infty(D)$	Klasse der auf D unendlich oft stetig differenzierbaren Funktionen (S. 96)
$\mathrm{G}_{A,K,\ell}(D)$	Klasse der Stufe-ℓ Gevrey-Funktionen mit Parametern A und K (S. 118)
$\mathbb{N}$	Natürliche Zahlen *inklusive* 0 (S. 10)
$\mathbb{N}_+$	positive natürliche Zahlen (S. 10)
$\mathbb{N}[X]$	Polynomring mit Koeffizienten in $\mathbb{N}$ (S. 18)
$\mathbb{P}_m[-1,1]$	Klasse univariater Polynome $P \in \mathbb{R}[X]$ auf $[-1,1]$ vom Grad maximal m (S. 110)
$\mathcal{A}^{(d)}$	Klasse abgeschlossener Teilmengen im $\mathbb{R}^d$ (S. 29)
$\mathcal{A}_+^{(d)}$	$\mathcal{A}^{(d)}$ ohne die leere Menge (S. 36)
$\mathcal{C}^{(d)}$	Teilklasse abgeschlossener und konvexer Teilmengen im $\mathbb{R}^d$ (S. 58)
$\mathcal{K}^{(d)}$	Klasse kompakter Teilmengen im $\mathbb{R}^d$ (S. 55)
$\mathcal{R}^{(d)}$	Reguläre, d. h. $\overline{S^\circ} = S$ erfüllende Mengen $S \in \mathcal{A}^{(d)}$ (S. 58)

Komplexitätsklassen und -notationen

P	Klasse in Polynomialzeit entscheidbarer Probleme $A \subseteq \Sigma^*$ (S. 18)
FP	Klasse von in Polynomialzeit berechenbaren Funktionen $f\colon \mathbb{N} \to \mathbb{N}$ (S. 83)
NP	in Polynomialzeit verifizierbare Probleme $A \subseteq \Sigma^*$ (S. 19)
PSPACE	Klasse auf polynomiellem Platz entscheidbarer Probleme (S. 19)
$\mathsf{NPSPACE}$	nicht-deterministisches Pendant zu PSPACE (S. 19)
coK	co-Komplexitätsklasse zu K (S. 20)
$\#\mathsf{P}$	Zählkomplexitätsklasse (S. 93)
UP	Klasse von Problemen $N \in \mathsf{NP}$, so dass jedes Wort $s \in N$ genau einen Zeugen besitzt (S. 127)
$\mathbf{K}$	Stufe-2 Pendant zur diskreten Komplexitätsklasse K (S. 88)

$\mathrm{O}(f)$	Klasse von Funktionen, die asymptotisch nicht schneller als f wachsen (S. 21)
$\Omega(f)$	Klasse asymptotisch nicht langsamer als f wachsender Funktionen (S. 21)
$\Theta(f)$	Klasse asymptotisch identisch zu f wachsender Funktionen (S. 21)

Konstanten

e	Eulersche Zahl (S. 90)
i	Imaginäre Einheit in $\mathbb{C}$ (S. 90)
π	Kreiszahl (S. 90)
$\mathtt{0}/\mathtt{1}$	Elemente des binären Alphabets Σ (S. 10)
ε	leeres Wort; Wort der Länge 0 in Σ^* (S. 10)

Mengennotationen

$\mathrm{B}_{\mathcal{N}}(\lambda)$	Offene Kugel in Baire-Topologie $\tau_{\mathcal{N}}$ (S. 11)
$\mathrm{B}(x, \delta)$	Offene Kugel um δ mit Radius δ im $\mathbb{R}^d$ mit vom Kontext abhängiger Dimension d (S. 30)
$\overline{\mathrm{B}}(x, \delta)$	Abgeschlossene Kugel im $\mathbb{R}^d$ (S. 30)
$\overline{S}$	Abschluss von S (S. 30)
S°	Menge innerer Punkte von S (S. 30)
∂S	Rand von S (S. 30)
$S^\bullet$	zu S polare Menge (S. 62)
$H_x^{\leq c}$, $H_x^{\geq c}$	abgeschlossene Halbräume (S. 62)
$H_x^{=c}$	Hyperebene der Punkte $y \in \mathbb{R}^d$ mit $x^\mathsf{T} y = c$ (S. 62)

Relationen

$\leq_{\mathrm{lex}}$	lexikographische Ordnung auf Σ^* (S. 10)
$\boldsymbol{\xi} \equiv_{\mathrm{t}} \boldsymbol{\xi}'$	Stetige Äquivalenz von Darstellungen $\boldsymbol{\xi}$ und $\boldsymbol{\xi}'$ (S. 16)
$\boldsymbol{\xi} \preceq_{\mathrm{t}} \boldsymbol{\xi}'$	Stetige Übersetzung (Reduktion) von $\boldsymbol{\xi}$- in $\boldsymbol{\xi}'$-Namen (S. 16)
$\preceq_{\mathrm{p}}$, $\equiv_{\mathrm{p}}$	Polynomialzeitreduktion/-Äquivalenz (S. 26)
$\preceq_{\mathrm{pp}}$, $\equiv_{\mathrm{pp}}$	parametrisierte Polynomialzeitreduktion/-Äquivalenz (S. 26)

Literaturverzeichnis

[Aar05] S. Aaronson. „NP-complete Problems and Physical Reality". 2005 (siehe S. 19).

[AB09] S. Arora und B. Barak. *Computational Complexity: A Modern Approach.* Cambridge University Press, 2009 (siehe S. 20, 88, 93).

[BCKO08] M. de Berg, O. Cheong, M. van Kreveld und M. Overmars. *Computational Geometry: Algorithms and Applications.* 3. Aufl. Springer, 2008 (siehe S. 61).

[Bec97] C. Beccari. „Typesetting Mathematics for Science and Technology According to ISO 31/XI". *TUGboat*, Bd. 18(1) (1997), S. 39–48 (siehe S. 90).

[BG09] V. Brattka und G. Gherardi. „Borel Complexity of Topological Operations on Computable Metric Spaces". *Journal of Logic and Computation*, Bd. 19(1) (2009), S. 45–76 (siehe S. 73, 77, 78).

[Bis67] E. Bishop. *Foundations of Constructive Analysis.* McGrawHill, 1967 (siehe S. 32).

[BL00] J. Borwein und A. Lewis. *Convex Analysis and Nonlinear Optimization: Theory and Examples.* Springer, 2000 (siehe S. 61, 63).

[BPR06] S. Basu, R. Pollack und M.-F. Roy. *Algorithms in Real Algebraic Geometry.* Springer, 2006 (siehe S. 124).

[Bra04] M. Braverman. „Computational Complexity of Euclidean Sets: Hyperbolic Julia-Sets are Poly-Time Computable". Masterarb. University of Toronto, 2004. URL: `http://www.cs.princeton.edu/~mbraverm/` (siehe S. 45, 47, 69).

[Bra05a] M. Braverman. „Hyperbolic Julia Sets are Poly-Time Computable". *Electronic Notes in Theoretical Computer Science*, Bd. 120 (2005). Proceedings of the 6th Workshop on Computability and Complexity in Analysis (CCA), S. 17–30 (siehe S. 49).

[Bra05b] M. Braverman. „On the Complexity of Real Functions". *Proceedings of the 46th Annual IEEE Symposium on Foundations of Computer Science (FOCS)*. Pittsburgh, USA: IEEE Computer Society, Okt. 2005. S. 155–164 (siehe S. 69).

[Bro19] L. Brouwer. *Wiskunde, Waarheid, Werkelijkheid.* Nordhoff, Groningen, 1919 (siehe S. 68).

[Bro25] L. Brouwer. „Über die Bedeutung des Satzes vom ausgeschlossenen Dritten in der Mathematik, insbesondere in der Funktionentheorie." *Journal für die reine und angewandte Mathematik*, Bd. 154 (1925), S. 1–7 (siehe S. 9).

[Bus86] S. Buss. „The Polynomial Hierarchy and Intuitionistic Bounded Arithmetic". *Structure in Complexity Theory.* 1986. S. 77–103 (siehe S. 84).

[BW99] V. Brattka und K. Weihrauch. „Computability on Subsets of Euclidean Space I: Closed and Compact Subsets". *Theoretical Computer Science*, Bd. 219(1) (1999), S. 65–93 (siehe S. 53, 68).

[Che82] E. Cheney. *Introduction to Approximation Theory.* 2. Aufl. Chelsea Publishing Company, 1982 (siehe S. 112, 113).

[Che86] E. Cheney. *Multivariate Approximation Theory: Selected Topics.* SIAM, 1986 (siehe S. 151).

[ChK95] A. Chou und K.-I. Ko. „Computational Complexity of Two-Dimensional Regions". *SIAM Journal on Computing*, Bd. 24(5) (1995), S. 923–947 (siehe S. 53, 69).

[ChK05] A. Chou und K.-I. Ko. „The Computational Complexity of Distance Functions of Two-Dimensional Domains". *Theoretical Computer Science*, Bd. 337(1) (2005), S. 360–369 (siehe S. 53).

[CK90] S. Cook und B. Kapron. *Characterizations of the Basic Feasible Functionals of Finite Type.* Birkhäuser/Springer, 1990 (siehe S. 84).

[Cob65] A. Cobham. „The Intrinsic Computational Difficulty of Functions". *International Congress for Logic Methodology and Philosophy of Science (1964).* Hrsg. von Bar-Hillel, Y. 1965. S. 24–30 (siehe S. 18, 83, 84).

[Con73] R. Constable. „Type Two Computational Complexity". *Proceedings of the 5th Annual ACM Symposium on Theory of Computing (STOC).* Austin, Texas, USA: ACM, 0430 - 052 1973. S. 108–121 (siehe S. 83).

[Coo71] S. Cook. „The Complexity of Theorem-Proving Procedures“. *Proceedings of the 3rd Annual ACM Symposium on Theory of Computing (STOC)*. Shaker Heights, Ohio, USA: ACM, 1971. S. 151–158 (siehe S. 19).

[DL93] R. DeVore und G. Lorentz. *Constructive Approximation*. Springer, 1993 (siehe S. 126).

[DM12] D. Daniel und T. McNicholl. „Effective Versions of Local Connectivity Properties“. *Theory of Computing Systems*, Bd. 50(4) (2012), S. 621–640 (siehe S. 149).

[Edm65] J. Edmonds. „Paths, Trees, and Flowers“. *Canadian Journal of Mathematics*, Bd. 17(3) (1965), S. 449–467 (siehe S. 18, 83).

[FeH13] H. Férée und M. Hoyrup. „Higher-Order Complexity in Analysis“. *Proceedings of the 10th International Workshop on Computability and Complexity in Analysis (CCA)*. Extended abstract. Nancy, Frankreich, Juli 2013. S. 22–35 (siehe S. 84, 87).

[FG06] J. Flum und M. Grohe. *Parameterized Complexity Theory*. Bd. 3. Springer Heidelberg, 2006 (siehe S. 24, 26, 151).

[FH03] L. Fortnow und S. Homer. „A Short History of Computational Complexity“. *Bulletin of the EATCS*, Bd. 80 (2003), S. 95–133 (siehe S. 1).

[For09] L. Fortnow. „A Simple Proof of Toda's Theorem“. *Theory of Computing*, Bd. 5(1) (2009), S. 135–140 (siehe S. 93).

[Fri84] H. Friedman. „The Computational Complexity of Maximization and Integration“. *Advances in Mathematics*, Bd. 53(1) (1984), S. 80–98 (siehe S. 3, 53, 90, 91, 94).

[Gan81] M. Ganzburg. „Multidimensional Jackson Theorems“. *Siberian Mathematical Journal*, Bd. 22(2) (1981), S. 223–231 (siehe S. 151).

[Gev18] M. Gevrey. „Sur la nature analytique des solutions des équations aux dérivées partielles. Premier mémoire“. *Annales scientifiques de l'École Normale Supérieure*, Bd. 35 (1918), S. 129–190. URL: `http://eudml.org/doc/81374` (siehe S. 119).

[Ghe11] G. Gherardi. „Alan Turing and the Foundations of Computable Analysis“. *Bulletin of Symbolic Logic*, Bd. 17(03) (2011), S. 394–430 (siehe S. 9).

[GKP94] R. Graham, D. Knuth und O. Patashnik. *Concrete Mathematics: A Foundation for Computer Science*. 2. Aufl. Addison-Wesley, 1994 (siehe S. 105).

[GLS88] M. Grötschel, L. Lovász und A. Schrijver. *Geometric Algorithms and Combinatorial Optimization*. Springer, 1988 (siehe S. 59, 61, 63, 64, 69, 75).

[GN94] X. Ge und A. Nerode. „On Extreme Points of Convex Compact Turing Located Sets“. *Logical Foundations of Computer Science*, Bd. (1994), S. 114–128 (siehe S. 68).

[Grz57] A. Grzegorczyk. „On the Definitions of Computable Real Continuous Functions“. *Fundamenta Mathematicae*, Bd. 44(1) (1957), S. 61–71 (siehe S. 86, 87, 101).

[GS00] M. Giusto und S. Simpson. „Located Sets and Reverse Mathematics“. *Journal of Symbolic Logic*, Bd. 65(3) (2000), S. 1451–1480 (siehe S. 68).

[GWX08] T. Grubba, K. Weihrauch und Y. Xu. „Effectivity on Continuous Functions in Topological Spaces“. *Electronic Notes in Theoretical Computer Science*, Bd. 202 (2008), S. 237–254 (siehe S. 136, 137).

[Hal70] P. Halmos. „How to write Mathematics“. *Enseign. Math*, Bd. 16(2) (1970), S. 123–152 (siehe S. 90).

[Har08] L. Harris. „Multivariate Markov Polynomial Inequalities and Chebyshev Nodes“. *Journal of Mathematical Analysis and Applications*, Bd. 338(1) (2008), S. 350–357 (siehe S. 151).

[HL01] J.-B. Hiriart-Urrurty und C. Lemaréchal. *Fundamentals of Convex Analysis*. Springer, 2001 (siehe S. 57).

[Hoy12] M. Hoyrup. „On the Inversion of Computable Functions“. 2012 (siehe S. 59).

[HT03] C. Homan und M. Thakur. „One-Way Permutations and Self-Witnessing Languages“. *Journal of Computer and System Sciences*, Bd. 67 (2003), S. 608–622 (siehe S. 131).

[IRK01] R. Irwin, J. Royer und B. Kapron. „On Characterizations of the Basic Feasible Functionals, Part I“. *Journal of Functional Programming*, Bd. 11(1) (2001), S. 117–153 (siehe S. 84).

[IRK02] R. Irwin, J. Royer und B. Kapron. „On Characterizations of the Basic Feasible Functionals, Part II“. 2002 (siehe S. 84).

[KaC12] A. Kawamura und S. Cook. „Complexity Theory for Operators in Analysis". *ACM Transactions on Computation Theory (TOCT)*, Bd. 4(2) (2012), S. 5 (siehe S. 3, 6, 69, 87, 88).

[KaP14] A. Kawamura und A. Pauly. „On Function Spaces and Polynomial-Time Computability". *CoRR*, Bd. abs/1401.2861 (2014) (siehe S. 84).

[KC91] B. Kapron und S. Cook. „A New Characterization of Mehlhorn's Polynomial Time Functionals". *Proceedings of the 32nd Annual IEEE Symposium on Foundations of Computer Science (FOCS)*. San Juan, Puerto Rico: IEEE Computer Society, Okt. 1991. S. 342–347 (siehe S. 84).

[KC96] B. Kapron und S. Cook. „A new Characterization of Type-2 Feasibility". *SIAM Journal on Computing*, Bd. 25(1) (1996), S. 117–132 (siehe S. 3, 5, 84, 85).

[KCY06] K.-I. Ko, A. Chou und F. Yu. „On the Complexity of finding Circumscribed Rectangles and Squares for a Two-Dimensional Domain". *Journal of Complexity*, Bd. 22 (2006), S. 803–817 (siehe S. 80).

[KF82] K.-I. Ko und H. Friedman. „Computational Complexity of Real Functions". *Theoretical Computer Science*, Bd. 20(3) (1982), S. 323–352 (siehe S. 3, 53, 90–92, 95, 96).

[Kle52] S. Kleene. *Introduction to Metamathematics*. North-Holland, 1952 (siehe S. 10, 17).

[KM82] G. Kreisel und A. MacIntyre. „Constructive Logic Versus Algebraization I". *Studies in Logic and the Foundations of Mathematics*, Bd. 110 (1982), S. 217–260 (siehe S. 15).

[KMRZ12] A. Kawamura, N. Müller, C. Rösnick und M. Ziegler. „Parameterized Uniform Complexity in Numerics: from Smooth to Analytic, from NP-Hard to Polytime". *CoRR*, Bd. abs/1211.4974 (2012) (siehe S. 89).

[Ko91] K.-I. Ko. *Complexity Theory of Real Functions*. Birkhäuser Boston Inc., 1991 (siehe S. 3, 6, 14, 36, 53, 87, 90, 94–97, 103, 126, 128, 130, 147, 150).

[Koh90] U. Kohlenbach. „Theorie der majorisierbaren und stetigen Funktionale und ihre Anwendung bei der Extraktion von Schranken aus inkonstruktiven Beweisen: Effektive Eindeutigkeitsmodule bei besten Approximationen aus ineffektiven Beweisen." Diss. Goethe-Universität Frankfurt am Main, 1990 (siehe S. 126).

[Koh93] U. Kohlenbach. „Effective Moduli from Ineffective Uniqueness Proofs. An Unwinding of de La Vallée Poussin's Proof for Chebycheff Approximation". *Annals of Pure and Applied Logic*, Bd. 64(1) (1993), S. 27–94 (siehe S. 126).

[Koh08] U. Kohlenbach. *Applied Proof Theory: Proof Interpretations and their Use in Mathematics.* Springer, 2008 (siehe S. 17, 111).

[KP02] S. Krantz und H. Parks. *A Primer of Real Analytic Functions.* 2. Aufl. Birkhäuser Boston Inc., 2002 (siehe S. 108, 109, 120).

[KS95] M. Kummer und M. Schäfer. „Computability of Convex Sets". *Proceedings of the 12th Annual Symposium on Theoretical Aspects of Computer Science (STACS).* München, März 1995. S. 550–561 (siehe S. 69).

[KSZ13] A. Kawamura, F. Steinberg und M. Ziegler. „On the Computational Complexity of Poisson's and Laplace's Equation". *Proceedings of the 10th International Workshop on Computability and Complexity in Analysis (CCA).* Abstract. Nancy, Frankreich, Juli 2013. S. 138 (siehe S. 150).

[KV65] S. Kleene und R. Vesley. *The Foundations of Intuitionistic Mathematics, especially in Relation to Recursive Functions.* North-Holland, 1965 (siehe S. 17, 32).

[KY07] K.-I. Ko und F. Yu. „Jordan Curves with Polynomial Inverse Moduli of Continuity". *Electronic Notes in Theoretical Computer Science*, Bd. 167 (2007), S. 425–447 (siehe S. 69, 80, 149).

[Lam06] B. Lambov. „The Basic Feasible Functionals in Computable Analysis". *Journal of Complexity*, Bd. 22 (2006), S. 909–917 (siehe S. 87).

[LLM01] S. Labhalla, H. Lombardi und E. Moutai. „Espaces métriques rationnellement présentés et complexité, le cas de l'espace des fonctions réelles uniformément continues sur un intervalle compact". *Theoretical Computer Science*, Bd. 250(1) (2001), S. 265–332 (siehe S. 6, 89).

[McN08] T. McNicholl. „A Uniformly Computable Implicit Function Theorem“. *Mathematical Logic Quarterly*, Bd. 54(3) (2008), S. 272–279 (siehe S. 6, 125, 136, 144–146).

[Meh76] K. Mehlhorn. „Polynomial and Abstract Subrecursive Classes“. *Journal of Computer and System Sciences*, Bd. 12(2) (1976), S. 147–178 (siehe S. 3, 84).

[Mül87] N. Müller. „Uniform Computational Complexity of Taylor Series“. *Proceedings of the 14th International Colloquium on Automata, Languages and Programming (ICALP)*. Hrsg. von T. Ottmann. Bd. 267. Lecture Notes in Computer Science. Karlsruhe: Springer, Juli 1987. S. 435–444 (siehe S. 102, 103, 147).

[Mül00] N. Müller. „The iRRAM: Exact Arithmetic in C++“. *Selected Papers of the 4th International Workshop on Computability and Complexity in Analysis (CCA)*. Hrsg. von J. Blanck, V. Brattka und P. Hertling. Bd. 2064. Lecture Notes in Computer Science. Swansea, Wales: Springer, Sep. 2000. S. 222–252 (siehe S. 2).

[Par86] I. Parberry. „Parallel Speedup of Sequential Machines: A Defense of Parallel Computation Thesis“. *ACM SIGACT News*, Bd. 18(1) (1986), S. 54–67 (siehe S. 84).

[Pez97] E. Pezzoli. „On the Computational Complexity of Type 2 Functionals“. *Selected Papers of the 11th International Workshop on Computer Science Logic of the EACSL (CSL)*. Bd. 1414. Lecture Notes in Computer Science. Aarhus, Dänemark: Springer, Aug. 1997. S. 373–388 (siehe S. 84).

[PR89] M. Pour-El und J. Richards. *Computability in Analysis and Physics*. Springer, 1989 (siehe S. 89).

[Ran98] R. Range. *Holomorphic Functions and Integral Representations in Several Somplex Variables*. 2. Aufl. Bd. 108. Springer, 1998 (siehe S. 134, 150).

[Ret08] R. Rettinger. *Computability and Complexity Aspects of Univariate Complex Analysis*. Habil. 2008 (siehe S. 1, 49).

[Ret13] R. Rettinger. „Computational Complexity in Analysis“. *Proceedings of the 10th International Workshop on Computability and Complexity in Analysis (CCA)*. Extended abstract. Nancy, Frankreich, Juli 2013. S. 100–109 (siehe S. 85).

[Riv74] T. Rivlin. *The Chebyshev Polynomials*. Wiley, 1974 (siehe S. 112).

[Rös13] C. Rösnick. „Closed Sets and Operators thereon: Representations, Computability and Complexity“. *Proceedings of the 10th International Workshop on Computability and Complexity in Analysis (CCA).* Extended Abstract. Nancy, Frankreich, Juli 2013. (Siehe S. 30, 125).

[RW03] R. Rettinger und K. Weihrauch. „The Computational Complexity of Some Julia Sets“. *Proceedings of the 35th Annual ACM Symposium on Theory of Computing (STOC).* San Diego, CA, USA: ACM, Okt. 2003. S. 177–185 (siehe S. 49).

[Sch71] A. Schönhage. *Approximationstheorie.* Walter de Gruyter & Co., 1971 (siehe S. 111).

[Schr02] M. Schröder. „Extended Admissibility“. *Theoretical Computer Science*, Bd. 284 (2002), S. 519–538 (siehe S. 17).

[Set94] A. Seth. „Complexity Theory of Higher Type Functionals“. Diss. University of Bombay, Indien, 1994 (siehe S. 84).

[Sip92] M. Sipser. „The History and Status of the P versus NP Question“. *Proceedings of the 24th Annual ACM Symposium on Theory of Computing.* 1992. S. 603–618 (siehe S. 19).

[Spe49] E. Specker. „Nicht konstruktiv beweisbare Sätze der Analysis“. *The Journal of Symbolic Logic*, Bd. 14 (03 Sep. 1949), S. 145–158 (siehe S. 2).

[Tod91] S. Toda. „PP is as Hard as the Polynomial-Time Hierarchy“. *SIAM Journal on Computing*, Bd. 20(5) (1991), S. 865–877 (siehe S. 93).

[Tur36] A. Turing. „On Computable Numbers, with an Application to the Entscheidungsproblem“. *Proceedings of the London Mathematical Society.* Bd. 42. 2. 1936. S. 230–265 (siehe S. 9).

[Tur37] A. Turing. „On Computable Numbers, with an Application to the Entscheidungsproblem: A Correction“. *Proceedings of the London Mathematical Society.* Bd. 43. 2. 1937. S. 544–546 (siehe S. 9).

[TV88] A. Troelstra und D. Van Dalen. *Constructivism in Mathematics.* Bd. 2. North-Holland, Amsterdam, 1988 (siehe S. 17).

[TWW88] J. Traub, G. Wasilkowski und H. Woźniakowski. *Information-Based Complexity.* Academic Press, 1988 (siehe S. 2, 30).

[Wei93] K. Weihrauch. „Computability on Computable Metric Spaces“. *Theoretical Computer Science*, Bd. 113(2) (1993), S. 191–210 (siehe S. 136).

[Wei00] K. Weihrauch. *Computable Analysis: An Introduction.* Springer, 2000 (siehe S. 2, 10, 14, 16, 17, 23, 29, 31, 33, 36, 45, 55, 57, 68–70, 74, 76, 86, 87).

[Wig06] A. Wigderson. „P, NP, and Mathematics—A Computational Complexity Perspective“. *Proceedings of the 2006 International Congress of Mathematicians.* 2006. (Siehe S. 19).

[ZB04] M. Ziegler und V. Brattka. „Computability in Linear Algebra“. *Theoretical Computer Science*, Bd. 326(1) (2004), S. 187–211 (siehe S. 145).

[Zie02] M. Ziegler. „Computability on Regular Subsets of Euclidean Space“. *Mathematical Logic Quarterly*, Bd. 48(1) (2002), S. 157–181 (siehe S. 5, 29, 147).

[Zie04] M. Ziegler. „Computable Operators on Regular Sets“. *Mathematical Logic Quarterly*, Bd. 50(4-5) (2004), S. 392–404 (siehe S. 73).

[Zie06] M. Ziegler. „Effectively Open Real Functions“. *Journal of Complexity*, Bd. 22(6) (2006), S. 827–849 (siehe S. 6, 125, 136, 144, 145).

[Zie12] M. Ziegler. „Real Computation With Least Discrete Advice: A Complexity Theory of Nonuniform Computability with Applications to Effective Linear Algebra“. *Annals of Pure and Applied Logic*, Bd. 163(8) (2012). Continuity, Computability, Constructivity: From Logic to Algorithms, S. 1108–1139 (siehe S. 15).

[ZM08] X. Zhao und N. Müller. „Complexity of Operators on Compact Sets“. *Electronic Notes in Theoretical Computer Science*, Bd. 202 (2008), S. 101–119 (siehe S. 53, 55, 69, 73, 80).

[Wei98] K. Weihrauch, [illegible] Computability on Computable Metric Spaces. *Theoretical Computer Science*, Bd. 113, [illegible] S. 191–210 (siehe S. 126)

[Weih00] K. Weihrauch [illegible] 2000 (siehe S. [illegible])

[Wei[illegible]] [illegible] and [illegible] Computability and [illegible] *Mathematical* [illegible] (siehe S. [illegible])

[illegible] [illegible] Bd. 32(1) [illegible]

[illegible] [illegible] Computability [illegible] (siehe S. [illegible])

[illegible] [illegible] (siehe S. [illegible])

[illegible] [illegible] (siehe S. [illegible])

[illegible] [illegible] A Computable [illegible] 2012 [illegible]

[illegible] [illegible] Bd. [illegible]

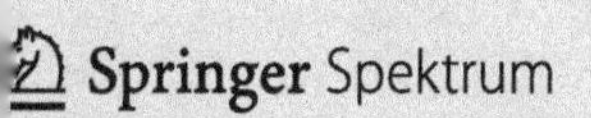

springer-spektrum.de

Springer Spektrum Research
Forschung, die sich sehen lässt

Ausgezeichnete Wissenschaft

Werden Sie AutorIn!

Sie möchten die Ergebnisse Ihrer Forschung in Buchform veröffentlichen?

Seien Sie es sich wert. Publizieren Sie Ihre Forschungsergebnisse bei Springer Spektrum, dem führenden Verlag für klassische und digitale Lehr- und Fachmedien im Bereich Naturwissenschaft I Mathematik im deutschsprachigen Raum.
Unser Programm Springer Spektrum Research steht für exzellente Abschlussarbeiten sowie ausgezeichnete Dissertationen und Habilitationsschriften rund um die Themen Astronomie, Biologie, Chemie, Geowissenschaften, Mathematik und Physik.
Renommierte HerausgeberInnen namhafter Schriftenreihen bürgen für die Qualität unserer Publikationen. Profitieren Sie von der Reputation eines ausgezeichneten Verlagsprogramms und nutzen Sie die Vertriebsleistungen einer internationalen Verlagsgruppe für Wissenschafts- und Fachliteratur.

Ihre Vorteile:

Lektorat:
- Auswahl und Begutachtung der Manuskripte
- Beratung in Fragen der Textgestaltung
- Sorgfältige Durchsicht vor Drucklegung
- Beratung bei Titelformulierung und Umschlagtexten

Marketing:
- Modernes und markantes Layout
- E-Mail Newsletter, Flyer, Kataloge, Rezensionsversand, Präsenz des Verlags auf Tagungen
- Digital Visibility, hohe Zugriffszahlen und E-Book Verfügbarkeit weltweit

Herstellung und Vertrieb:
- Kurze Produktionszyklen
- Integration Ihres Werkes in SpringerLink
- Datenaufbereitung für alle digitalen Vertriebswege von Springer Science+Business Media

Sie möchten mehr über Ihre Publikation bei Springer Spektrum Research wissen? Kontaktieren Sie uns.

Marta Schmidt
Springer Spektrum | Springer Fachmedien Wiesbaden GmbH
Lektorin Research
Tel. +49 (0)611.7878-237
marta.schmidt@springer.com

Springer Spektrum I Springer Fachmedien Wiesbaden GmbH

Printed in the United States
By Bookmasters